DROEMER

*Über die Autoren:*
*Ulrich Dirnagl* (1960) ist einer der führenden Neurowissenschaftler Deutschlands, internationaler Schlaganfallexperte und Professor an der Charité Berlin. Er leitet dort die Abteilung für Experimentelle Neurologie und das Centrum für Schlaganfallforschung. Im November 2016 wurde ihm der Berliner Wissenschaftspreis für seine hervorragenden Leistungen in der Schlaganfallforschung verliehen.
*Jochen Müller* (1976) ist Neurobiologe und mehrfacher Science-Slam-Gewinner. Er promovierte nach dem Biologie-Studium in medizinischen Nervenwissenschaften. Heute schreibt er als Wissenschaftsjournalist u. a. für *dasGehirn.info* und *ZEIT Wissen*.

Ulrich Dirnagl
Jochen Müller

# ICH GLAUB, MICH TRIFFT DER SCHLAG

Warum das Gehirn tut, was es tun soll,
oder manchmal auch nicht

DROEMER

**Besuchen Sie uns im Internet:**
**www.droemer.de**

FSC
www.fsc.org
MIX
Papier aus verantwortungsvollen Quellen
FSC® C083411

Vollständige Taschenbuchausgabe September 2018
Droemer Taschenbuch

Ein Imprint der Verlagsgruppe
Droemer Knaur GmbH & Co. KG, München

Covergestaltung: semper smile Werbeagentur
Coverabbildung: Gehirn-Illustration © Shutterstock/Macrovector,
Office-Illustration © Oliver Wünsch
Illustration Innenteil: © Oliver Wünsch
Druck und Bindung: CPI books GmbH, Leck
ISBN 978-3-426-30110-4

2 4 5 3 1

# INHALT

# EINLEITUNG

Wer sich für die Funktionsweise des Gehirns interessiert, dem fallen zwei Dinge auf. Erstens: Es gibt eine schier unendliche Menge an Büchern, die das Gehirn behandeln. Das ist gut, denn das Gehirn ist sehr komplex. Zweitens fällt jedoch auf, dass sie auf bestimmte Fragen keine Antworten liefern. Fachbücher tun es zum Teil, kaum ein Leser versteht sie jedoch, es sei denn, er weiß bereits mindestens so viel wie der Autor.

Wir, die Autoren dieses Buches, beschäftigen uns seit langer Zeit forschend und lehrend mit dem Gehirn, genauer gesagt mit seinen Krankheiten. Dabei stellen wir uns Fragen, die sich auch jeder Leser stellt: Warum brummt der Schädel? Wieso mahnen Ärzte, wenn es um den Schlaganfall geht, immer so ausdrücklich zur Eile? Was ist eigentlich Multiple Sklerose und warum wird sie nur so schwer diagnostiziert? Warum zittern Parkinsonpatienten und auch manche Epileptiker? Warum kann man Alzheimer noch immer nicht heilen? Und, ganz allgemein, warum werden in regelmäßigen Abständen Forschungserfolge verkündet, von denen man dann nie wieder etwas hört?

Um diese und andere Fragen soll es in unserem Buch gehen. Dabei wollen wir Antworten geben, für deren Verständnis man kein Vorwissen braucht. Abgesehen von den genannten Fragen behandelt dieses Buch die sechs bekanntesten Krankheiten des Gehirns: Kopfschmerz, Schlaganfall, Epilepsie, Multiple Sklerose, Parkinson und Alzheimer. Es erklärt aber auch das gesunde Gehirn und seine Funktionsweise. Diese kann man gerade dadurch verstehen, indem man sich anschaut, wie das Gehirn *fehl*funktioniert.

Wir laden Sie, liebe Leserin und lieber Leser, auf eine Reise quer durch die Neurologie und Neurobiologie ein. Fragen Sie sich mit uns, was das Gehirn ist und was es eigentlich den ganzen Tag macht, warum manchmal Fehler in den Abläufen passieren und was daraus folgt. Wir werden versuchen, darauf die richtigen, die befriedigenden Antworten zu finden, und glauben, dass es dabei zu Überraschungen in Form von unerwarteten Antworten kommen kann. Manchmal auch zu neuen Fragen, doch auch die haben Aussagekraft!

Beginnen wir mit der vielleicht grundsätzlichsten Frage der Neurowissenschaften: *Wofür braucht man eigentlich ein Gehirn?*

Das ist keine Scherzfrage. Jeder weiß, dass die Funktionsweise des Gehirns sehr komplex und zum Teil noch unerforscht ist. Bei all der Komplexität merkt der gesunde Mensch im Alltag nicht einmal, dass er eins hat. Es juckt und rumort nicht, ihm wird nicht zu kalt oder zu warm, man kann sich nicht daran stoßen, es zwickt und zwackt nicht. Quasi unbemerkt verbraucht es aber eine Menge Energie, genauer gesagt etwa ein Viertel des täglich verstoffwechselten Zuckers. Das tut es auch, wenn wir uns keinen Millimeter bewegen. Liegen wir den ganzen Tag im Bett und lösen schwere Denkaufgaben, fühlen wir uns abends genauso erschöpft, als hätten wir einen Garten umgegraben. Denken kostet Kraft, und nicht gerade wenig.

Die Fähigkeit zu denken macht uns zu Menschen. Aus Sicht der Evolution jedoch sind komplexe Gedanken unerheblich. Der Evolution geht es nicht um die Weltformel oder um existenzphilosophische Weisheiten, sondern nur darum, dass Gene in die jeweils nächste Generation weitervererbt werden. Und das geht definitiv auch ohne Gehirn. So gesehen erscheint das Gehirn wie Luxus, und Luxus wird von der Evolution meist rigoros aussortiert. Die Evolution hat aber zur Entwicklung des menschlichen Gehirns geführt, also muss es für etwas gut sein. Nur wofür?

Nun könnte man durch allerlei Untersuchungen und Experimente versuchen, eine Antwort auf diese Frage zu finden. Doch das ist nicht immer nötig, denn manchmal kommt man auf die richtige Antwort, indem man genau beobachtet und korrekt schlussfolgert. Man kann beispielsweise mit der viel einfacheren Frage beginnen: *Hat alles, was lebt, ein Gehirn?* Die Antwort ist eindeutig: Nein. Pflanzen leben, haben aber kein Gehirn. Auch Bäume haben nicht einmal ein einfaches Nervensystem. Nur Tiere haben Gehirne, aber – stopp! – nicht alle Tiere. Einen Schwamm zum Beispiel könnte man für eine Pflanze halten, weil er am Meeresgrund festgewachsen ist. Doch der Schwamm ist ein Tier ohne Gehirn. *Ist also die Fähigkeit zur Bewegung der Schlüssel?*

Um diese Aussage zu überprüfen, muss man ein Tier beobachten, das beides kann: mobil und sesshaft sein. Die Seescheide ist ein solches Tier, sie lebt als Larve frei schwimmend in den Weltmeeren, und am Ende ihrer Entwicklung zum erwachsenen Tier sucht sie sich eine Stelle am Meeresgrund aus, die sie nicht mehr verlässt. Dies ist der Zeitpunkt, an dem die Seescheide ihr Gehirn verliert. Genauer gesagt isst sie es auf. Die Seescheide, die ihr einfaches Gehirn zusammen mit der Fähigkeit, sich zielgerichtet fortzubewegen, aufgibt, stärkt also unser Argument, dass Gehirn und Bewegung untrennbar miteinander verbunden sind.

Eine Pflanze, ein Schwamm oder eine Seescheide sitzen an einer günstigen Stelle, um an Licht oder an Schwebstoffe im Wasser zu kommen. Sie müssen sich daher nicht bewegen und brauchen somit auch keine schnellen und detaillierten Informationen über ihre Umwelt. Alles, was diese Lebewesen interessiert, geschieht so langsam, dass sie kein Gehirn brauchen, um darauf zu reagieren.

Sich bewegende Tiere haben eine alternative Strategie entwickelt, um Nahrung zu suchen oder anderen Tieren auszuweichen, von denen sie für Nahrung gehalten werden könnten, und um Fortpflanzungspartner zu finden. Bei den Tieren geht es hektischer zu als bei den Pflanzen. Sie bewegen sich schnell und zielgerichtet. Und dafür brauchen sie ein Gehirn.

Bewegung bedeutet, auf Informationen angewiesen zu sein.

Ist da etwas vor mir, das ich fressen könnte? Oder muss ich mich etwa schützen? Schwimmt, läuft oder fliegt da ein attraktiver Partner? Ist dort ein Abgrund, in den ich fallen könnte? Die Augen alleine helfen hier nicht weiter. Mit ihnen kann man Beute, Jäger oder Partner zwar sehen, aber nicht auf sie reagieren. Das Gehirn hingegen empfängt Informationen aus der und über die Umwelt, verarbeitet sie in Bruchteilen von Sekunden und leitet Handlungsanweisungen ab.
Vor vielen hundert Millionen Jahren haben sich komplizierte, intelligente Systeme entwickelt, bei denen eine Art Computer für die Signalverarbeitung und zielgerichtete Bewegung sorgt. Klingt nach viel Aufwand, dient aber alles der Weitergabe der eigenen Gene. Bakterien, Pilze und Pflanzen können das auch, aber eben ohne ein Nervensystem oder ein Gehirn, und in der Regel läuft dadurch alles ein bisschen einfacher und entschleunigter ab.
Für Bewegung braucht es aber nicht nur ein Gehirn, sondern auch Sinnesorgane, Muskeln und noch mehr. Ein Organismus wird dann nicht nur recht kompliziert, er verbraucht dabei auch jede Menge Energie. Und dafür wiederum braucht es weitere Organe, zur Aufnahme und Verdauung von Nahrung und Sauerstoff sowie zur Ausscheidung dessen, was vom Stoffwechsel übrig bleibt.
Und damit wären wir beim nächsten Problem. Ein solch komplexer Organismus, in dem viele Organe dafür arbeiten, das Gehirn und den Bewegungsapparat zu ernähren, muss auch wissen, was in ihm selbst vorgeht. Zu der Frage: *Wie sieht es da draußen aus?* gesellt sich die Frage: *Wie sieht es in mir aus?*
Woher soll ich wissen, dass ich mich bewegen muss, wenn mein Magen mir nicht sagt, dass es an der Zeit ist, sich nach einer Mahlzeit umzusehen? Auch das mit der Fortpflanzung klappt nur beim erfolgreichen Zusammenspiel einer Reihe von Organen. Auch das will koordiniert sein. Und daraus ergibt sich eine weitere Funktion von Gehirn und Nerven-

system: die Reizaufnahme aus dem Körperinneren, die Verarbeitung dieser Information und damit die Steuerung der inneren Organe. Die Aufrechterhaltung des Gleichgewichtszustandes dieses komplexen, dynamischen Systems wird als Homöostase bezeichnet.

Nun haben wir also eine Vorstellung davon, WAS das Gehirn macht. Aber WIE macht es das?

Um eine Antwort darauf zu finden, reicht es nicht, ein Tier mit Gehirn mit einem Tier ohne Gehirn zu vergleichen. Dazu müsste man ein voll funktionierendes Gehirn mit einem zum Teil funktionierenden Gehirn vergleichen. Wenn infolge des Ausfalls einer Gehirnregion eine Körperfunktion ausfällt, könnte man daraus schlussfolgern, dass die betroffene Gehirnregion für diese Körperfunktion zuständig ist. Aber Vorsicht, denn hierbei kann man in einige Fallen tappen. Der britische Hirnforscher Richard Gregory hat es so ausgedrückt: »Wenn man aus einem Radiogerät irgendeinen von mehreren Widerständen ausbaut, kann dies dazu führen, dass es merkwürdige Geräusche von sich gibt, aber daraus kann man nicht schließen, die Aufgabe der Widerstände sei es, das Pfeifen zu unterdrücken.«[1]

Man muss also schon einige Vorkenntnisse haben, um »reverse engineering« betreiben zu können, also umgekehrte Ingenieurskunst, das heißt, jemand baut ein Gerät auseinander und entfernt Bauteile wie etwa elektrische Widerstände, um zu verstehen, wie das Gerät funktioniert. Das geschieht meist mit dem Zweck, das Gerät nachzubauen, was wir an dieser Stelle nicht versuchen wollen. Aber verstehen wollen wir auf jeden Fall. Und darum soll es in diesem Buch gehen: *Wie macht das Gehirn das, was es macht?*

Da man vieles erst versteht, wenn etwas nicht mehr richtig funktioniert, haben wir uns entschieden, das, was das Gehirn eigentlich macht, dadurch zu verdeutlichen, indem wir uns genau ansehen, was passiert, wenn das Gehirn einzelne Dinge NICHT mehr machen kann. Aus nachvollziehbaren Gründen ist es schlecht möglich, einem Menschen nacheinander verschiedene Teile seines Gehirns zu entfernen oder einzelne Zellen lahmzulegen, um dann munter Forschungsergebnisse zu generieren. Deshalb haben wir uns für einen anderen Ansatz entschieden: Wir betrachten neurologische Erkrankungen, um daraus über die Funktionsweise des Gehirns zu lernen. Denn wenn infolge einer solchen Krankheit eine Gehirnregion in ihrer Funktion ausfällt, entstehen dadurch ebenfalls Verluste von Körperfunktionen, aus denen wir Rückschlüsse ziehen können.

Wir werden uns also in den nächsten Kapiteln damit befassen, was wir derzeit über einige der wichtigsten Gehirnerkrankungen wissen. Dabei wird so manches zur Sprache kommen, das uns vielleicht schon als eigenes Leiden oder als Leiden von Freunden und Familienangehörigen beschäftigt hat. Wir schreiben jedoch keinen Ratgeber für Patienten, wir sind Forscher und beschäftigen uns mit dem Gehirn als Forschungsobjekt. Nehmen wir also das Organ, das uns in seiner Form zum Menschen macht, gemeinsam unter die Lupe!

Noch ein allgemeiner Hinweis: Wir haben uns in diesem Buch um eine klare Sprache bemüht. Dennoch werden einige Fachbegriffe auftauchen. Das lässt sich leider nicht ganz vermeiden, denn es existieren nicht mal für alle Begriffe deutsche Übersetzungen. Daher haben wir die relevanten und oft auftauchenden Fachbegriffe am Ende des Buches in einem Glossar erklärt, zu dessen Nutzung wir die Leser einladen, denen diese Begriffe nicht geläufig sind.

**Anatomische Darstellung des Gehirns als große Firma**
Mehrere Gebiete und ihre Verbindungen (grau) bilden gemeinsam den Schmerzpfad. Dazu gehören: Nozizeptoren (Späher), Nervenzellen, die auf Schadensreize reagieren. Sie sind über den Trigeminusnerv mit dem Hirnstamm (Pförtner) verbunden. Der Thalamus (Vorzimmerdame) liegt relativ mittig im Gehirn. Der Kortex (CEO) ist Sitz höherer Geistesfunktionen und des Bewusstseins. Abseits des Schmerzpfads liegt der Hypothalamus (Hausmeister), er regelt die Homöostase und vegetative Aspekte wie Hunger und Durst.

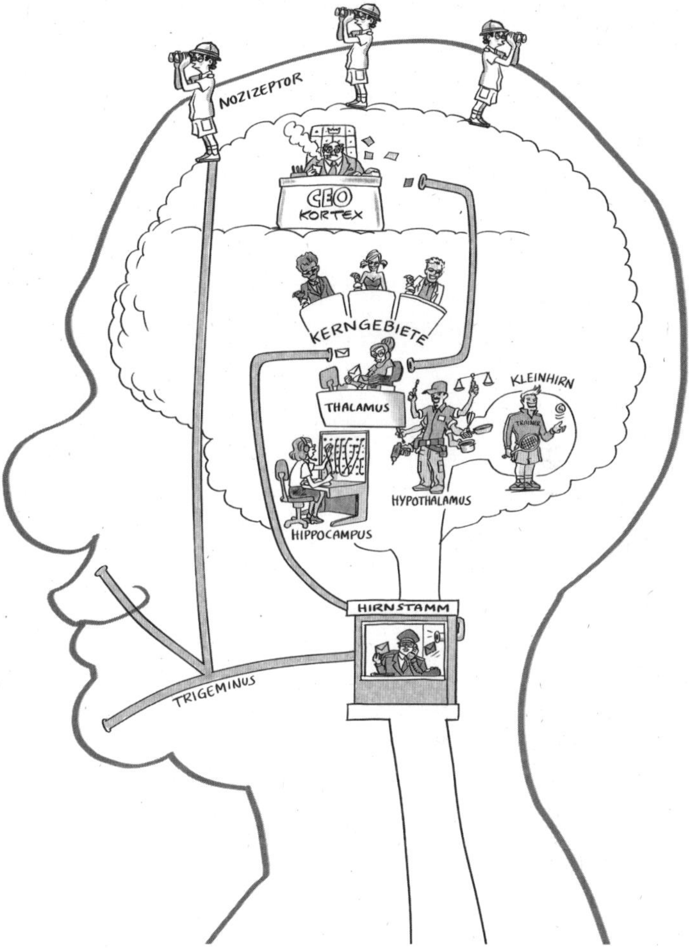


Weitere wichtige Gehirngebiete, die in den folgenden Kapiteln auftauchen werden, sind:
Der Hippocampus (Vermittlung) ist Relaisstation zwischen Kurz- und Langzeitgedächtnis. Die Kerngebiete (Jury) sind mehrere Bereiche unterhalb der Großhirnrinde, die für die Steuerung und Koordination von Bewegung unerlässlich sind. Das Kleinhirn (Trainer) gleicht fortlaufend die geplante mit der tatsächlichen Bewegung ab und greift ein, falls eines vom anderen abweicht.

# KOPFSCHMERZ UND MIGRÄNE

## Steckbrief Kopfschmerz

**Klassifizierung:** Die Internationale Kopfschmerzgesellschaft listet 257 Formen von Kopfschmerzen auf, die in primäre und sekundäre Formen unterteilt werden.
**Häufigste sekundäre Kopfschmerzform:** der Spannungskopfschmerz mit etwa 25 Millionen Betroffenen in Deutschland[1]

## Steckbrief Migräne

**Klassifizierung:** primärer Kopfschmerz
**Altgriechische Bezeichnung:** hemicrania (halber Schädel)
**Erste schriftliche Überlieferung:** Etwa 200 n. Chr. beschrieb der römische Arzt Galen mit *hemicrania* einen Kopfschmerz, den wir aus heutiger Sicht als durch Migräne verursacht ansehen.
**Weltweit betroffen:** etwa 10 Prozent der Menschen
**Ursache:** Übersensibilität des Nervensystems gegenüber äußeren und inneren Reizen
**Berühmte Betroffene:** Vincent van Gogh, Charles Darwin, Thomas Jefferson, Albert Einstein, Elvis Presley

## Was will mein Gehirn mir damit sagen?

Es gibt kaum jemanden, der noch nie Kopfweh hatte. Tritt der Kopfschmerz anhaltend auf, ist ein Besuch beim Neurologen angeraten. Aber warum tut der Kopf weh? Um diese Frage beantworten zu können, müssen wir uns zunächst ansehen, was Schmerzen eigentlich sind.

Eine Krankheit kann als eine Störung in einem System betrachtet werden. Im »System Gehirn« existiert eine eingebaute Störungs-Meldefunktion: der Schmerz. Wenn also der Schädel brummt, will das Gehirn damit etwas sagen.

Der Kopfschmerz verrät, dass Sinnesempfindungen untrennbar mit der Aktivität von Nervenzellen verknüpft sind. Wer jedoch unter Kopfschmerz leidet, könnte meinen, die Störungsmeldung stört nur, das braucht kein Mensch. Doch das Gegenteil ist der Fall, denn ohne Schmerzen ginge es uns allen ganz schön schlecht. Drohende Schmerzen halten uns beispielsweise davon ab, Dummheiten zu machen, wie etwa die Hand auf die heiße Herdplatte zu legen, um unseren Freunden zu zeigen, wie lustig das riecht. Wir tun das nicht, weil wir gelernt haben, dass es höllisch weh tut!

Schmerzen sind nichts anderes als ein Warnsignal des Körpers vor drohendem Gewebeschaden. Andere Körpersignale wie Hunger oder Müdigkeit kann überhören, wer abgelenkt ist, keine Lust zu reagieren hat oder meint, es besser zu wissen. Schmerzen kann man nicht so leicht überhören. Daher kann sich jedes Körpersignal zu einem Schmerz steigern oder wandeln. Damit er nicht überhört werden kann, hat die Evolution, nach dem Motto »Wer nicht hören will, muss fühlen«, die Sinnesempfindung Schmerz stets mit einer (negativen) Emotion verbunden, weshalb auch von der »Dualität des Schmerzes« gesprochen wird. Durch die Abnahme des Wohlbefindens wird aus einer Sinnesempfindung etwas Unmissverständliches und aus einem Signal eine Warnung. Nur

bringt die Störungsmeldung nichts, wenn man in der Zentrale, wo die Meldung eingeht, nicht weiß, wo sie herkommt. Also kommt zur Meldung über die Störung eine Ortsangabe dazu. Denn es macht keinen Sinn, den Fuß vom Boden zu heben, wenn man sich die Finger verbrennt.
*Bedeutet dann Schmerz mit der Ortsangabe »Kopf«, dass etwas auf das Gehirn drückt?* Oder anders ausgedrückt:

### Kann das Gehirn weh tun?

Ja und nein. Bei manchen Gehirnoperationen müssen die Patienten wach bleiben, spüren aber nicht, wenn der Operateur INS Gehirn schneidet. Das eigentliche Gehirngewebe ist nicht schmerzempfindlich. Andererseits kann man zeigen, dass jeder Schmerz mit dem Gehirn und damit im Gehirn gespürt wird. Wenn ich mir den Finger verbrenne, entsteht das Schmerzsignal zwar im Finger – wahrgenommen wird es aber im Gehirn! Die Ortsangabe »Finger«, die gemeinsam mit dem Schmerzsignal ins Gehirn geschickt und da wahrgenommen wird, ist der Grund, weshalb ich den Finger von der Herdplatte nehme und nicht den Kopf einziehe.
Insofern stimmt es, dass das *Gehirn* nicht schmerzen kann. Es gibt aber Strukturen am und im *Kopf,* die sehr wohl Schmerzen produzieren können, deren drohende Schädigung wir also als Kopfschmerz wahrnehmen. Dazu gehören die Kopfhaut auf dem Schädelknochen genauso wie die Hirnhaut darunter, die großen Blutgefäße sowie einige ihrer Ausläufer, aber auch die Spitze des Trigeminusnervs, der diese Strukturen versorgt. Es sind aber nicht nur die Verletzungen dieser Strukturen, die für Kopfschmerzen verantwortlich sind. Müdigkeit, Überanstrengung, Störungen der Homöostase, Entzündungen selbst außerhalb des Gehirns, muskuläre Verspannungen und vieles mehr können Schmerzen auslösen, die wir IM Kopf spüren.
Das Gehirn muss demnach an der Steuerung oder Regelung all dieser Prozesse beteiligt sein. Das klingt vielleicht etwas

banal, ist es aber nicht. Hinzu kommt, dass es für den Betroffenen nicht immer möglich ist, selbst zu eruieren, wo genau der Schmerz im Kopf herkommt. Das ist auch weniger wichtig, als dass der Schmerz schnell abgestellt werden kann. Doch die Erkenntnis, an welchen Prozessen das Gehirn wie beteiligt ist, ist die Grundvoraussetzung dafür, diese Prozesse ursächlich zu behandeln, sollten sie Schaden nehmen. Ansonsten wird man nur die Symptome, also die Schmerzen behandeln, nicht die Ursache. Wir werden noch sehen, dass das auf lange Sicht nicht gut ist.

Allerdings beweist, dass man im Gehirn operieren kann, ohne dass es weh tut, was das Gehirn nicht ist: Es ist kein Sensor. Das Gehirn sieht nicht, hört nicht, es fühlt, riecht und schmeckt nicht. Die Sensoren sind an Stellen ausgelagert, wo sie am meisten Sinn machen. Das Gehirn ist hinter dickem Knochen gut geschützt, es schwimmt in einer Flüssigkeit, dem Nervenwasser. Aber alle Informationen aller Körperbereiche gelangen ins Gehirn, es ist der Ort, an dem alle Reize verarbeitet werden, weshalb das Gehirn dann doch irgendwie sieht, hört, fühlt, riecht, schmeckt. Und weh tut.

## Der Körper – eine Firma

Man kann sich den Körper als eine große Firma vorstellen. Die Körperzellen sind die Menschen, die in den verschiedenen Abteilungen arbeiten. Sie sind die unermüdlichen Angestellten, die den Betrieb »ich« am Laufen halten. Das Gehirn bildet die Verwaltung, und Nervenzellen sind die Verwaltungsangestellten. Ihre Aufgabe es ist, Informationen sowohl über die Außenbedingungen als auch über die Betriebsabläufe zu empfangen und sie an die richtigen Stellen weiterzuleiten. Durch ihre Arbeit kann sich der Betrieb mit all seinen Abläufen an veränderte Außenbedingungen anpassen oder sie in manchen Fällen gar selbst verändern. Für Informationen über den Betrieb laufen die Angestellten nicht durch die Produktionshallen. Und für Infos über die Außenwelt gehen sie nicht ans Fenster und schauen raus. Außeninformationen zu sammeln ist die Aufgabe anderer Angestellter. Für jede Art von Information gibt es spezielle Angestellte, die diese Information am Ort des Geschehens empfangen und weiter an die Verwaltung schicken. Visuelle Informationen erhält die Verwaltung beispielsweise von Angestellten in der Abteilung »Auge«, chemische Informationen liefern Angestellte aus den Abteilungen »Nase« und »Mund«. Erstere heißen »Photorezeptoren«, Letztere »Chemorezeptoren«.

### Was sind Rezeptoren?

Das Wort »Rezeptor« kommt aus dem Lateinischen und heißt »Empfänger«. Es gibt am und im Körper Rezeptoren für alles, was für uns wichtig sein könnte. Es gibt Rezeptoren auf einzelnen Zellen, eine ganze Zelle kann aber ebenso gut ein Rezeptor sein. Eine Zelle in der Netzhaut des Auges empfängt Licht, sie ist ein sogenannter Photorezeptor, ein »Lichtempfänger«. Auf Zellen in Zunge und Nasenschleimhaut sitzen »Chemorezeptoren«, Empfänger für chemische Signale wie Duftstoffe.

Durch die Rezeptoren erhält das Gehirn Informationen über die Außenwelt in Gestalt von elektrischen Nervenimpulsen. Erreichen die Impulse die Verwaltung, nehmen wir diese Informationen als Bild, Geruch beziehungsweise Geschmack wahr. Auch für den Zustand im Betriebsinneren gibt es Angestellte, die melden, was los ist. Die Abteilung »Magen« meldet, wann es Zeit für Energienachschub ist, die Abteilung »Darm« meldet, wenn die Reste der letzten Portion Energie entsorgt werden können oder dringend müssen. Auch das machen Chemorezeptoren. Und, wenn es ganz dringend wird, auch Mechanorezeptoren. Diese Empfänger für mechanische Reize melden zum Beispiel, wenn Magen oder Darm sich nach zu viel Essen dehnen. Bei ersterem Signal wäre die Handlungsanweisung »Hinlegen und bloß nichts mehr essen«, beim zweiten »Aufstehen und ganz schnell auf die Toilette gehen«.

Es gibt also spezialisierte Rezeptoren, die, je nach Spezialisierung, nur an bestimmten Stellen am und im Körper sitzen. Es leuchtet wohl ein, dass Photorezeptoren im Darm wenig Sinn machen, wo die Sonne eher selten scheint.

Alle Abteilungen der Firma liefern pausenlos Informationen an die Verwaltung, also das Gehirn. Das ist der Zustand, in dem wir alle uns tagtäglich befinden. Selbst wenn wir schlafen, ist das so. Wäre es nicht so, wir würden nie mehr aufwachen. Denn auch der Schlaf wird überwacht, und es erfolgt ein Signal, wenn er ausreicht. Daraus generiert das Gehirn die Handlungsanweisung: »Aufwachen!«

## Was sind Nozizeptoren?

Zusätzlich zu all diesen Angestellten gibt es noch einen weiteren Angestellten-Typ. Einen, der in *fast allen* Abteilungen vertreten ist. Ich sage *fast,* denn dieser Angestellte, auch ein

Rezeptor, fehlt *im* Gehirn. Dieser sogenannte Nozizeptor hat die Aufgabe, Schäden zu melden (von *noxe,* lateinisch für Schaden). Seine Botschaften nehmen wir als Schmerzen war. Die Nozizeptoren werden dann aktiv, wenn irgendetwas droht, den reibungslosen Ablauf des Betriebs zu behindern. Das können äußere Ereignisse wie Unfälle sein. Oder ein Krankheitserreger, ein Bakterium, das in den Körper eingedrungen ist und randaliert. Ebenso kann es ein Fehler im Ablauf sein oder streikende oder durch Überlastung ausfallende Arbeiter. Die Schadensmeldungen durchlaufen die Hierarchie des Betriebs und landen schlussendlich in der obersten Etage des Rechenzentrums, dem Kortex, der gefalteten Großhirnrinde, die dem Gehirn die Ähnlichkeit mit einer großen Walnuss verleiht. Wenn das Signal da ankommt, dann landet es sozusagen auf dem Schreibtisch des Vorstands. Nur dass der Kortex ein sehr großer Vorstand ist, mit Milliarden Mitgliedern. Hier laufen alle Fäden zusammen. Im Kortex wird entschieden, was mit den Informationen, die er empfängt, zu tun ist, er wertet, verknüpft und fällt Entscheidungen, die er in Form von Handlungsanweisungen zurück in den Betrieb schickt.

Warum ist also das Gehirn nicht schmerzempfindlich? Warum gibt es keinen Nozizeptor, der etwa den Kortex überwacht? Weil der Nozizeptor doch wieder nur an den Kortex meldet! Das wäre, wie wenn meine Wohnung brennt, ich die Feuerwehr rufe und mein eigenes Telefon klingelt! Das macht einfach keinen Sinn! Wenn aber irgendetwas ein Loch in die Außenwand reißt, die Flure einstürzen, das Kabelnetzwerk durchschmort oder der Strom ausfällt, dann beeinträchtigt das die Arbeit der ganzen Verwaltung und behindert sie. Dann macht es Sinn, dass der Vorstand Signale empfängt, die ausdrücken, dass und wo etwas schiefläuft, damit er Alarm schlagen und Abwehrmaßnahmen einleiten kann.

In den vorliegenden Beispielen empfängt der Kortex über den Ort »Kopf« diverse Schadensmeldungen. Also brüllt er laut: »Kopfschmerz«, und Sie fassen sich an die Stirn, weil es weh tut. Aber: Dem Kortex selbst tut nichts weh! Er vermittelt nur die Botschaft! Also kann man sagen: Das Gehirn tut nicht weh, aber es fühlt Schmerz.

**Ehre, wem Ehre gebührt!**

Sorry, Jochen, dass ich mich hier kurz einmische. Ich denke, wir sollten an dieser Stelle kurz Fritz Kahn (1888–1968) einführen, einen Arzt und internationalen Bestsellerautor mit einem unglaublichen Lebenslauf. Von den Nazis zur Flucht gezwungen, seine Bücher wurden 1938 verbrannt, bereiste er viele Länder. Er wurde berühmt dafür, in seinen reichillustrierten Büchern komplizierte medizinische oder biologische Sachverhalte durch allgemeinverständliche Vergleiche zu veranschaulichen. Am bekanntesten ist sein Bild »Der Mensch als Industriepalast«[2], in dem er die verschiedensten Körperfunktionen mit der Arbeitsteilung in einer Fabrik vergleicht. Wir sollten ihn hier würdigen als den Pionier der »Mensch-Maschine-Analogie« und des Informationsdesigns!

# 257 Gründe für Kopfschmerz

Wenn es viele mögliche Gründe für Schadensmeldungen gibt, bedeutet das im Umkehrschluss, dass nicht jeder Kopfschmerz gleich sein kann! Und genau das ist der Fall. Selbst wenn das Wartezimmer eines Arztes vollbesetzt ist mit Leuten, die scheinbar das gleiche Problem – Kopfschmerzen – haben, kann nach der Untersuchung jeder mit einer anderen Diagnose und Behandlung nach Hause gehen. Auf die Frage, wie das sein kann, lautet die kurze Antwort: Weil es DEN Kopfschmerz nicht gibt. Es gibt aber 257 Gründe, warum der Kopf schmerzen kann. So viele Typen von Kopfschmerzen listet die Internationale Kopfschmerzgesellschaft auf. Darunter fallen unterschiedliche Probleme, aber alle mit demselben Symptom: Kopfschmerz.
Unterteilt werden sie in zwei Kategorien, primäre und sekundäre Kopfschmerzen.

## Sekundäre Kopfschmerzen

Als sekundäre Kopfschmerzen werden Kopfschmerzen bezeichnet, die keine Krankheiten an sich sind, sondern Symptome anderer Erkrankungen oder Störungen. So zum Beispiel:

- Schädel-Hirn-Traumata (etwa nach einem Sturz auf den Kopf)
- Neuralgie (eine Erkrankung oder Schädigung eines Nervs durch Viren wie Herpes oder Verletzungen)
- Spannungskopfschmerz (eine verspannte Muskulatur im Nackenbereich sorgt dafür, dass Betroffene das Gefühl haben, ein fester Ring spanne sich um ihren Kopf. Was die Betroffenen leider viel zu oft in die Apotheke und viel zu selten zum Sport oder zum Physiotherapeuten führt)
- Hirnhautentzündung

- entzündete Nasennebenhöhlen
- chronische sekundäre Kopfschmerzen (können ausgerechnet von zu vielen Schmerztabletten stammen, nennen sich auch: medikamenteninduzierte Kopfschmerzen)

## Primäre Kopfschmerzen

Bei den primären Kopfschmerzen ist der Kopfschmerz selbst das Problem, zum Beispiel bei:

- Cluster-Kopfschmerz (die Schmerzen sind anfallsartig und so heftig, dass er auch als »Selbstmord-Kopfschmerz« bezeichnet wird)
- Kopfschmerzformen, die in ihren Ursachen noch völlig unverstanden sind
- Migräne

Bevor wir näher auf die Migräne eingehen, folgen noch ein paar Worte zum Spannungskopfschmerz. Denn dieser kann chronisch werden und dann als »chronischer Spannungskopfschmerz« zu den primären Kopfschmerzen gezählt werden. Von allen Kopfschmerzformen ist der Spannungskopfschmerz der häufigste.

## Warum wird der Spannungskopfschmerz chronisch?

Ich hatte bereits erwähnt, dass wir Menschen unsere Körpersignale gerne überhören, weil wir meinen, es besser zu wissen. Der chronische Spannungskopfschmerz ist der beste Beweis, dass das nicht immer schlau ist.
Nach acht Stunden verkrampfter Haltung am Computer spüren manche ein Spannungsgefühl im Nacken und einen Schmerz im Kopf. Genau betrachtet ist dies eine Aufforderung des Körpers, sich mal wieder zu bewegen. Es ist die Warnung der Nozizeptoren aus den überlasteten Muskeln, dass es

langsam anfängt, schädlich zu werden, in der immer gleichen Haltung zu verharren. Das *muss* weh tun, sonst stünde mancher Workaholic nie auf! Aber wo ein Wille ist, ist auch ein Weg! Und zur Not hilft Doping. Es ist letztlich nichts anderes als Doping, wenn man nach einem langen Arbeitstag im Büro eine Schmerztablette gegen den Brummschädel nimmt, um noch eine Nachtschicht dranzuhängen. Oder, kaum daheim angekommen, seine Freizeit wieder sitzend verbringt. In solchen Fällen eine Schmerztablette einzuwerfen ist, als würde bei der Feuerwehr die Sirene schellen, die Feuerwehrleute hätten aber keine Lust zu reagieren und stellten die Sirene einfach aus. Deshalb ist das Feuer ja noch nicht gelöscht!

Auf den Mensch übertragen heißt das, dass die Ursache für den Schmerz weiter besteht. Das Signal hingegen wird ausgeschaltet. Nun ist die Situation, wie oben dargestellt, nicht damit zu Ende, dass der Kortex ein Signal empfängt. Nein, in der Bürokratie des Nervensystems geht es ordentlich zu, da gibt es eine Empfangsbestätigung, die zurückgesendet wird. Was würden Sie, liebe Leser, machen, wenn auf Ihre Meldung, dass es brennt, keine Bestätigung erfolgt? Lassen Sie mich raten: Sie schicken noch eine Meldung, oder? Vielleicht schicken Sie auch zwei. Oder Sie schicken sie in Großbuchstaben. Auf jeden Fall werden Sie versuchen, auf sich aufmerksam zu machen. Und genau das ist es, was der Nozizeptor macht, der vor drohendem Schaden warnt, aber überhört wird. Genau wie alle Stationen zwischen ihm und dem letzten Empfänger, dem Kortex.

Der Körper versucht, sich Gehör zu verschaffen. Wer dann noch eine Tablette nachlegt, macht den ersten Schritt in Richtung chronischer Schmerz. Wir werden im weiteren Verlauf noch auf das Wie eingehen. Doch schon hier wird eines deutlich: Das Nervensystem reagiert nicht starr auf Signale. Es verändert sich, es passt sich an. Der Neurowissenschaftler bezeichnet es als »plastisch«, im Sinne von »formbar«. Man kann auch sagen, es ist lernfähig, was sich netter anhört und gleich erklärt, warum das gut und richtig so ist. Denn die Lernfähigkeit ist die fundamentale Charaktereigenschaft des Nervensystems. Doch wer lernt, kann auch falsch lernen. Und genau das passiert beim Spannungskopfschmerz, wenn er chronisch wird. Dann schmerzt der Kopf, auch wenn formal kein Grund dazu besteht, zum Beispiel schmerzt er dann während eines Spaziergangs oder während man im Bett liegt.

## Wie wird aus einem sekundären ein primärer Kopfschmerz?

Beim sekundären Kopfschmerz läuft an sich alles prima, denn der Kortex hat gute Gründe, Alarm zu schlagen. Beim primären Kopfschmerz wird der Alarm jedoch ohne offensichtliche Gründe ausgelöst. Aber der Kortex kann nicht anders, denn er handelt nur auf Anweisung des Nervensystems. Nicht der Kortex ist gestört, es sind diese Anweisungen, die beim primären Kopfschmerz gestört sind. Das bedeutet, noch bevor wir uns mit den Gründen für primäre Kopfschmerzen auseinandersetzen, haben wir schon den Beweis erbracht, dass nicht nur Körpergewebe geschädigt sein kann, sondern auch Körpersignale!

Um zu verstehen, wie es geschehen kann, dass sich ein Schmerzsignal von seiner Ursache löst und grundlos weiterbesteht, wie also aus einem sekundären ein primärer Kopfschmerz werden kann, hilft es, sich in die Position eines Nozizeptors zu versetzen, der in der Kopfhaut sitzt und deren Integrität überwacht. Wenn etwas die Kopfhaut verletzt und der Nozizeptor laut »Schaden!« brüllt, wie soll der Kortex im Schädel davon etwas mitbekommen? Da der Nozizeptor kein Handy hat, teilt er seine Botschaft anderen mit und bittet, sie weiterzuleiten, bis sie in der Verwaltung ankommt. Man könnte nun meinen, die Natur hätte am falschen Ende gespart, wenn sie die »Kabel« so kurz gemacht hat. Doch das

Gegenteil ist der Fall. Jeder, der schon einmal stille Post gespielt hat, weiß, was mit Signalen passiert, die man weiterreicht: Sie können sich verändern! Doch im vorliegenden Fall ist genau das erwünscht.

Das Signal des Nozizeptors kommt nur bis in den Hirnstamm, weiter reicht die Verbindung nicht. Wo der Hirnstamm ist, verrät sein Name. Unten, an der Basis des Gehirns. Der Hirnstamm nimmt das Signal auf, moduliert es und gleicht es mit anderen ab, die in Gegenrichtung, nämlich Richtung Körper gehen. Denn nicht alle Nozizeptoren sind gleich empfindlich. Da aber alle Signale aller Nozizeptoren zuerst einmal durch den Hirnstamm müssen, sammelt dieser im Lauf des Lebens Erfahrung. Die er einbringen kann, indem er Signale verstärkt oder abschwächt. Hält ein Nozizeptor viel aus, dann hat der Hirnstamm gelernt, dass der sich wirklich nur im Notfall meldet. Kommt dann mal ein Signal von ihm, wird es verstärkt, wodurch es mit höherer Dringlichkeit weitergeleitet wird, als würde es von Trompetensignalen begleitet. Ist ein anderer Nozizeptor aber eher übersensibel, dann hat der Hirnstamm auch das gelernt und weiß, dass die Mehrheit der »Notfälle« aus dieser Quelle meist keine sind. Also schwächt der Hirnstamm diese Signale ab. Das alles geschieht, damit die nächste Station bloß nichts falsch macht.

Im Thalamus, auch »Tor zum Bewusstsein« genannt, wird entschieden, ob die Meldung wichtig ist. Wenn ja, darf sie in den Kortex, und nur wenn sie da hingelangt, nehmen wir sie wahr und sagen »Aua!«. Das heißt aber auch, das Signal kann vorhanden sein, obwohl wir es gar nicht merken! Dann blieb es unter der Schwelle, die der Thalamus durchlässt. Ein unterschwelliger Reiz ist nicht wichtig genug, um Wahrnehmung zu erzeugen, aber vorhanden. Und löst auf dem Weg andere Prozesse aus. Dieser Weg oder Pfad, den ein Schmerzsignal nimmt, besteht, wie gesagt, aus Nozizeptor, Hirnstamm, Thalamus und Kortex. Man nennt ihn auch – wenig kreativ, aber gut zu merken – den Schmerzpfad. An jeder Stelle dieses Pfades kann ein Prozess ausgelöst werden, der aus einem sekundären einen primären Kopfschmerz machen kann.

Um das Prinzip zu verstehen und im vorliegenden Fall, wie der Spannungskopfschmerz chronisch wird, reicht es, wenn wir den ersten Teil des Pfades betrachten. Den Ort, an dem das Schmerzsignal aufgenommen wird. Zu den anderen Orten kommen wir noch.

Die Nozizeptoren schütten immer ein klein wenig einer Substanz aus, wenn sie Meldung machen. Sie trägt den kryptischen Namen Calcitonin Gene-Related Peptide, weshalb man sie meist als CGRP abkürzt. CGRP funktioniert wie eine Art selbsthaftender Merkzettel. Es wird ziemlich schnell wieder abgebaut, so, wie die Klebenotizen immer wieder schnell abfallen. Aber solange es da ist, erinnert es die Nozizeptoren daran, dass die letzte Meldung noch nicht lang her ist. Das sensibilisiert die Nozizeptoren, und so sorgt diese Substanz dafür, dass Meldungen verstärkt werden, als würden sie mit dem Vermerk »Zweite Mahnung« verschickt.

Doch auch Immunzellen, die in jedem Gewebe still und friedlich auf ihren Einsatz warten, reagieren auf CGRP. Viel CGRP im Gewebe heißt für die Immunzellen, dass hier Ärger droht, und sie beginnen die Fluchtwege frei zu machen. Spätestens dann hat es sich mit still und friedlich.

Daraus entsteht ein bekannter Effekt: Streicheln auf Haut tut gut. Streicheln einer Wunde tut nicht gut, da sind die Nozizeptoren sensibler. Und das macht Sinn, damit wir uns nicht in Wunden herumfingern, die Ruhe zum Heilen brauchen. Das passiert auch unter der intakten Haut und schon im kleinen Maßstab.

Bei Spannungskopfschmerzen versuchen die Nozizeptoren der Nackenmuskulatur mit ihren Signalen zu sagen, dass die Muskeln höflich um eine Pause bitten. Bleibt diese Pause aus, dann häuft sich das CGRP, bis die Immunzellen ihre Arbeit beginnen. Deren Entzündungsreaktion macht die Nozizeptoren aber noch sensibler, sie reagieren noch leichter und schütten folglich noch mehr CGRP aus. Bleibt das eine Weile so, dann merken sich die Nozizeptoren ihre Übersensibilität, da sie lernfähig sind. Und, voilà, die Schwelle, ab der wir ein Signal als Schmerz wahrnehmen, hat sich dauerhaft verstellt, der Schmerz ist chronisch geworden.

Das System ist mit gutem Grund variabel. Doch Variabilität kann schiefgehen. Senkt sich die Schmerzschwelle so weit ab, dass es schmerzt, ohne dass etwas den Schadensmelder reizt, dann ist aus dem Warnsignal ein gestörtes Signal geworden, denn es hat keinen Gewebeschaden als Gegenstand. Und das ist der Unterschied zwischen primärem und sekundärem Kopfschmerz. Der Schmerz nach Verletzungen oder Infektionen ist gut, denn er hat einen Grund! Bei primären Kopfschmerzen ist gar nichts gut, denn hier liegt kein Grund für Schmerz vor. Der Schmerz selbst ist krank geworden.

**Der Schmerzpfad (final)**

Im Grundzustand signalisieren Nozizeptoren (Späher) Schäden an den Hirnstamm (Pförtner), der an den Thalamus (Vorzimmerdame) signalisiert, welcher das Signal zum Kortex (Boss) weiterleitet, wo wir es als Schmerz wahrnehmen. Beim chronisch gewordenen Spannungskopfschmerz ist der Nozizeptor sensibilisiert, der Schmerzpfad dauerhaft aktiv. Bei Migräne ist das gesamte System von vornherein hypersensibel. Löst etwas eine Attacke aus, überschießt die Reaktion entlang des Schmerzpfades.

## Migräne, die Mutter aller Kopfschmerzen

Um die anderen Orte des Schmerzpfades zu verstehen, kommen wir nun zur Migräne. Einer Krankheit, die ich als die Mutter aller Kopfschmerzerkrankungen bezeichne. Die meisten Kopfschmerzformen lassen sich auf eine oder wenige Ursachen zurückführen. Man kann diese Ursachen an einer oder wenigen Regionen des Schmerzpfades festmachen. Bei der Migräne hingegen kann die Ursache an allen Regionen des Schmerzpfades liegen. Und sogar abseits davon. Darüber hinaus wurde das Wort Migräne lange Zeit synonym mit heftigen Kopfschmerzen verwendet. Im allgemeinen Sprachgebrauch wird es bis heute oft so verwendet. Das ist wohl dem Umstand geschuldet, dass die frühesten Berichte über Kopfschmerzen hauptsächlich unter dem Namen Migräne erfolgten.

Heute weiß man, dass es sich bei der Migräne um eine primäre Kopfschmerzform mit mehreren Unterformen handelt, die durchaus unterschiedliche Ursachen haben können. Doch bevor wir zu den Ursachen kommen, sei gesagt, dass keine davon DIE Ursache für Migräne ist. Wir werden im Folgenden auf einige Ursachen eingehen, die einzeln oder gemeinsam bei Patienten auftreten können. Und natürlich kann auch ein Migräniker beispielsweise einen Spannungskopfschmerz haben, der zusätzlich zu den Migräneattacken auftaucht. Der große Unterschied zwischen Spannungskopfschmerz und Migräne ist, dass Migräne, wie bereits gesagt, zu den primären Kopfschmerzerkrankungen gehört. Im Gegensatz zu den Spannungskopfschmerzen kann sie sich jedoch nicht aus einer sekundären zu einer primären Erkrankung entwickeln. Sie ist eine chronische Schmerzerkrankung, die man entweder hat oder nicht, denn eine wichtige Ursache für Migräne liegt in den Genen. Wer keine Veranlagung dazu hat, der kriegt auch keinen Migräneanfall.

## Kurze Geschichte der Migräne

Der römische Arzt Galen beschrieb etwa im Jahr 200 n. Chr. mit *hemicrania* heftige Schmerzen eines Patienten, die diesen nur auf einer Seite des Kopfes plagten. Da er sich, während er die Schmerzen verspürte, auch übergeben musste, vermutete Galen eine direkte Verbindung zwischen Gehirn und Magen. Der persische Arzt Ibn Sina, in lateinischen Schriften unter dem Namen Avicenna bekannt, beschrieb um 1000 n. Chr., dass sich Migräniker in dunkle Räume zurückziehen, dass Licht, Geräusche, selbst Speisen und Getränke die Pein der Betroffenen nur verschlimmerten.

Was die Therapie angeht, sind die verschiedensten Behandlungen überliefert. Von diversen Kräutern und Tinkturen über das Einnähen von Knoblauchzehen unter die Kopfhaut oder deren Verbrennung mit heißem Eisen bis zum Aufbohren des Schädels.

Schmerzen gibt es, seitdem es Nervensysteme gibt, die diese Signale transportieren können. Die Versuche, sie loszuwerden, gehen folglich zurück bis zu den Anfängen der menschlichen Kultur. In Ausgrabungsstätten fand man jahrtausendealte menschliche Schädel, die Löcher aufwiesen. Doch diese waren nicht durch Unfälle entstanden, im Gegenteil. Die Form der Löcher ließ darauf schließen, dass sie nicht tödlich waren, die Ränder wiesen Vernarbungen auf, die Wunden waren also verheilt. Als Absicht hinter solchen als Trepanation bezeichneten Operationen vermuten heutige Forscher Schmerzlinderung durch den Versuch, einen bösen Geist entweichen zu lassen.

Im Mittelalter war der Aderlass eine übliche Methode. Man öffnete eine Vene und ließ die Patienten eine Weile bluten, da man glaubte, viele Krankheiten, wie auch Kopfschmerzen, entstünden durch ein Ungleichgewicht aus Körpersäften, die man so wieder ins Gleichgewicht zu bringen versuchte.

Erst im Jahr 1712 wurde die »Bibliotheca Anatomica, Medic,

Chirurgica« in London veröffentlicht. In dieser Schrift wurden das erste Mal Unterschiede zwischen Formen von Kopfschmerzen gemacht, und das Wort Migräne taucht erstmals als Bezeichnung für einen bestimmten Typus auf. Es dauerte nochmals mehr als 200 Jahre, bis 1930 entdeckt wurde, dass Ergotamin, ein Stoff aus einem Pilz, Migränebeschwerden linderte. Kurze Zeit später fand man heraus, dass Ergotamin dafür sorgt, dass sich Blutgefäße im Gehirn verengen, weshalb man seit Mitte des 20. Jahrhunderts davon ausging, dass die Hauptursache für Migräne in oder an den Gefäßen des Gehirns liegt.

Doch auch wenn bereits Galen Übelkeit und Erbrechen auffielen, wurde Migräne viele Jahrhunderte lang lediglich als Kopfschmerzerkrankung betrachtet. Selbst heute wird sie oftmals noch darauf reduziert. Auch die gerne wiederholte Behauptung, Frauen lehnten den Sexualwunsch ihres Partners wegen Migräne ab, zeigt, wie missverstanden diese Erkrankung ist. Denn sie äußert sich beileibe nicht nur durch Kopfschmerz.

## Auslöser und Aura

Bei Migräne tritt der Kopfschmerz in Attacken auf. Diese werden oft durch etwas ausgelöst, man spricht daher auch von einem »Auslöser« oder »Trigger«. Der Tropfen, der das Fass zum Überlaufen bringt, kann alles Mögliche sein, so zum Beispiel: gleißendes Licht, Geräusche, Hunger, Stress, körperliche Anstrengung, zu wenig oder zu viel Schlaf, Wetterumschwünge, Alkohol oder Drogen.

Und es bleibt nicht beim Kopfschmerz. Während der Attacke ist den Patienten übel, einige müssen sich erbrechen, fühlen sich rundum krank. Licht und Geräusche machen alles nur schlimmer, weshalb sich die Patienten meist zurückziehen und hinlegen. Oft kündigt sich die Attacke einen Tag vorher an. Etwa durch Symptome wie Herzklopfen, starken Appetit oder heftiges Schwitzen. Und um dem Ganzen die Krone aufzusetzen, kommt es bei etwa einem Fünftel der Menschen mit Migräne zu einem Phänomen, das Aura genannt wird. Als Aura werden neurologische Reiz- und Ausfallerscheinungen benannt, wie zumeist Sehstörungen, die Migränepatienten erleiden, bevor die Schmerzattacke beginnt. Und bei manchen bleibt es bei der Aura, da kommt dann gar kein Kopfschmerz mehr nach!

Im Jahr 2011 berichtete die Reporterin Serene Branson live in den amerikanischen Nachrichten von der Verleihung der Grammy Awards. Man kann die Szene im Internet ansehen, die wenigen Sekunden, die sie in die Kamera sprach, machten sie zu einer Internetberühmtheit. Sie brabbelte völlig unverständliches Zeug. Dabei sah man ihren Gesichtszügen an, dass sie das selbst bemerkte, aber nichts dagegen tun konnte. Doch war die Reporterin weder betrunken noch unter Drogen, und sie hatte auch keinen Schlaganfall vor laufender Kamera erlitten, wie manche spekulierten. Nein, Serene Branson erlitt live im Fernsehen eine Aura und zeigte den Zuschauern damit auf eindrückliche Art und Weise, dass Migräne sich nicht immer nur durch Kopfschmerzen äußert. Durch dieses Beispiel wird klar, dass Migräne nicht nur eine immer mal auftauchende Kopfwehattacke ist. Es ist eine neurologische Krankheit und sollte auch als solche behandelt werden.

Ich möchte nur kurz präzisieren, dass Frau Bransons motorische Aphasie eine sogenannte »atypische Aura« war. Bei den meisten Migränepatienten ist die Aura nicht ganz so dramatisch, sie sehen zunächst sich ausbreitende Lichtblitze und zackige Strukturen in einer Gesichtshälfte, dann folgt ein Gesichtsfeldausfall (Skotom). Nach einer halben Stunde ist alles vorbei, nur beginnt dann leider auch schon der Kopfschmerz. Aber du wirst ja auf die Aura noch näher eingehen, weil wir von ihr viel über das Gehirn lernen können: Lokalisation von Funktion, Erregung und Hemmung.

Ja, darauf komme ich noch. Typisch oder atypisch, die Aura zeigt eindrücklich, dass Migräne mehr ist als nur Kopfweh! Auch dass sie zum Beispiel durch Gerüche ausgelöst werden kann, zeigt, dass da etwas schiefläuft! Die Frage ist nur: Was? Und wieso? Und was hat das zu bedeuten? Kommen wir also zu einer Frage, von der ich jetzt schon verraten kann, dass sie mehrere Antworten hat:

## Was sind die Ursachen für Migräne?

Schreiten wir den Schmerzpfad der Reihe nach ab. Schon an der ersten Station, bei den Nozizeptoren, finden wir Auffälligkeiten. Liegt die Ursache für Migräne an den Empfängern für Schmerzreize, den Nozizeptoren?

Teilweise. Wie schon beschrieben, sind die Blutgefäße schmerzempfindlich. Auch dort sitzen Nozizeptoren und überwachen die Situation. Tatsächlich gibt es Hinweise darauf, dass Migräne mit einer Entzündung der Gefäßwände großer Adern im Gehirn einhergeht. Ich sagte ja bereits, man dachte lange Zeit, das sei die Hauptursache für Migräne. Die Entzündung wird »steril« genannt, denn sie hat keine Keime zur Ursache. Die Immunzellen schlagen also Alarm, ohne dass irgendein Erreger da ist. In diesem Fall ist die Nervenfaser zwischen dem Nozizeptor und der nächsten Station des Pfades, dem Hirnstamm, von alleine aktiv, wie eine elektrische Leitung, die jedem einen Schlag verpasst, der ihr zu nahe kommt. Statt auf Attacken durch Erreger reagiert der Nozizeptor nun auf Schläge aus der Leitung.

Wir müssen uns den Nozizeptor als einen übervorsichtigen und schreckhaften kleinen Gesellen vorstellen. Deshalb reagiert dieser auf die Schläge der Leitung genauso wie auf Attacken von Erregern oder durch Wunden: Er meldet dem Hirnstamm einen Schaden, schüttet seine »Merkzettel« CGRP aus und stresst damit die Immunzellen!

## Ist Migräne also eher eine Gefäßkrankheit?

Nun ja, irgendwie schon, aber eben eine durch spontane Nervenaktivität ausgelöste. Spontane Nervenaktivität heißt, dass etwas von vornherein verändert ist. Wie gesagt, entweder man hat eine Neigung zu Migräne oder nicht. Zwar äußert sich Migräne in Schmerzattacken, es ist aber nicht nur eine episodische Schmerzerkrankung. Auch zwischen den Attacken funktionieren betroffene Gehirne anders als die von anderen Menschen! Auffällig an Migränepatienten ist, dass sie auch zwischen den Attacken sehr sensibel auf Reize aus der Umwelt reagieren können. Die Sensoren, die dem Gehirn Informationen über den Zustand des Organismus melden, sind überempfindlich. Da braucht es nicht zwei, sondern nur einen Merkzettel für einen Großalarm. Oder die Zettel kleben länger oder keiner räumt sie weg. Oder die Nozizeptoren brauchen gar keine Erinnerungen und sind so empfindlich, dass sie außer Großalarm nichts anderes kennen.

Die Sensitivität für Schadensreize ist also bei Migränepatienten erhöht. Dies ist bei Frauen während der Menstruation noch verstärkt, weshalb 15 Prozent der Frauen, aber nur 6 Prozent der Männer einmal im Jahr unter einer Migräneattacke leiden. Woraus klar wird, dass das Ganze auch noch hormonell beeinflusst wird. Die starke Sensitivität gegenüber sensorischen Signalen kennzeichnet auch die Attacke selbst. Sie werden es nicht erleben, dass ein Migränepatient joggen geht, um den Schmerz zu lindern. Der Körper verlangt nach Ruhe, selbst normal laute Geräusche, Licht oder Bewegung werden als schmerzhaft empfunden. Das ganze System aus Sensorik und Verarbeitung arbeitet dauerhaft hart an der Grenze zur Übersteuerung. Da braucht es nicht viel, um in den roten Bereich zu kommen. So gesehen ist Migräne Einstellungssache. Das Gehirn will fein justiert sein.

## Warum wird Migränikern während einer Attacke übel?

Weil nicht nur die Stationen des Schmerzpfades fein justiert sein müssen. Sondern auch andere Gehirnbereiche, die zuhören und den Nachbarabteilungen sagen, was los ist. Ich hatte ja schon angekündigt, dass auch Gehirnregionen, die abseits des Schmerzpfades liegen, zur Ursache für Migräne beitragen können. Verlassen wir also kurz den Schmerzpfad und nehmen eine kleine Abzweigung.

Es gibt verschiedene Regelkreise, die laufen eigentlich autonom, also ohne Zutun. Hitze löst Schwitzen aus und ein leerer Magen Hunger. Das sind Prozesse, die brauchen uns nicht bewusst zu werden, damit sie funktionieren. Da kann man sich über dunkle Flecken unter den Armen und das laute Knurren des Magens ärgern, aber es wird nichts an der Tatsache ändern, dass die Prozesse Sinn machen. Womit wir bei einer weiteren Gehirnregion wären, dem Hypothalamus. Er koordiniert die Homöostase, die Selbstregulation, er achtet darauf, dass alles im Körper so bleibt, wie es ist, beeinflusst und steuert Dinge wie Nahrungsaufnahme, Schlaf-wach-Rhythmus oder Hormonzyklen und ist mit nahezu allen anderen Gehirnregionen verbunden.

Übelkeit, Erbrechen, Appetit, Müdigkeit, Gähnen und Stressreaktionen wie Herzklopfen oder Schwitzen werden durch den Hypothalamus geregelt. Die Tatsache, dass dieselben Verhalten, Körperzustände oder Reaktionen auch Migränesymptome sind, legt nahe, dass der Hypothalamus an der Ursache von Migräne zumindest beteiligt ist. Nun zeigt sich immer mehr, wie diese Beteiligung aussehen könnte.

Der Hypothalamus steht ein wenig abseits des Schmerzpfades, hört mit und spielt für viele Regelkreise den Souffleur. Meldet die Nase faulige Gerüche, ist die Speise wohl verdorben und sollte nicht mehr gegessen werden. Es wäre aber überzogen, dem Magen zu signalisieren, sich bis auf den letzten Rest zu entleeren. Vielleicht will man das gar nicht essen, dann wäre es schade um das Frühstück. Also reicht es, wenn der Magen sich kurz hebt. Streckt sich der Arm dann doch zu dem Haufen aus und führt die Masse zum Mund, wird der Geruch intensiver, und man kann über die Restentleerung noch mal reden.

Der Hypothalamus ist der, der alles im Lot hält, mitregelt und dafür sorgt, dass Aktion und Reaktion zueinander passen. Er ist ein Meister im Netzwerken. Bei Migräne ist der Hypothalamus ein schreckhaftes, hysterisches Nervenbündel, das völlig über das Ziel hinausschießt und wegen eines leicht komischen Geruchs gleich alle Schleusen öffnet.

Das kommt daher, dass alle unsere Gehirnregionen miteinander verbunden sind. Nicht nur durch ihre Struktur, sondern auch in ihren Funktionen. Die funktionelle Verbindung kann stark oder schwach sein, je nachdem, ob die Aktivität in einer Hirnregion eine andere Region leicht oder schwer mit aktiviert. Bei Migränepatienten ist die funktionelle Verbindung zwischen Hypothalamus und anderen Regionen krankhaft gesteigert. Und da eine Verbindung zwei Richtungen hat und der Hypothalamus mit so vielen autonomen Regelkreisen verbunden ist, ist das der Grund, warum so viele unterschiedliche Dinge Migräneattacken auslösen können und während einer Attacke so unterschiedliche Begleitsymptome auftreten können: Vieles kann den Hypothalamus aktivieren, und er wird schnell hyperaktiv.

## Ist der Hypothalamus auch für die Aura verantwortlich?

Eindeutig nein. Allerdings ist der Hypothalamus nicht der Einzige, der Masseneffekte im Gehirn auslösen kann. Manchmal weiß man gar nicht, was die Effekte auslöst, man sieht sie nur. Um diese Phänomene zu verstehen, kehren wir zurück auf den Schmerzpfad, auf dem die nächste Station der Thalamus wäre. Doch den lassen wir hinter uns, denn der

Thalamus funktioniert, wie er soll. Er lässt Signale, die stark genug sind, durch zur letzten Station, dem Kortex.
An der letzten Station des Schmerzpfades jedoch macht der Kortex im Falle der Aura mehr als das, was er soll. Stellen Sie sich noch einmal vor, die Nervenzellen seien Angestellte in einer riesigen Verwaltung. Ist beispielsweise ein Bereich der Verwaltungsabteilung Kortex hyperaktiv, dann senden die Angestellten dieser Abteilung viel mehr Signale aus als normal. Als verschickte eine Reihe von Angestellten in dieser Abteilung eine Welle von Spam-Mails, die sich von Reihe zu Reihe durch das halbe Büro verbreitet. Auch Spam ist der Definition nach eine Meldung, nur hat sie keinen sinnvollen Inhalt und tritt in großer Frequenz auf. Und sinnlose Meldungen in hoher Frequenz haben weder im Büro noch im Gehirn etwas zu suchen! Die Kortex-Angestellten sollen schön ihre Arbeit machen. Doch dazu kommen sie vor lauter Spam nicht.
Der große Unterschied zum Gehirn ist, dass man Spam löschen kann. Doch die Nervenzellen, die ich als Angestellte beschreibe, können nicht einfach nach Gutdünken Signale nicht bearbeiten. Erhalten sie ein Signal, dann leiten sie es auch weiter. Erhalten sie, wie bei Spam-Mails, viele Signale in kurzer Zeit, dann leiten sie auch diese weiter. Und so breitet sich eine Phase sehr hoher Aktivität wellenförmig über den Kortex aus. Nur ist es eben Aktivität, die keine Information codiert.
Spannend dabei ist, was für Betroffene passiert, wenn die hohe Aktivität eine bestimmte Region erreicht. Läuft die Welle etwa über die Region, die Signale aus den Augen verarbeitet, dann sehen betroffene Menschen Bilder. Allerdings keine sinnvollen, denn wie gesagt, die Signale, die die Nervenzellen verschicken, sind so zahlreich wie Spam und ebenso unsinnig. Betroffene sehen eher zackige Strukturen, Lichterscheinungen, Blitze, Flackern oder Ähnliches, was ihr Blickfeld überdeckt.

Diese Welle nennt man Cortical Spreading Depression. Zuerst einmal ist so eine Welle extrem hoher Aktivität für die beteiligten Nervenzellen Schwerstarbeit. Hat sie sich gelegt, macht sich große Erschöpfung breit. Der englische Begriff ließe sich also auch übersetzen mit: »Flaute, die sich über den Kortex ausbreitet«. Das bedeutet, dass betroffene Kortexregionen nach einer Welle von massiver Zellentladung kurzfristig inaktiviert sind und somit in ihrer Funktion lahmgelegt. Auch das zeigt sich für Betroffene auf charakteristische Weise: Ist die Welle, nachdem sie über visuelle Regionen des Kortex lief und Lichterscheinungen bei Patienten auslöste, vorbei, sehen sie das Gegenteil, nämlich gar nichts. Zumindest in dem Bereich des Gesichtsfelds, in dem die Nervenzellen nach der Übererregung inaktiv sind.

## Die Aktivität von Nervenzellen und das Sinnesempfinden

Und genau da sind wir an dem Punkt, wo uns eine Erkrankung des Gehirns sehr viel über die normale Gehirnfunktion verrät! Damit haben wir den Beweis, dass es die Aktivität von Nervenzellen ist, die unser Sinnesempfinden verantworten! Mehr noch, anhand dieser Phänomene kann man auch schlussfolgern, dass unser Gesichtsfeld eine räumlich exakte Entsprechung auf unserem Kortex hat. Ist die Mitte der visuellen Region inaktiv, sieht man in der Mitte des Gesichtsfelds nichts, links korrespondiert mit links, oben mit oben und so weiter. Das zeigt, wie ordentlich unser Kortex aufgebaut ist!
Und diese Ordnung trennt nicht nur einzelne Sinne wie Gehör und Sehvermögen voneinander, es geht noch weiter: Anhand der genauen Beobachtung der atypischen Aura der Fernsehmoderatorin Serene Branson kann man schlussfolgern, dass Sprachproduktion und Sprachverständnis getrennt voneinander auf dem Kortex lokalisiert sein müssen.

Kann man das wirklich so sicher behaupten? Ja, weil Branson zwar keine koordinierte Sprache mehr produzieren konnte, ihre verwunderten Gesichtszüge aber deutlich zeigten, dass sie sehr wohl verstand, was sie da sagte. Oder genauer, dass sie verstand, wie unverständlich es war, was sie sagte.

Beide Funktionen lassen sich auf der linken Kopfseite etwas oberhalb des Ohrs lokalisieren: Die Sprachproduktion liegt ein wenig hinter dem Ohr, das Sprachverständnis ein wenig davor. Allem Anschein nach ist die Welle von hinten nach vorne über Bransons Kortex gelaufen und hat ungefähr auf Höhe des Ohrs aufgehört.

Abgesehen davon zeigen uns die beschriebenen Phänomene, wie wichtig koordinierte Zellaktivität ist. Das Hirn setzt auf Klasse und nicht auf Masse! Die Aktivität der Nervenzellen muss kontrolliert werden. Nimmt sie überhand, führt die übermäßige Nervenzellaktivität zur Aktivierung von Schmerzsensoren, die laut ihre Warnung durch den Kopf rufen, obwohl da eigentlich gar nichts ist, wovor gewarnt werden müsste. Ulrich hatte ja schon angekündigt, dass uns die Aura viel über Erregung und Hemmung lehrt. Sendet eine Nervenzelle einen Impuls aus, dann ist das nichts anderes als eine sehr kurzfristige Änderung ihrer elektrischen Ladung. Die Details behandeln wir im Kapitel über Epilepsie, die sind an dieser Stelle nicht nötig. Wichtig ist hier nur, dass die kurzfristige Entladung einer vorher geladenen Nervenzelle als Erregung bezeichnet wird. Während man es Hemmung nennt, wenn diese Entladung verhindert wird. Beides geschieht durch Botenstoffe. Manche Nervenzellen schütten eher erregende, andere eher hemmende Botenstoffe aus. Man kann auch von erregenden und hemmenden Zellen sprechen. Aber alle sind miteinander verbunden, erregen und hemmen sich gegenseitig. Im gesunden Gehirn stehen die Signale in einem Gleichgewicht, die Zellen feuern in einem bestimmten Rhythmus und regulieren ihre Aktivität dadurch gegenseitig auf präzise Art und Weise.

Irgendwo im Rhythmus der Nervenzellaktivität scheint also die Information verborgen zu sein. Gerät die aus dem Takt, weil die einzelnen Zellen zu leicht erregbar sind oder diese Erregung sich zu leicht ungehindert ausbreitet, entsteht nur Chaos. Dann ist es unerheblich, wo das Chaos entlang des Schmerzpfades seinen Ursprung nahm. Im Ergebnis führt es dazu, dass Betroffene brüllende Kopfschmerzen haben, ihnen speiübel ist und sie Irrlichter vor den Augen tanzen sehen.

**Ist die Cortical Spreading Depression das Bindeglied?**

In der Tat, die Cortical Spreading Depression ist ein sehr interessantes Phänomen, das uns im Weiteren noch ein paarmal begegnen wird. Denn auch beim Schlaganfall treten solche Erregungswellen auf. Dort erzeugen sie allerdings im Gegensatz zur Migräne Schaden im Hirngewebe. Dies liegt daran, dass beim Schlaganfall aufgrund des Gehirngefäßverschlusses sich ohnehin zu wenig Blut und damit Zucker und Sauerstoff im betroffenen Hirngewebe befinden. Die Erregungswelle verbraucht aber zusätzliche Energie, die dem Gehirn ja gerade fehlt. Wir werden dies im Kapitel zum Schlaganfall noch genauer beleuchten. Interessant ist in diesem Zusammenhang auch, dass Patienten mit Migräne ein etwas erhöhtes Risiko haben, einen Schlaganfall zu erleiden. Auch gibt es seltene Erberkrankungen, die auf Basis von bekannten Defekten einzelner Gene sowohl zu Migräne als auch zu Schlaganfällen führen können. Es bestehen also noch wenig verstandene Zusammenhänge zwischen Migräne und Schlaganfall, und die Cortical Spreading Depression könnte ein Bindeglied zwischen beiden Erkrankungen sein.

## Kann sich die Migräne mit der Zeit verschlimmern?

Wenn schon der Spannungskopfschmerz sich zu einem chronischen Schmerz weiterentwickeln kann, könnte man schlussfolgern, dass sich auch die unbehandelte Migräne im Laufe der Zeit verschlimmert.

Eine fundamentale Eigenschaft des Gehirns sorgt dafür, dass Migräneattacken nicht seltener oder weniger schlimm werden und schon gar nicht von alleine aufhören: die Lernfähigkeit. Die funktioniert unabhängig davon, ob wir das wollen oder nicht, ja selbst, ob wir es merken oder nicht. Je öfter und je stärker zwei Gehirnregionen gemeinsam aktiv sind, umso mehr wird in Zukunft die Aktivierung einer der beiden Regionen die jeweils andere mit aktivieren. Egal um welche Regionen es sich handelt. Ihre funktionelle Verbindung ist dann gesteigert. Für das Gehirn von Migränepatienten bedeutet das, dass sich das übersensible Gehirn wie in einem Teufelskreis mit jeder Attacke stärker für die nächste sensibilisiert. Das bedeutet aber auch, dass es nicht nur darum gehen kann, den Schmerz auszustellen und weiterzumachen wie bisher. Denn ob man ihn spürt oder nicht, die beteiligten Prozesse laufen weiterhin ab, wie am Beispiel des Spannungskopfschmerzes erklärt.

Migränepatienten bringen durch noch nicht vollständig verstandene Ursachen, die zumindest teilweise auf ihren Genen liegen, eine Übersensibilität mit, die ihr ganzes Gehirn überempfänglich für äußere Reize macht. Dafür gibt es verschiedene Gründe, die zu verschiedenen Migräneformen führen, doch die Übersensibilität ist die Gemeinsamkeit. Diese kann man aber nicht in dem Sinne behandeln, dass sie verschwindet, denn Migräne wird durch eine Vielzahl von Genvarianten beeinflusst. Viele davon kennt man noch gar nicht, und selbst wenn, könnte man sie nicht so einfach verändern. Daher ist Migräne bisher nicht heilbar. Aber die Analyse der beteiligten Prozesse legt eine andere Möglichkeit nahe, als nur die Symptome, also den Schmerz, zu bekämpfen. Man müsste die Attacken in Häufigkeit oder Schwere verringern! Beides, das Bekämpfen der Symptome genauso wie die Verringerung der Attacken in Zahl und Schwere, kann man mit Hilfe von Medikamenten machen. Zeit, sich mit der Therapie von Migräne zu beschäftigen.

# Therapie und Forschung

## Medikamentöse Therapiemöglichkeiten

*1) COX-Hemmer*

Wer Schmerzen hat, ist meist nur daran interessiert, sie schnell loszuwerden. Doch wer mit Migräne zu kämpfen hat, weiß, dass nicht alle Schmerzmittel gleich gut geeignet sind. Wenn Immunzellen auf einen Schadensreiz reagieren, dann starten sie unterschiedliche Kaskaden, in denen Moleküle miteinander reagieren. Eines dieser Moleküle, das an Prozessen beteiligt ist, die Schmerzen, Entzündungen und Fieber auslösen, trägt den schlecht zu merkenden Namen Cyclooxygenase, weshalb man meist die Abkürzung COX verwendet. Etwas, das an COX bindet und seine Aktivität verringert, stillt also Schmerzen, hemmt Entzündungsprozesse und senkt Fieber. Derartige Substanzen nennt man COX-Hemmer. Darunter fallen bekannte Vertreter wie Acetylsalicylsäure (Aspirin), Paracetamol, Ibuprofen oder Diclofenac. Sie sind die bekanntesten Schmerzmittel und weltweit die meistverkauften pharmakologisch aktiven Substanzen überhaupt. Doch COX-Hemmer sind nicht bei allen Migräneformen wirksam. Sie wirken eher auf die Immunzellen als auf die Nozizeptoren. Der Umkehrschluss ist, dass COX nicht an jeder Migräneform ursächlich beteiligt sein kann, denn sonst müsste es ja bei jeder Migräneform wirken. Davon abgesehen belasten COX-Hemmer den Magen. Viele Migränepatienten leiden ohnehin unter Übelkeit und Erbrechen, weshalb es ungünstig sein kann, ihnen ein Mittel zu verabreichen, das auf den Magen schlägt. Und nicht zuletzt erfordert Migräne eine wiederholte Gabe von Schmerzmitteln, was eine gute Verträglichkeit nur umso wichtiger macht. Was also tun? Man muss an einer anderen Stelle des Schmerzpfades ansetzen!

Allerdings haben wir da ein Problem. Genauer gesagt eine Schranke. Die Nozizeptoren liegen vor dieser Schranke, weshalb man sie gut medikamentös erreichen kann. Alles, was danach auf dem Schmerzpfad kommt, liegt hinter der Schranke. Und die Natur hat sie mit gutem Grund und sehr dicht gemacht. Die Rede ist von der Blut-Hirn-Schranke.

### *Die Blut-Hirn-Schranke*

Eine Schranke zwischen Blut und Gehirn? Heißt das, das Gehirn ist nicht durchblutet? Nein, im Gegenteil. Das Gehirn ist sogar sehr stark durchblutet. Allerdings strömt das Blut nicht einfach so quer durch das Gehirngewebe, sonst würden alle Keime, wie Schnupfenviren oder ähnliche Krankheitserreger, zu einer Gehirnentzündung führen. Dem hat die Natur glücklicherweise einen Riegel vorgeschoben: Die Schranke bleibt zu, und Zellen, aber auch große Moleküle bleiben draußen! Derweil sorgen eingebaute Transportmechanismen dafür, dass dennoch Sauerstoff und Energieträger zu den Nervenzellen kommen. Wir werden die Blut-Hirn-Schranke im Kapitel »Multiple Sklerose« eingehender thematisieren. Doch gleich wie sie funktioniert, ihr Vorhandensein hindert Keime und Krankheitserreger, die im Blut jedes Menschen vorkommen, daran, von den Adern ins Gehirn einzudringen. Allerdings leider auch viele Substanzen, die zur Behandlung neurologischer Krankheiten geeignet wären. Sie gelangen schlicht nicht an den Wirkungsort.

### *2) Triptane*

Kehren wir zurück zu den möglichen Wirkungsorten schmerzlindernder Substanzen. Der erste Wirkungsort entlang des Schmerzpfades, der hinter der Blut-Hirn-Schranke liegt, ist der Hirnstamm. Wie weiter oben gesagt, moduliert er die Signale, die er von den Nozizeptoren erhält. Der Absender bestimmt die Priorität der Weiterleitung. Das bedeutet, dass der Hirnstamm, wenn eine Meldung von einem bestimmten Absender kommt, Serotonin ausschütten und dadurch die Dringlichkeit der Meldung herabstufen kann. Genau dieses körpereigene Modulationssystem kann man zu seinem Vorteil ausnutzen! Allerdings geht das nicht so einfach, sonst hätte ich mir den Exkurs zur Blut-Hirn-Schranke sparen können.

Serotonin ist ein Botenstoff, der von den Nervenzellen des Hirnstamms zur Kommunikation genutzt wird. Lassen wir das Wie an dieser Stelle einmal außen vor. Wichtig ist: Wird das Serotonin ausgeschüttet, dann schwächt das Nervensignale. Und abgeschwächte Nervensignale bedeuten weniger Schmerz!

Serotonin kann man aber leider nicht als Medikament verabreichen, denn das Molekül ist zu groß, um die Blut-Hirn-Schranke überwinden zu können. Es kommt gar nicht bis in den Hirnstamm. Pharmakologen haben aber etwas gebastelt, das wie Serotonin wirkt und klein genug ist, um bis in den Hirnstamm zu gelangen: Triptane. Eine weitere erfreuliche Eigenschaft der Triptane ist auch, dass sie nicht durch den Verdauungstrakt müssen. Sie können als Nasensprays verabreicht werden, was besonders hilfreich für Patienten ist, die sich bei Attacken erbrechen müssen.

Beide, COX-Hemmer und Triptane, können gleichermaßen effektiv sein. Sie wirken bei jeweils etwa der Hälfte der Patienten. Da der Arzt nicht vorher wissen kann, zu welchem Kollektiv ein Patient gehört, kann es gut sein, dass das erste Medikament, das er verschreibt, nicht hilft. Das liegt nicht an der Kompetenz des Arztes! Es liegt daran, dass unsere Schmerzen, genau wie wir selbst, verschieden sind. Welcher Schadensprozess genau involviert ist, welches Mittel genau vertragen wird, ist vorher kaum zu wissen.

**Wirken die Substanzen NUR im Gehirn?**

Ein kleiner Einwurf zu den Triptanen: Das ist sogar noch viel schlauer, was die Pharmakologen da in jahrzehntelanger Arbeit geschafft haben. Die Triptane sind nicht bloß einfach so konstruiert wie Serotonin, das ins Gehirn gelangen kann. Noch wichtiger ist, dass sie nur auf ganz spezielle Serotoninrezeptoren, nämlich die vom Typ 5-$HT_{1D}$ und 5-$HT_{1F}$, wirken, und die gibt es nur auf Hirngefäßen. Damit wirken die Triptane spezifisch im Gehirn und nicht auch im Darm! Allerdings wirken Triptane auch auf den 5-$HT_{1B}$-Rezeptor, der im Gehirn und im Herz vorkommt. Weil Triptane im Herz gefäßverengend wirken, dürfen sie nicht bei Patienten eingesetzt werden, die zum Beispiel einen Herzinfarkt hatten.

## Wie kann man nicht nur den Schmerz bekämpfen, sondern die Attacken in Zahl und Schwere reduzieren?

Auch dazu kann man das körpereigene System ausnutzen. Denn das eben schon beschriebene Serotonin ist nicht der einzige Botenstoff, mit dem der Hirnstamm Schmerzsignale moduliert. Mit Serotonin macht er Signale kleiner. Aber es gibt ja noch Signale, die er mit Trompeten verstärkt. Diese Trompeten heißen Noradrenalin. Wie der Name schon andeutet, ist dieser Botenstoff eng mit dem Stresshormon Adrenalin verwandt. Und so ähnlich wie sein Verwandter bewirkt auch Noradrenalin eine Aktivierung des Stresssystems. Genau das soll aber verhindert werden, da Stress den Hypothalamus aktiviert beziehungsweise ihn durchdrehen lässt, wenn der bei einem Menschen von vornherein zu aktiv ist. Stopft man dem Hypothalamus Stöpsel in die Ohren, hört er die Trompeten nicht mehr und bleibt entspannt. Man nennt Substanzen, die Empfänger für Noradrenalin blockieren, Betablocker, in der Tat sind sie als Medikamente gut geeignet, um prophylaktisch die Schwere und Häufigkeit von Migräneattacken zu reduzieren. Und was ist mit der Aura?
Wir sind alle verschieden, weder Ursachen noch Erscheinungsformen von Migräne sind bei jedem Patienten gleich.

Passiert der Fehler im Kortex, dem letzten Glied der Signalkette, dann hilft es nichts, an den anderen Gliedern herumzubasteln. Die Welle von massiver Nervenzellentladung, die über den Kortex läuft und allem Anschein nach die Aura erklärt, die manche Migränepatienten erleben, hat nichts mit Serotonin oder Noradrenalin zu tun. Man sollte ohnehin nicht während einer Aura Triptane nehmen, da sie die Gefäße verengen. Nimmt man sie, nachdem die Aura abgeklungen ist, helfen sie in den meisten Fällen noch gut gegen die Schmerzen. Um die Aura zu behandeln, kann man, grob gesagt, verhindern, dass die Büroangestellten von ihren Stühlen aufspringen, indem man weniger rhythmische Musik im Großraumbüro spielt. Das machen antiepileptische Medikamente. Zwar hilft das nicht akut gegen die Aura, denn die ist meist vorbei, bevor die Mittel wirken können. Durch die Stabilisierung der Zellrhythmik kann man aber ebenfalls weitere Attacken in Schwere oder Häufigkeit verhindern, weshalb auch Antiepileptika prophylaktisch eingesetzt werden, wenn die Migräneform mit Aura einhergeht. Näheres zu diesen Medikamenten erfolgt im Kapitel »Epilepsie«.

## Weiterführende Forschung

Laut Volksmund ist es nicht einfach, einen Sack Flöhe zu hüten. An diese Redensart wird erinnert, wer sich mit der Behandlung von Migräne beschäftigt. Die übererregbaren Nervenzellen kann man sich gut als ein paar aufgeregte Flöhe vorstellen, die im menschlichen Oberstübchen wild durcheinanderhüpfen, während Forscher und Mediziner versuchen, da Ruhe reinzubringen.

Um die Frequenz der Attacken zu reduzieren, damit sie das Gehirn nicht stets für die nächste Attacke sensibilisieren, bestehen mehrere Möglichkeiten. Medikamente sind eine. Wie findet man andere? *Wie forscht man überhaupt an Kopfschmerz?*

Ein Forscher kann nicht wissen, ob ein Tier Kopfschmerz hat oder eine Aura erlebt. Daher war und ist man in der Kopfschmerzforschung darauf angewiesen, dass die Natur Experimente produziert. Denn bei natürlichen Veränderungen des Erbguts, also Mutationen, wie sie mit jeder neuen Generation auftauchen können, kann es passieren, dass ein oder einige Gene in ihrer Funktion ausfallen. Passiert das bei Menschen, sind diese für die medizinische Forschung besonders interessant, denn Menschen können reden. In den Fällen liefern betroffene Patienten Informationen, die Mediziner interpretieren. Dadurch verstehen wir die Krankheit besser. Etwa, dass ein bestimmtes Gen mit Migräne zu tun haben muss, wenn Patienten, bei denen es mutiert ist, unter Migräne leiden. Und auch, wenn die genauen Wirkmechanismen noch unverstanden sind, ist es spannend, dass überhaupt Gene identifiziert werden konnten, bei denen ein Einfluss nachgewiesen werden konnte.

Die Mechanismen, durch die Nervenzellen in der Lage sind, auf Reize wie Licht, Berührung, chemische Substanzen, Temperatur oder andere Dinge zu reagieren, sind sehr komplex. Nicht zuletzt sind es mehrere Mechanismen, die zusammenspielen. So kommt es, dass die Sensitivität der Nervenzellen, ob und, wenn ja, wie empfindlich sie reagieren, sich nicht auf EIN Gen zurückführen lassen. Das macht es so schwer, ihre Einflüsse zu ergründen, denn es ist nahezu immer eine Mischung aus Genen, die einen messbaren Effekt produziert!

Im Gegensatz zu Empfindungen wie Schmerzen kann man im Labor gut die Mechanismen untersuchen, durch die Gene und die aus ihnen hervorgegangenen Stoffe auf ihre Zellen wirken. Wir haben davon geschrieben, dass die Nozizeptoren CGRP ausschütten, wenn sie gereizt werden. Diese Substanz fungiert wie ein Merkzettel: »Achtung, zweite Warnung« und lässt die Nozizeptoren auf folgende Reize leichter beziehungsweise stärker reagieren und die Immunzellen aufwachen. Wenn man ein Molekül in den Körper einschleust, das die Wirkung von CGRP hemmt, dann ist das, als hätte man den Merkzettel überklebt, ihn unlesbar gemacht und seinen Effekt damit ausgeschaltet. In der Zellkultur zeigte sich, dass so behandelte Nozizeptoren entspannter bleiben, wenn man sie reizt. Heureka!

Nachdem man diese zellulären Mechanismen im Labor erforscht hatte, musste man dann wieder Tests mit Menschen durchführen. Nur so ließ sich herausfinden, ob es einen spürbaren Effekt erzielt, wenn man CGRP im lebenden Organismus hemmt. Denn, noch mal, das am Tier auszutesten macht keinen Sinn. Selbst wenn es Attacken verhinderte, woher will ich das wissen? Die Maus fragen? Also bleibt nichts anderes, als es am Menschen zu testen. Dabei fand man etwas Spannendes heraus. Das getestete Medikament ist ein sogenannter Antikörper. Das ist ein Molekül, das vom Immunsystem verwendet wird und sehr groß ist, also nicht über die Blut-Hirn-Schranke kommt. Und bei den Testpersonen dennoch wirkte. Wie kann das sein?

Ich sagte ja schon, dass es lange aussah, als liege der Hauptgrund für die Migräne nicht wirklich im Gehirngewebe, sondern an den Gefäßen, die es versorgen. Genauer, den Nozizeptoren, die in der Aderwand sitzen. Das war doch der Faktor, der CGRP ins Spiel brachte.

Die Frage, welcher Anteil stärker wiegt, der eines Faktors aus dem zentralen Nervensystem oder ein äußerer, wurde durch die CGRP- Studie sozusagen nebenbei beantwortet. Denn die Medikamente, die auf CGRP abzielen, wirken in der Tat recht gut. Wenn aber ein Molekül, das nicht zentral wirken kann, weil es da gar nicht hinkommt, eine Wirkung erzielt, dann muss eine wesentliche Ursache für Migräne außerhalb des Gehirns liegen.

Den peripheren Faktoren wirkt das Mittel entgegen, weshalb es prophylaktisch wirkt und die Frequenz der Attacken senkt. Darin ähnelt es Medikamenten wie Betablockern oder Antiepileptika. Es bleibt abzuwarten, welche Nebenwirkungen es

auslöst und ob sie schwerer oder leichter als die vorhandener Mittel sind.
Ich erwähne das deshalb, weil der CGRP-Antikörper das erste Medikament für Migräne ist, das aus dem Konzept, wie wir uns die Krankheitsmechanismen vorstellen, hervorgegangen ist. Das sind angewandte Forschungsergebnisse! Allerdings müssen erst noch große klinische Studien durchgeführt werden, um die Sicherheit und überlegene Wirksamkeit dieser Therapieform zu zeigen.

**Zu vielversprechend?**

Über solche ganz neuen Therapien, die superwirksam sein sollen, aber zu denen es noch große Studien braucht, bevor das jeweilige Medikament zur Verfügung steht, lesen wir ja häufig. Nicht nur beim Kopfschmerz, auch bei Krebs, Alzheimer usw. Das macht natürlich vielen Patienten große Hoffnungen. Leider lesen wir dann oft viele Jahre später, dass die großen Studien gar nicht gut ausgingen, dass das Medikament entweder nicht besser war als die, die wir schon hatten, oder sogar schädlich war. Oder wir hören einfach gar nichts mehr von dem vielversprechenden Medikament. Woran liegt das eigentlich?
Ich denke, das hat viele Gründe. Zum einen sind Forscher häufig einfach zu sehr begeistert von dem, was sie so herausfinden. Und sie müssen die Werbetrommel rühren, damit sie Geld für weitere Forschung bekommen. Genauso die Pharmaindustrie: Sie will uns zeigen, was für tolle Entwicklungen sie in der »Pipeline« hat. Und das ist nicht so sehr wichtig für Patienten, denn die Tabletten gibt es ja noch gar nicht, sondern eher für Leute, die die Aktien dieser Firmen kaufen sollen. Außerdem beginnt jede Medikamentenentwicklung mit sehr kleinen Studien, zunächst sogar an gesunden Freiwilligen, dann an ausgewählten Patienten. In dieser Phase der Entwicklung werden oft falsch positive Ergebnisse erhalten, was im Wesentlichen an der kleinen Zahl von Probanden liegt. Man spricht von zu

niedriger »Power«. Macht man dann die große Studie mit vielen hundert oder tausend Patienten, verschwinden die tollen Effekte und seltene, aber wichtige Nebenwirkungen werden erkannt. Manchmal tut sich die Pharmaindustrie dann auch noch schwer, diese gar nicht so positiven Daten zu veröffentlichen …

Ja, es ist wichtig, trotz aller Fortschritte nicht zu vergessen, dass Forschung Zeit braucht und die Ergebnisse oft anders sind als erwartet. Es soll auch nicht unerwähnt bleiben, dass nach der Phase-II-Studie zu den CGRP-Antikörpern noch die große Phase-III-Studie läuft und die endgültige Beurteilung der Präparate erst danach möglich sein wird. Zwar gehen die meisten Kopfschmerz-Experten davon aus, dass die positiven Ergebnisse bestätigt werden, aber es ist immer noch eine experimentelle Therapie bis zur Zulassung in frühestens zwei bis drei Jahren.
Daher ist es gut zu wissen, dass Migräne viele Gründe haben kann. Das schafft Alternativen für eine Behandlung. Weiter oben habe ich gesagt, eine Möglichkeit, die Frequenz der Attacken zu reduzieren, sei es, den Körper davon abzuhalten, auf Auslöser für eine Migräneattacke überzureagieren. Die andere Möglichkeit ist, die Auslöser selbst zu reduzieren.

## Alternative Therapiemöglichkeiten

Wer keine Veranlagung für Migräne hat, der kriegt auch keinen Migräneanfall. Oder wenn, dann nur in extremen Ausnahmefällen. Die Migränepatienten bringen eine Bereitschaft mit, auf äußere Faktoren so zu reagieren, dass ein Programm anläuft, das sich kaum stoppen lässt. Es kann zwar auch ohne äußere Faktoren anlaufen, doch diese erhöhen die Frequenz. Wie bereits beschrieben, kann man pharmakologisch dagegen wirken, doch dabei gilt grundsätzlich: keine Wirkung ohne Nebenwirkung. Deshalb sind Behandlungen, die ohne Medikamente auskommen, immer zu bevorzugen. Wenn man die äußeren Faktoren oder zumindest ihre Einflüsse reduziert, reduziert sich die Frequenz der Attacken.

Bei Befragungen geben viele Migränepatienten an, dass Stress ein Auslöser ist. Eine Möglichkeit, Stress abzubauen, ist, Ausdauersport zu treiben, Yoga, Entspannungsverfahren wie die progressive Muskelrelaxation nach Jacobson oder auch Autogenes Training. Tatsächlich können diese Methoden die Frequenz der Attacken senken! Es wurde noch nicht systematisch untersucht, ob eine der Methoden besser ist, doch jede hat positive Auswirkungen, auch auf das allgemeine Wohlbefinden. Sich gesund zu ernähren und zu bewegen ist ein guter Rat, den man jedem Menschen geben kann. Im Fall von Migräne nutzt es nachweislich.

Das gilt übrigens genauso für Patienten, die unter akuten oder chronischen Spannungskopfschmerzen leiden. Medikamente einzusetzen ist hier nur bedingt sinnvoll. Im Gegenteil, das Ziel ist es, diese zu reduzieren. Auf den Entzug folgt dann eine Umprogrammierung des Schmerzpfades, zurück zu einem Grad, an dem die Nozizeptoren wieder lernen, wann und wie sie angemessen zu reagieren haben. Doch genau, wie sie nicht über Nacht gelernt haben, überzureagieren oder fortwährend aktiv zu sein, wird es Zeit brauchen, ihnen das wieder abzugewöhnen. Diese Art chronischer Schmerzen beinhaltet einen Lernprozess der Zellen, und Lernen dauert, genauso wie Verlernen. Doch physikalische Methoden wie Sport, Yoga und andere sind dazu gut geeignet.

Auch wer Probleme hat, den für sich passenden Weg zur Stressreduktion zu finden, oder die Entspannung schlecht steuern kann, hat Möglichkeiten. Beim Biofeedback sitzt der Patient vor einem Bildschirm, auf dem beispielsweise eine Linie quert. Darunter ist ein Ball zu sehen. Der Patient ist an ein EEG angeschlossen, das heißt, seine Hirnströme werden gemessen. Die Hirnströme messen den Grad der Aufregung, je größer diese ist, umso höher steigt der Ball. Aufgabe ist es, sich zu entspannen mit dem Ziel, den Ball unterhalb der Linie zu halten. Natürlich weiß kein Mensch, wie man seine Hirnströme kontrollieren soll. Doch erstaunlicherweise ist das für das Ergebnis unerheblich. Durch die direkte visuelle Rückmeldung gelingt es vielen Patienten ungleich schneller als mit anderen Methoden, Stress und Aufregung zu reduzieren. Positive Ergebnisse können bereits nach wenigen Sitzungen auftreten. Der Nachteil an der Methode ist einleuchtend. Man braucht ein aufwendiges Setup, muss den entsprechenden Arzt finden, der es hat und damit vertraut ist.

### Gibt es auch eine operative Therapie?

Eine Behandlung, die eine Operation erfordert, wird zurzeit erforscht. Sie ist noch im Entwicklungsstadium, doch es gibt vielversprechende Ergebnisse. Einem Patienten wird eine Elektrode implantiert. Sie sendet schwache Stromstöße aus, die umgebende Nervenzellen stimuliert, eigene Impulse zu feuern. Das hört sich grob an, aber wenn die Stöße nur leicht sind, eher Stupser, stört es nicht. Solange die elektrischen Impulse nicht da passieren, wo die umgebenden Nervenzellen ohnehin hyperaktiv sind. Denn Stromstöße beruhigen nicht. Glücklicherweise gibt es hemmende Nervenzellen! Es gilt, solche zu finden, die in Verbindung zu den hyperaktiven stehen. Die bekommen eine gewischt, schicken eine »Pause«-Meldung an die Hektiker, und der Betrieb beruhigt sich. Auch diese neue, für Migräne noch nicht zugelassene Methode geht direkt aus den Forschungsergebnissen hervor. Der Beweis ihrer Effektivität bleibt abzuwarten, doch natürlich sind invasive Methoden immer das letzte Mittel. Aber die neuen Methoden, gleich ob invasiv, medikamentös oder alternativ, zeigen, dass es zu neuen Behandlungsmethoden führt, wenn man die Mechanismen einer Krankheit besser versteht. Manchmal bringen neue Methoden dann durch ihren Erfolg oder Misserfolg wieder neue Erkenntnisse, wie im Falle der

CGRP-Antikörper. Dass es so unterschiedliche Methoden gibt, zeigt aber auch, dass es für eine multifaktorielle Krankheit wie Migräne nicht DIE Behandlung geben kann. In einem System, in dem alles mit allem zusammenhängt, können kleine Veränderungen große Auswirkungen haben. Die sind nicht immer absehbar, also muss man ein wenig ausprobieren, bis man etwas gefunden hat, das hilft. Dazu sind nicht mal immer Medikamente nötig. Manchmal tun es auch Ruhe und Yoga. Dann kann man nicht nur chronische Kopfschmerzen vom Spannungstyp, sondern selbst genetische Krankheiten wie die Migräne, die nicht heilbar sind, so behandeln, dass sie erträglich werden.

**Kann man diese Methoden bei allen Patienten anwenden?**
Nur zur Sicherheit und Klarstellung: Das sind spannende Therapieverfahren, wir lernen viel über die Mechanismen der Erkrankung, und es wird einigen, besonders schwer betroffenen Patienten sehr geholfen. Aber letztlich sind Stimulation mit ins Gehirn implantierten Elektroden oder auch die aufwendige und nur immer mal wieder unter Anleitung anzuwendende transkranielle Magnetstimulation sogenannte »experimentelle Therapien«, die so ganz sicher nicht bei den meisten Patienten zum Einsatz kommen werden. So hat zum Beispiel die invasive okzipitale Nervenstimulation gerade die Zulassung zur Therapie der chronischen Migräne wegen zu vielen infizierten Elektroden verloren. Da ist es schon wahrscheinlicher, dass weniger invasive Verfahren, wie die Gleichstrom-Stimulation *(transcranial DC stimulation)* zum Einsatz kommen, auch hierfür gibt es erste vielversprechende Hinweise. Dabei werden zwei kleine Elektroden auf die Kopfhaut geklebt. Und mit einer Elektronik, die sich im Prinzip jeder im Bastelladen für unter 100 Euro holen und zusammenlöten könnte, wird ein Gleichstrom ins Gehirn geschickt. Und nach dem von dir bisher Gesagten sollte es keine Überraschung mehr sein, dass dies

ganz unspezifisch die Erregbarkeit von Nervenzellen beeinflusst – und durch Hemmung derselben möglicherweise Migräneanfälle unterdrückt.

## Zusammenfassung

Das Organ, das sich selbst nicht spüren kann, auch wenn ein Chirurg es mit dem Messer traktiert, »spürt« doch alles, was in unserem Körper passiert. Das liegt an den Sensoren, den Nozizeptoren, die überall im Körper Schaden detektieren können und dann als Schmerzsignal ans Gehirn weiterleiten. Das Gehirn selbst hat keine Nozizeptoren, kennt daher selbst keinen Schmerz. Die Signale der Nozizeptoren aus dem Körper werden auf dem Weg in die Gehirnrinde, wo sie uns »bewusst« werden, vielfach umgeschaltet, gefiltert, moduliert. Schmerzempfinden macht viel Sinn, hilft es uns, Gefahren auszuweichen, Überlastungen zu vermeiden und auf eingetretene Schäden angemessen zu reagieren. Ein so komplexes und auf vielen Ebenen reguliertes System kann aber auch Fehlfunktionen zeigen, und es tritt Schmerz auf, ohne dass es dafür einen vernünftigen Grund gibt.

Die Migräne ist hierfür ein gutes Beispiel. Bei ihr liegt das Problem im Gehirn selbst. Vermutlich reagiert das Gehirn von Menschen mit Migräne zu sensibel auf Reize von außen, auch scheinen Hirnregionen manchmal nicht richtig miteinander zu kommunizieren. Diese Übererregbarkeit führt bei vielen Migränikern vor dem eigentlichen Kopfschmerz zu einer langsamen, mit drei Millimeter pro Minute wellenförmig über die Gehirnrinde laufenden Entladung der Nervenzellen. Häufig passiert das in den Gehirnregionen, mit denen wir die Signale aus unseren Augen verarbeiten, also »sehen«. Das nennt man dann eine visuelle Aura. Die dabei auftretenden Symptome, nämlich zunächst Sehstörungen in Form von Lichtblitzen und dann ein Gesichtsfelddefekt, verraten uns viel über die normale Funktion des Gehirns:

Die Funktionen des Gehirns sind lokalisiert, das heißt, einzelne Regionen übernehmen spezialisierte Aufgaben, wie eben Sehen, aber das Gleiche gilt für Hören, Fühlen, Bewegen. Außerdem zeigt uns die visuelle Aura, dass Erregung positive Symptome macht (Lichtblitze), während die nach der Erregung folgende Hemmung der Nervenzellen negative Symptome bewirkt (Gesichtsfeldausfall), da die entladenen Nervenzellen für einige Zeit keine Informationen mehr verarbeiten können.

# SCHLAGANFALL

## Steckbrief

**Bekannt seit:** mindestens 2400 Jahren

**Die alten Griechen nannten ihn:** Apoplex, was so viel heißt wie »mit Gewalt niedergestreckt«

**Ursache:** verschlossenes oder gerissenes Blutgefäß im Gehirn

**In Deutschland betroffen:** jährlich etwa 196 000 erstmalige und 66 000 wiederholte Schlaganfälle[1]

**Sterblichkeitsrate:** Der Schlaganfall ist die dritthäufigste Todesursache in Deutschland. Fast 40 % der Schlaganfallpatienten sterben innerhalb eines Jahres.

**Jährliche Todesfälle weltweit:** ca. 6,2 Millionen[2], nach Herz-Kreislauf-Erkrankungen die zweithäufigste Todesursache weltweit

**Behandlung:** Gerissene Gefäße kann man manchmal operieren. Bei verschlossenen Gefäßen wird der Verschluss entweder medikamentös aufgelöst oder mittels eines Katheters entfernt.

**Betroffene Prominente:** Roger Cicero, Wolfgang Niedecken, Tina Turner, Sharon Stone, Kirk Douglas

## Ich glaub, mich trifft der Schlag!

Nachdem wir im ersten Kapitel den Kopfschmerz behandelten, einen Schmerz, den jeder aus eigenem Erleben kennt, kommen wir nun zu einer Erkrankung, von der man das glücklicherweise nicht sagen kann. Dennoch ist der Schlaganfall nicht selten, in den meisten Familien oder im Freundeskreis begegnet er uns. Der Schlaganfall ist eine Volkskrankheit, besonders in den Industrieländern, wo er immer noch unter den ersten Plätzen möglicher Todesursachen rangiert. Allerdings hat sich die Situation für Patienten in den letzten Jahren deutlich verbessert. Durch Forschungsergebnisse, die man auf den ersten Blick vielleicht gar nicht als solche erkennen wird.

Im letzten Kapitel haben wir gezeigt, dass die Nervenzellen in unseren Gehirnen für unsere Sinne verantwortlich sind. Die Sinnesorgane liefern Informationen über den Zustand der Außenwelt, aber Nervenzellen liefern auch Informationen aus dem Körperinneren. Dazu gehören etwa die Nozizeptoren, die beispielsweise die Blutgefäße der Hirnhäute auf Schadensreize hin überwachen. Die Bedeutung der Blutgefäße ist klar, sie versorgen das Gehirn mit Nährstoffen. Doch das Gehirn empfängt nicht nur Nahrung von den Gefäßen, es kann auch an sie melden, eben weil Nervenzellen direkt die Blutgefäße kontaktieren. Sind Gefäßwände beispielsweise entzündet, ganz gleich ob durch Keime oder steril, dann löst diese Entzündung in den Nervenzellen Aktivität aus. Umgekehrt kann Aktivität in den Nervenzellen zur Entzündung der Gefäßwände führen. Es besteht eine enge strukturelle und funktionelle Verbindung zwischen Gefäßwänden und Nervenzellen. Dass die Funktion des Blutgefäßsystems vom Nervensystem überwacht wird, äußert sich auch darin, dass Gefäße zu den wenigen schmerzempfindlichen Strukturen im Gehirn gehören. Nicht zuletzt haben wir gesagt, dass

Migränepatienten ein leicht erhöhtes Schlaganfallrisiko haben, eine Übererregbarkeit der Nervenzellen kann zu einem Gefäßverschluss führen.
Um die engen Verbindungen zwischen Nervenzellen und Blutgefäßen besser zu verstehen, werden wir im vorliegenden Kapitel beschreiben, was mit den Nervenzellen passiert, wenn ein Gefäß des Gehirns verschlossen ist. Anhand der Analyse des Schlaganfalls lernen wir einiges über die Energieversorgung des Gehirns, über seine enge Verbindung mit dem Gefäß- und dem Immunsystem. Andererseits zeigt er uns auch, was die verschiedenen Zellen des Gehirns mit der Energie machen, die sie durch das Blut erhalten. Der Schlaganfall verdeutlicht also auch, in welch labilem Gleichgewicht die Vorgänge im Gehirn stehen und wodurch das Gleichgewicht aufrechterhalten wird: durch konstante Zufuhr an Energie.

## Ischämischer und hämorrhagischer Schlaganfall

Ein Schlaganfall ist nichts anderes als eine Durchblutungsstörung im Gehirn. Die kann auf zwei Weisen auftreten: indem das Blut in einer Ader nicht mehr weiterfließen kann, also bei einer Verstopfung, oder indem das Blut aus ihr herausläuft und es sich um eine Blutung handelt. Bei einer Verstopfung spricht man von einem ischämischen Schlaganfall. Er bildet mit etwa 80 Prozent der Fälle die überwiegende Mehrheit der Schlaganfälle. »Ischämie« kommt aus dem Altgriechischen und bedeutet wörtlich übersetzt »Blut zurückhalten«. Die anderen 20 Prozent sind hämorrhagische Schlaganfälle. Das griechische Wort *haimorrhages* bedeutet »Blutung durch Riss der Gefäßwand«. Heute unterteilen wir hämorrhagische Schlaganfälle in zwei Formen. Die Mehrheit der Schlaganfälle mit Blutung bilden die intrazerebralen Blutungen, also die Blutungen direkt ins Gehirngewebe, weil kleine Blutgefäße zerreißen. Die zweite Form bildet die sogenannte Subarachnoidalblutung, bei der es zur Blutung an der

Basis des Gehirns kommt, meist weil eine angeborene Missbildung eines größeren Gefäßes, ein sogenanntes Aneurysma (d.h. eine Aussackung), geplatzt ist.

## Sofort 112 anrufen!

Stellen Sie sich folgendes Szenario vor: Sie sitzen mit Ihrer Familie am Frühstückstisch. Als Sie Ihren Großvater fragen, wie er geschlafen hat, antwortet er: »Ja ... Bett ... bin ... schonte och ... äh ... tin ... nicht momal ... hann dann gut.« Sie können ihm nicht folgen, sehen ihn erschrocken an, und es fällt Ihnen auf, dass sein rechter Mundwinkel herabhängt, mehr noch, es gelingt ihm nicht, mit der rechten Hand das Brotmesser zu greifen.

In diesem Moment müssen Sie sofort den Notarzt rufen und die Vermutung äußern, dass es sich um einen Schlaganfall handelt. Sie können dabei nichts falsch machen – außer es zu unterlassen. Denn ab dem Moment, in dem der Schlaganfall sich ereignet, tickt die Uhr. Und Ihr Großvater hat nur noch wenige Stunden, in denen es sich entscheidet, ob er weiterlebt und wenn ja, wie.

## Doch was heißt das: Schlaganfall?

Früher nannte man ihn auch Apoplex. Diese Bezeichnung geht auf den griechischen Heiler Hippokrates zurück, der den Schlaganfall bereits vor 2400 Jahren beschrieb. Das Wort Apoplex bedeutet so viel wie Schlag oder »mit Gewalt niedergestreckt«. Die Namen legen nahe, dass dieses Ereignis plötzlich eintritt. Und genau so ist es. Mehr konnte man zur damaligen Zeit nicht feststellen, als dass Betroffene scheinbar ohne äußere Gründe und plötzlich niedergestreckt wurden. Wie von einem unsichtbaren Hieb getroffen. Es vergingen weitere 2000 Jahre, bis der Schweizer Arzt Jacob Wepfer den Ursachen auf die Spur kam. In Leichensektio-

nen, die er an der Universität von Padua in Italien durchführte, bemerkte er, dass Patienten, die an einem Apoplex gestorben waren, sich in zwei Gruppen einteilen ließen. Bei manchen fand er eine Blockade in einer Gehirnarterie, bei anderen Blutungen direkt im Gehirn. Sein Schluss daraus steht bis heute unverändert: Ist die Durchblutung des Gehirns gestört, kommt es schlagartig zu Störungen von Körperfunktionen.
Das sagt freilich nichts über die Gründe aus, warum es zu einer Blockade oder einer Blutung kommt. Erst 1928 wurden die möglichen Gründe für das Gefäßproblem kategorisiert. Man einigte sich auch auf einen anderen Namen. Das ist durchaus von entscheidender Bedeutung, denn es versprachlicht die Erkenntnis, dass es sich beim Schlaganfall nicht um ein göttliches, sondern ein gefäßbedingtes Ereignis handelt. Statt Apoplex sprach man fortan vom zerebrovaskulären Unfall. In dieser Bezeichnung steckt sowohl das Wort *cerebro* für Gehirn als auch *vaskulär* für Gefäß. Zum ersten Mal gab der Name einen Hinweis auf die Ursache der Krankheit. Das Wort »Unfall« lässt aber an ein zufälliges Ereignis denken und blendet die Risikofaktoren für dieses Ereignis aus, auf die wir noch zu sprechen kommen werden. Heute verwendet man zumeist den Begriff Schlaganfall.

## Test: Wie erkenne ich einen Schlaganfall?

Die Folgen einer stark verminderten oder ganz ausbleibenden Durchblutung, aber auch einer Hirnblutung sind schnell zusammengefasst: Der Teil des Gehirns, der von der betroffenen Ader versorgt wird, erhält keine Energie mehr und kann somit nicht mehr funktionieren. So weit, so einfach. Doch im Gehirn laufen ab diesem Zeitpunkt viele Prozesse ab, die sich gegenseitig beeinflussen und umso schwieriger aufzuhalten oder gar umzukehren sind, je weiter fortgeschritten sie sind. Dann ist nichts mehr einfach.

Damit ist klar, dass es für die akute Behandlung eines Schlaganfalls entscheidend ist, so schnell wie möglich den Blutfluss im Gehirn wiederherzustellen. Es ist also wichtig, einen Schlaganfall schnell und richtig zu erkennen, um eine Behandlung zu ermöglichen. Um es Laien zu erleichtern, die Symptome richtig zu deuten, wurde in den USA ein Verfahren entwickelt, das darauf beruht, dass sich ein Schlaganfall meist durch eins oder mehrere der folgenden Symptome äußert: Lähmungen, Taubheitsgefühle, Schluckbeschwerden, Seh-, Gleichgewichts- oder Bewusstseinsstörungen. Der Test überprüft die Mehrheit der Symptome, dauert nur eine Minute und bietet relativ gute Sicherheit. Allerdings sollten Sie im Zweifelsfall lieber trotzdem einen Notarzt rufen. Besser einmal zu viel als zu wenig. Denn die einzige schädliche Hilfe ist, wenn keine kommt!
Bei dem Test lässt man sein Gegenüber:

1. Lächeln,
2. beide Arme gleichzeitig und mit den Handflächen nach oben zeigend heben und bei geschlossenen Augen halten,
3. einen einfachen Satz fehlerfrei und flüssig nachsprechen.

Wenn sich dabei Ausfälle zeigen, der Mund beim Lächeln beispielsweise schief ist, weil der Patient nur eine Gesichtshälfte kontrollieren kann, ein Arm absinkt oder die Sprache gestört ist, dann sind das ernste Anzeichen für einen Schlaganfall.

## Rückschlüsse auf die Funktion des Gehirns

Noch bevor wir uns die beteiligten Mechanismen und ihre Folgen genauer ansehen, können wir an dieser Stelle bereits ein paar sehr wichtige Dinge feststellen. Wird ein Teil des Gehirns nicht ausreichend mit Blut versorgt, also mit Energie in Form von Nährstoffen, stellt dieser Teil seine Funktion ein. Daraus leiten wir ab – und lernen über die Gehirnfunktion: Das Gehirn braucht Energie, um zu funktionieren. Um genau zu sein, pro Tag etwas mehr als eine 30-Watt-Glühbirne verbraucht, was der Menge Zucker entspricht, die in einer Packung Gummibärchen steckt. Für den kompliziertesten Mechanismus des bekannten Universums eigentlich erstaunlich wenig! Insbesondere wenn man bedenkt, dass der modernste Supercomputer, der doch nicht annähernd an die Leistung des Gehirns eines Kleinkindes herankommt, den Energieverbrauch einer Kleinstadt hat.

Wir kommen im nächsten Kapitel darauf zurück, wieso das Gehirn mit so wenig Energie auskommt, hier erst mal die Feststellung: Obwohl das Gehirn für das, was es leistet, recht wenig Energie verbraucht, entsteht ein Problem, wenn die Energie nicht kontinuierlich fließt. Dann kommt es innerhalb von wenigen Minuten zu bleibenden Schäden. Das Gehirn kann die für sich so wichtige Energie offensichtlich nicht selbst produzieren. Es ist kein Energielieferant, im Gegenteil. Es macht im Schnitt nur knapp 2 Prozent des Körpergewichts aus, erhält aber pro Minute etwa 15 Prozent des Blutvolumens, das vom Herz gepumpt wird, und konsumiert etwa 20 Prozent des Blutsauerstoffs. Das sind ungefähr 75 Liter reiner Sauerstoff am Tag, eine halbe Badewanne voll.

Man kann aus dem bis hier Erwähnten noch etwas schließen. Das Gehirn hat keine Energiespeicher! Im Muskel gibt es spezielle Stärkemoleküle (Glykogen), die dann eingesetzt werden, wenn der Energieverbrauch die Zulieferung übertrifft, zum

Beispiel beim Langstreckenlauf. Das Hirn hat keine solchen Speicher, es lebt sozusagen von der Hand in den Mund! Nachdem die Blutzufuhr stoppt, dauert es nur wenige Sekunden, bis der Stoffwechsel der betroffenen Gehirnregion zusammenbricht, und die Funktion geht verloren. Wenn schnell gehandelt wird, ist das umkehrbar, wenn nicht, ist das Gewebe kaputt. Dass mit dem Verlust von Nervenzellen bestimmte Funktionen verlorengehen, sagt uns wieder etwas über die Arbeitsweise des Gehirns. Man könnte fast meinen, die Nervenzellen seien Informationsspeicher, wie CD-ROMs, jede mit einem Stück Information. Doch Vorsicht: Das ist zu einfach gedacht. Die Information scheint eher darin zu liegen, wie die Zellen miteinander verknüpft sind, wie die Aktivität einer Zelle andere Zellen mit aktivieren kann. Stirbt eine Zelle, gehen auch Verknüpfungen verloren, und diese funktionelle Verbindung oder »Konnektivität« nimmt ab. Je mehr Zellen zugrunde gehen, umso mehr Verbindungen gehen verloren und damit Information. Es ist uns noch nicht möglich, dies umzukehren, und es ist nicht absehbar, ob dies einmal möglich sein wird. Aber bis dahin kann man einiges andere tun.

**Eine Frage der Zeit – und der Kälte**

Das Wichtigste ist, bei Verdacht auf Schlaganfall sofort zu handeln. Wir werden ja gleich noch berichten, welche Therapien dann zum Einsatz kommen, aber ich möchte den Punkt noch einmal durch ein paar eindrucksvolle Zahlen untermauern. In jeder Minute ohne Durchblutung sterben etwa 1,9 Millionen Nervenzellen und werden 14 Milliarden Kontaktpunkte zwischen Nervenzellen (»Synapsen«) und 12 Kilometer Nervenfasern zerstört. Wer hat das nachgezählt? Jeffrey Saver aus Los Angeles, ein ernstzunehmender amerikanischer Schlaganfallforscher. Und natürlich konnte er das nicht nachmessen, aber seine Rechnung beruht auf sehr soliden Annahmen und dürfte im Mittel wohl so in etwa hinkommen.

Das Blut liefert also dauernd Sauerstoff und Zucker an, und das Hirn verwandelt das in: Information! Ohne diese Energieträger keine Hirnfunktion. Es gibt aber Situationen, da kommt das Gehirn fast ganz ohne Energie aus und kann trotzdem überleben, wenn auch nicht funktionieren. Spektakuläre Beispiele sind Fälle von Kleinkindern, die im Winter durch die Eisdecke eines Flusses gebrochen und dann für bis zu einer halben Stunde im Wasser unter dem Eis gefangen waren. Nach intensivmedizinischer Behandlung konnten diese Kinder ohne jeglichen Schaden weiterleben. Diese Kinder waren dabei nach allen Regeln der Medizin »hirntot«, das heißt ohne jegliche Hirnaktivität und auch ohne Hirndurchblutung. Wie kann das gehen? Durch die schnelle Kühlung wurde der Stoffwechsel der Nervenzellen (aber auch der anderen Zellen des Körpers) fast auf null reduziert. Das bisschen Zucker und Sauerstoff, das noch im Gewebe verblieben war, hat ausgereicht, die Zellen vor der Entladung zu schützen. Die Zellen haben also »überwintert«.
Dieses Prinzip wird auch genutzt, um große Gefäßmissbildungen am Gehirn zu operieren, die mit hoher Wahrscheinlichkeit zerreißen würden, was ein Verbluten des Patienten zur Folge hätte, wenn dies bei normaler Durchblutung geschehen würde. Solche Patienten werden an die Herz-Lungen-Maschine angeschlossen und auf ca. 18 Grad Celsius, also auf Zimmertemperatur, abgekühlt. Dann wird die Blutversorgung zum Gehirn unterbrochen. Der Neurochirurg kann so am Gehirn operieren, ohne dass es blutet! Nach maximal 30 Minuten wird das Hirn wieder an die Blutversorgung »angeschlossen« und der Patient sehr langsam erwärmt.
Durch so einen »induzierten Kreislaufstillstand in tiefer Hypothermie« ist schon vielen das Leben gerettet worden. Möglich ist dies, weil man den Stoffwechsel der Hirnzellen durch die Abkühlung so vermindern kann, dass sie nicht nur wenige Sekunden oder Minuten, sondern viel länger am Leben bleiben.
Jochen schreibt, dass das Gehirn keine Energiespeicher hat, sondern »von der Hand in den Mund« lebt und die Neuronen

fortwährend aktiv sind. Das stimmt auch, aber die Zellen haben zumindest ein wenig Energie in der »Hand«. Die Abkühlung verlangsamt die Prozesse in den Zellen, sie dämpft ihre Aktivität. Und das führt dazu, dass die Zellen länger mit der vorhandenen Energie auskommen. Was lernen wir daraus? Entscheidend für das Wohlergehen der Nervenzellen ist, dass sie genügend Energie haben, um die elektrische Spannung aufrechtzuerhalten, die sie über ihre Zellwand aufbauen und nur kurz für die Weiterleitung von Nervenimpulsen verändern. Das legt aber auch etwas anderes nahe: Wenn es uns gelänge, den Stoffwechsel der Nervenzellen nach einem Schlaganfall zu reduzieren, würden wir Zeit für die Therapie gewinnen. Abkühlung (»Hypothermie«) in der Behandlung des Schlaganfalls – davon später mehr.

## Hirnfunktionen lassen sich lokalisieren

Vorher sprechen wir aber über die Lokalisation des Schlaganfalls im Gehirn – denn da können wir viel darüber lernen, wie das Gehirn funktioniert. Je nachdem, welche Hirnbereiche betroffen sind, fallen unterschiedliche Körperfunktionen aus. Es kann die Motorik betreffen, die Sinne, höhere Funktionen wie Sprachproduktion und -verständnis, aber auch Bewusstsein. Die Muskulatur macht Bewegung. Körperempfindungen und -wahrnehmungen kommen aus Sinnesorganen wie Auge oder Nase. Sprachproduktion obliegt unter anderem Lippen und Zunge, kein Verständnis ohne Ohr. Und doch kann alles gestört sein, je nachdem, welcher Gehirnbereich keine Energie erhält. Daraus schließen wir, dass das Gehirn erstens zu etwas Organisatorischem da ist: Es steuert. Und zwar so ziemlich alles im Körper. Zweitens ist das Gehirn kein einzelner Hauptprozessor, der nacheinander alle Vorgänge steuert. Es ist eher eine Ansammlung vieler verschiedener Prozessoren, jeder mit bestimmtem Aufgabenbereich, die alles gleichzeitig steuern.

Klar, dass Hirnfunktionen »lokalisiert« sind, sich also nicht einfach übers ganze Hirn verteilen, ist mittlerweile Allgemeinwissen. Selbst in Boulevardmagazinen werden magnetresonanztomographische Aufnahmen (»Kernspin«) des Gehirns abgebildet, auf denen ein »Fleck« ein aktives Hirnareal markiert, zum Beispiel wenn der Proband das Foto eines weinenden Kindes sieht. Und wir alle verstehen ohne weitere Erklärung die Aussage einer solchen Abbildung: Dort verarbeitet das Gehirn Mitleid! Der Ausfall einer bestimmten Hirnregion durch die Durchblutungsstörung des Schlaganfalls bedeutet also auch immer den Ausfall der Funktion, die diese Hirnregion vor allem übernimmt. Daher Sprachstörung, Lähmung oder Sehstörung. Interessant in diesem Zusammenhang ist, dass es genau dieser Zusammenhang von zerstörtem Hirngewebe und verlorener Funktion war, der aufmerksame Ärzte des 19. Jahrhunderts auf die »Lokalisationstheorie« des Gehirns brachte. Wenn ein Teil des Gehirns betroffen ist, dann fällt in der Regel nicht alle Funktion auf einmal aus, sondern nur ein Teil. Und dieser Teil ist bei allen Menschen an derselben Stelle lokalisiert. Daraus folgt, dass die »Lokalisation« der Funktionen im Gehirn nicht zufällig ist, sondern eine Grundeigenschaft des Gehirns und immer gleich.

Die Formulierung dieser »Lokalisationstheorie« markiert den Beginn der modernen Neurowissenschaften! Allen voran durch den französischen Mediziner Paul Broca, der durch genaue Beobachtung der Symptome seiner Patienten vorhersagen konnte, in welcher Hirnregion der Schaden (häufig ausgelöst durch einen Schlaganfall) sich befindet. Er konnte seine Patienten allerdings hierzu nicht in die »Röhre« (also den Computer- oder Kernspintomographen) legen, sondern musste warten, bis sie verstorben waren. In Ermangelung wirksamer

Therapien war dies früher und häufiger der Fall als heute. Er entnahm dann das Gehirn und konnte den Gewebeschaden direkt nachweisen.

Heute haben wir glücklicherweise Tomographen. Mit ihnen kann man neben Gewebeschäden auch nachweisen, wo der Blutfluss vermindert ist.

Der wichtigste Risikofaktor für einen Schlaganfall ist Bluthochdruck. Da die Gefäßwände den erhöhten Druck abfangen, verdicken sie sich über die Zeit. So wird das Gefäß enger und steifer. Abgesehen davon entstehen durch den erhöhten Druck kleinste Verletzungen in der Gefäßwand. Die sind an sich nicht so schlimm, können aber weiter zu Verdickung und Verhärtung führen. Und damit zur Arteriosklerose.

# Ursachen und Auswirkungen von Gefäßverschlüssen

Diese entzündliche Erkrankung der Gefäßwand wird auch »Arterienverkalkung« genannt, was etwas in die Irre führt. Zwar wird auch Kalk eingelagert, der spielt aber nur eine untergeordnete Rolle. Hauptsächlich lagern sich Blutfette und Entzündungszellen in die Gefäßwand ein.

Genau, »Arterienverkalkung« ist zwar ein sehr anschaulicher Begriff, der sich deshalb umgangssprachlich durchgesetzt hat, aber letztlich in die Irre führt. Er erinnert mich übrigens an Begriffe wie »Entschlackung« oder »Detox«. Schlacken gibt es zwar nur im Hochofen, und der Körper (insbesondere unsere Leber) ist ganz ohne fremde Hilfe ein nicht zu übertreffender Meister in der Entgiftung (»Detoxifikation«). Das hindert aber trotzdem ganze Armeen von »Diätspezialisten« und Verkäufern von Wundermitteln nicht daran, hier ihre selbstlose Hilfe anzubieten.
Aber zurück zur »Arterienverkalkung«. Der Begriff könnte uns auf die Idee bringen, man müsste den Kalk, also Kalzium, irgendwie loswerden. Kalzium im Blut ist aber absolut lebensnotwendig und daher sehr fein reguliert. Im Gehirn werden praktisch alle wichtigen Funktionen der Nervenzellen durch Veränderungen der Kalziumionen-Konzentration gesteuert, auch im Muskel ist das nicht anders. Deshalb noch mal: Arteriosklerose, bzw. im Wesentlichen gleichbedeutend die Atherosklerose, ist eine chronische entzündliche Gefäßerkrankung, die zur Einlagerung von Fetten (v.a. LDL-Cholesterine) und Anhäufung von Entzündungszellen (sog. Schaumzellen) in die Wand von größeren Arterien führt. Dies kann über Jahre ohne Symptome bleiben, führt aber letztlich zur Einengung der Gefäße. Was in den von den betroffenen Gefäßen versorgten Geweben zu Symptomen führen kann, wie zum Beispiel ganz

typisch im Herz zur Angina pectoris. Sehr gefährlich ist auch das Zerreißen einer solchen Gefäßveränderung (»Plaqueruptur«), dadurch wird dann die ganze Mischung von Fetten, Zellhaufen und auch ein bisschen Kalk mit dem Blut fortgespült, und kann ganz plötzlich einen Herzinfarkt, Schlaganfall oder eine arterielle Durchblutungsstörung im Bein auslösen. Es ist letztlich nicht klar, was die eigentliche Ursache für Atherosklerose ist, ob das eine Erkrankung der Auskleidungszellen der Gefäße (»Endothelzellen«) ist, eine Erkrankung des Immunsystems, dessen Zellen nicht richtig funktionieren und sich gegen die glatten Muskelzellen der Gefäße wenden, oder ob eine Fettstoffwechselstörung entscheidend ist. Dazu gibt es noch eine Vielzahl weiterer Theorien, die ich gar nicht alle aufzählen will. Wie so häufig in der Medizin: Wahrscheinlich spielt wohl vieles ein bisschen eine Rolle. Klar sind eine Reihe von Risikofaktoren, vor allem Bluthochdruck und Diabetes. Auch klar ist, dass genetische Faktoren sowie der »Lebensstil« eine wichtige Rolle spielen. Auch das werden wir für einige der Hirnerkrankungen immer wieder hören: Wenig körperliche Bewegung, Übergewicht, Rauchen und einseitige Diäten fördern diese Erkrankungen, umgekehrt können wir sie durch moderaten Sport, Gewichtskontrolle und abwechslungsreiche (z. B. »mediterrane«) Diäten wenn nicht verhindern, so doch verzögern oder abmildern.

## Thrombus und Embolus

So wie Bewegung und Ernährung verschiedene positive Auswirkungen haben können, können sowohl Bluthochdruck als auch Arteriosklerose verschiedene Ursachen und Verläufe haben. Allerdings führen beide dazu, dass Gefäße enger werden. Und sie bedingen sich gegenseitig. Bluthochdruck kann zu Arteriosklerose führen, genau wie Arteriosklerose zu Bluthochdruck führen kann.

Man kann sich leicht vorstellen, dass sich eine verengte Stelle bis zu einem Verschluss weiter verengen kann. Wenn in der Gefäßwand Stoffe und Zellen eingelagert werden, können sich auch Blutplättchen und andere Blutbestandteile dazugesellen. Es entsteht ein sogenannter Thrombus, der die Ader verstopft.

An dieser Stelle könnte man die Verbindung zur Migräne herstellen. Ich sage »könnte«, denn ganz sind die Zusammenhänge leider nicht verstanden. Es ist bekannt, dass es einen Zusammenhang zwischen Migräne mit Aura und Schlaganfall gibt, der bei Frauen statistisch signifikant ist und sich noch steigert, wenn diese Frauen rauchen und die Antibabypille nehmen. Wie der Mechanismus dieses Zusammenhangs aussieht, ist unbekannt. Im vorhergehenden Kapitel habe ich erwähnt, dass Übererregbarkeit beispielsweise im Trigeminusnerv zu einer sterilen Entzündungsreaktion in Gefäßwänden führen kann. Durch das, was wir bis hierhin gesagt haben, wird klar, dass sich daraus eine Arteriosklerose entwickeln könnte, die die Entwicklung eines Thrombus begünstigt. Ein Thrombus kann sich auch von der Gefäßwand lösen und auf Wanderschaft gehen. Dann nennt man ihn einen Embolus. Definiert wird ein Embolus als ein frei im Blut schwimmendes Etwas. Das kann ein Stück Thrombus sein, aber auch ein Luftbläschen oder irgendein anderer Fremdkörper. Wenn ein Embolus auf Wanderschaft geht, dann ist das wie Roulette spielen und warten, wohin die Kugel fällt. Je nachdem, wo dieser Embolus stecken bleibt, entstehen ganz unterschiedliche Krankheiten. In den Herzkranzgefäßen führt es zu einem Herzinfarkt, in der Lunge zu einer Lungenembolie. Kennen Sie die amerikanische Arztserie *Dr. House?* Der Protagonist geht am Stock, er erlitt einen Verschluss in der Oberschenkelarterie. Auch das kann durch einen Embolus passieren. Ist ein Hirngefäß betroffen, kommt es zum Schlaganfall.

## Wie und woraus bilden sich Ablagerungen?

Wer sich von Fast Food und Limonade ernährt, Sport und Obst hingegen meidet, hat höchstwahrscheinlich zu hohe Blutfett- und Zuckerwerte. Und schon sind wir bei weiteren Risikofaktoren für Schlaganfälle.

Sie denken, Fett schmiert? Im August 2013 berichteten die Medien über die Londoner Kanalisation. Im Außenbezirk Kingston liefen die Kanäle über, weil ein Fettklumpen von kaum vorstellbaren 15 Tonnen Gewicht ein Kanalrohr verstopfte. Dieses Rohr war, wohlgemerkt, so groß, dass mehrere Menschen darin aufrecht stehen konnten, dennoch war es völlig verstopft. Es ist unwahrscheinlich, dass ein Londoner einen Klumpen dieses Ausmaßes in einem Stück durch den Abfluss entsorgt hat. Eher ist das Rohr langsam, Klumpen für Klumpen, verklebt. Keiner merkte etwas, bis die Gullys überliefen. Irgendwann kam der letzte Klumpen hinzu, und nichts ging mehr. Auch ein Thrombus entsteht nicht über Nacht.

Auch Rauchen und übermäßiger Alkoholkonsum machen manchmal Spaß, sind aber selten gut für uns. Beide erhöhen das Schlaganfallrisiko. Alkohol verschließt vielleicht nicht die Gefäße, aber reinigen Sie mal einen Haushaltsgummi täglich mit Alkohol und vergleichen Sie dann die Dehnbarkeit mit derjenigen eines frischen. Glauben Sie mir, das behandelte Gummi wird eher reißen. Alkohol macht spröde, auch Gefäße. Dass Tabak ungesund ist, weiß mittlerweile jedes Kind. Auch dass Teer nicht nur Straßen super klebt, weiß jeder. Bei langjährigen, starken Rauchern sieht man das sogar durch die Haut. Besonders an Beinen und Füßen. Dort kommt es beim »Raucherbein« im fortgeschrittenen Stadium zu einer so starken Einschränkung der Durchblutung, dass Gewebe zugrunde geht. Es verfault quasi an Ort und Stelle und verfärbt sich dadurch dunkel. Das heißt zwar noch nicht, dass Raucher mit Sicherheit einen Schlaganfall erleiden. Doch er wird mit mehr Ablagerungen immer wahrscheinlicher.

Ist ein Hirngefäß verschlossen, passiert der Schlaganfall. Wie er sich äußert, hängt davon ab, welches Gefäß wo verschlossen ist. Vom Herzen ziehen vier Hauptarterien ins Gehirn, zwei pro Hirnhälfte. Sie verästeln sich im Gehirn immer weiter, bis sie hauchdünne Kapillaren sind, ihre Richtung umkehren und als Venen zurück zum Herzen führen. Ist ein riesiger Embolus in der Lage, eine Hauptarterie zu verstopfen, erhält ein knappes Viertel des Gehirns keine Nährstoffe mehr. Glücklicherweise kommt das nicht so häufig vor. Ist nur eine der unzähligen Kapillaren verschlossen, merken Sie es vielleicht nicht mal, weil der betroffene Bereich so klein ist, dass er entweder nicht weiter ins Gewicht fällt oder von einem Nachbarbereich mitversorgt wird. Die meisten Schlaganfälle betreffen Gefäße mittlerer Größe. Dann entsteht ein Gebiet, das unterversorgt und so groß ist, dass es nicht von Nachbargebieten mitversorgt werden kann. Doch warum stellt das unterversorgte Gebiet die Funktion ein?

**Der ischämische Schlaganfall**

Ist eine Ader (Flur) verstopft, erhalten dahinterliegende Gehirnbereiche (Büros) keine Nährstoffe (Pizza) mehr, dafür häufen sich Abbauprodukte. Unterversorgte Bereiche stellen die Funktion ein und gehen zugrunde. Vor der Blockade liegende Bereiche werden weiterhin normal versorgt.

## Die verschiedenen Zelltypen im Gehirn

Bevor wir diese Frage beantworten können, muss ich noch einmal ausholen. Als ich das Gehirn mit einer Firma verglich, war ich ungenau. Genau wie in den Bildern von Fritz Kahn habe ich im Text vereinfacht, damit es anschaulicher wird. Das machte keinen Unterschied, um den Kopfschmerz zu verstehen, doch nun muss ich das korrigieren.

Erstens besteht in einem normalen Büro ein gewisser Abstand zwischen den Angestellten. Zweitens sind in der realen Welt die meisten Angestellten relativ weit von der nächsten Tür entfernt. Drittens gibt es überhaupt Türen. Im Gehirn ist das anders. Es gibt keinen Platz zwischen den Zellen. Auch wenn das in allen Animationen und filmischen Darstellungen des Gehirns immer wieder so gezeigt wird, es ist blanker Unsinn und dient einzig und allein der Ästhetik. Denn eine Kamera, die scheinbar durch das Gehirn fliegt, kann dies natürlich nur tun, wenn da Raum zum Hindurchfliegen ist. In der Wirklichkeit gibt es diesen Raum aber nicht. Bestünde zwischen den Zellen in unserem Gehirn auch nur ein kleiner Abstand, wir hätten riesige Ballons auf unseren Schultern. Mal ganz davon abgesehen, dass wir auseinanderfielen, wenn unsere Zellen nicht dicht beieinander wären und sich gegenseitig festhielten. Das heißt, in unseren Köpfen berühren sich alle Zellen, es herrscht dichtes Gedränge. Dafür sind die Ausgänge nie weit entfernt, sprich, es ist für jede Zelle nie weit bis zum nächsten Blutgefäß. Ich sage Ausgänge und nicht Tür, denn natürlich gibt es im Gehirn keine Türen. Dennoch, wie ich im letzten Kapitel bereits sagte, beschränkt die Blut-Hirn-Schranke den Zugang von den Adern in das Gehirngewebe. Die Schranke wird durch Endothelzellen gebildet, die man sich als Türsteher vorstellen kann und die durchaus eine vergleichbare Funktion haben. Nur regeln sie nicht nur den Durchgang DURCH die Tür, sie SIND die Tür! Dadurch verhindern sie, dass Keime oder Erreger im Gehirn

Schaden anrichten können. Doch nicht jede Zelle, die im Gehirn Schaden anrichten würde, kommt von außen. Es gibt auch körpereigene Zellen, die dem Nervengewebe sehr gefährlich werden können. Und auch wenn sich das auf den ersten Blick widersinnig anhören mag, es sind Blut- und Immunzellen, die auf jeden Fall vom Gehirn ferngehalten werden müssen.

Was die Blut-Hirn-Schranke jedoch hindurchlässt, ist die Nahrung der Zellen, also Zucker. Es ist der Job bestimmter Zellen, diesen Zucker bei den Endothelzellen abzuholen und bedarfsgerecht zu verteilen. Das machen keine Nerven, sondern ihre Helferzellen, die Gliazellen.

## Was sind Gliazellen?

*Glia* bedeutet so viel wie Kleber oder Leim, weil man lange dachte, sie würden hauptsächlich die Neuronen zusammenhalten. Deshalb fehlen sie in vielen Darstellungen. Doch heute weiß man, dass Glia den Betrieb am Laufen halten. Leider stehen sie im Schatten der Nervenzellen. Das liegt daran, dass die elektrische Aktivität der Nervenzellen so leicht zu entdecken war, dass ihnen Luigi Galvani bereits Mitte des 18. Jahrhunderts auf die Schliche kam.

Gliazellen kommunizieren nicht durch leicht feststellbare elektrische Aktivität. Sie sind etwas schüchterner. Bis Rudolph Virchow auf die Gliazellen aufmerksam wurde, vergingen weitere hundert Jahre. Doch die Arbeit der Gliazellen ist nicht weniger wichtig, nur weil man sie nicht so leicht messen kann, im Gegenteil.

Eine Gliazelle, die ihrer Form wegen auch Sternzelle oder Astrozyt genannt wird, holt den Zucker am Blutgefäß ab, verdaut ihn vor und füttert damit häppchenweise die Nervenzellen. Diese Energieversorgung hört nie auf. Tag wie Nacht. Der Grund dafür ist die fortwährende Sisyphosarbeit, die sowohl Neuron wie Glia leisten. Denn das Gehirn gibt nie

Ruhe, nicht mal im Schlaf. Die Zellen sind nicht immer gleichmäßig stark aktiv, doch sie sind immer aktiv.

### Die unmittelbaren Folgen eines Gefäßverschlusses

Bleibt der Nachschub aus, stehen die Astrozyten am Eingang und warten auf Zucker, derweil die Nervenzellen schon völlig entnervt nach Futter brüllen!

Das Gehirn ist eine große Maschine, die aus chemischer Energie fortwährend elektrische Signale macht. Es nutzt die Energie, um die Nervenzellen aufzuladen, wie ein Aufziehmännchen, das unentwegt aufgezogen wird.

Bleibt die Energie aus, entladen sich die Zellen. Wenn keiner das Aufziehmännchen aufzieht, dann verbraucht es die restliche Energie, die es hat, bis es stehenbleibt. Doch im Gegensatz zu diesem Spielzeug bleibt das für die Nervenzellen und ihre Umgebung nicht folgenlos. Denn die Menge elektrischer Signale bestimmt die Menge ausgeschütteten Botenstoffs. Ist eine Zelle übermäßig oder dauerhaft entladen, schickt sie also nicht eine Meldung an ihre Empfänger, sondern alle, die sie hat. Und kurz darauf geht sie zugrunde.

Gleich ob wenig oder viel, die Meldungen wirken beim Empfänger und bringen auch ihn dazu, Meldung zu machen. Da der Empfänger massiv Meldungen erhält, kann er gar nicht anders, als ebenfalls massiv Meldungen zu verschicken. So breitet sich diese Übererregung wellenförmig immer weiter aus: wie die Entladungswelle, von der wir im Zusammenhang mit dem Kopfschmerz sprachen. So kommt es, dass die Welle, durch die enge strukturelle und funktionelle Beziehung zwischen Nervenzellen und Blutgefäßen, zu einer sterilen Entzündung führen kann. Und diese Entzündung der Gefäßwände kann, wie die Arteriosklerose, langfristig zu einem erhöhten Risiko für weitere Schlaganfälle führen.

## Die Folgen des Gefäßverschlusses für die Gliazellen

Die Nervenzellen haben eine Inselbegabung: Solange sie Zucker bekommen, empfangen und senden sie schnell, zuverlässig und über Jahre hinweg pausenlos ihre Meldungen. Das ist alles, was sie können. Ihre Pflege und den ganzen Rest der Arbeit übernehmen die Gliazellen. Zusätzlich sammeln sie wieder ein, was durch jedes Signal aus den Nervenzellen rauskommt, und schaufeln es zurück, damit die Nervenzellen das nächste Signal verschicken können. Sie halten die Neuronen auch in ihrer Position und schirmen sie voneinander ab, so dass die einzelnen Zellen konzentriert ihre Arbeit machen können und nicht die Meldung eines Neurons aus Versehen den Nachbar verwirrt. Die einzelnen Nervenzellen machen nichts weiter, als stupide ihre Meldungen weiterzuschicken und dafür alles Lob und alle Anerkennung einzuheimsen, während die Gliazellen die ganze Plackerei machen. Es ist eine ungerechte Welt, in der wir leben, das ist im Gehirn nicht anders als draußen.

Worin sich Nerven- und Gliazellen jedoch gleichen, ist ihr Bedarf an Energie. Auch die Gliazellen ernähren sich vom Blutzucker, hungern, wenn er ausbleibt, und haben keine Kraft mehr für die Arbeit. Im Ergebnis ackern sich Nerven- und Gliazellen buchstäblich zu Tode.

## Was sind Mikrogliazellen?

Das ruft einen weiteren Typ Gliazellen auf den Plan. Sie sind viel kleiner als alle anderen, deshalb übersieht man sie leicht. Abgesehen davon liegen sie, solange alles gut läuft, nur herum und schlafen. Weil sie so klein sind, heißen sie auch Mikroglia. Sie sind die Immunzellen des Gehirns, eine Art Sanitäter- und Schutztruppe, weshalb es nicht schlimm ist, dass sie pennen, solange alles gut läuft. Sie wachen aber umgehend auf, sobald es um sie herum hektisch oder gar hysterisch wird. Was sie daraufhin tun, nennt man, genau wie die Aktivität aller Immunzellen im Körper, Entzündungsreaktion. Es ist die normale Antwort des Immunsystems auf Eindringlinge von außen oder Gefahr von innen. Im Gehirn ist dieser Vorgang von Mikrogliazellen vermittelt. Sie meinen es mit ihrer Arbeit nur gut, doch setzen sie damit eine Kaskade in Gang, an deren Ende durch die geöffnete Blut-Hirn-Schranke nicht nur Fremdstoffe, sondern andere Zellen des Immunsystems in das Gehirn eindringen.

## Warum öffnet sich die Blut-Hirn-Schranke?

Es ist, als schöben die Mikroglia reflexartig und angeekelt die Umstehenden von sich und begännen alles einzuseifen und sauber zu machen. Sie sind, was das angeht, ziemlich zwanghaft. Natürlich ist es meist richtig und wichtig, sauber zu machen, aber es gibt auch gute Gründe, damit vielleicht ein wenig zu warten oder nicht so eine Hektik dabei zu verbreiten. Denn die Seife, die sie verwenden, ist ein Enzym, das auch negative Auswirkungen hat. Aber da lässt sich die Mikroglia nicht reinreden. Wie gesagt, sie ist etwas zwanghaft. Das Drücken und Schieben zum Beispiel hat die positive Auswirkung, dass sie viel besser sauber machen und den Schmutz auch abtransportieren kann. Doch nun steht sie mit lauter anschwellenden Nervenzellen in einem ohnehin schon vollen Raum. Denn ohne Energie können die Nervenzellen auch das Wasser nicht wieder abführen, das sie mit jeder Ladung aufnehmen, und so schwillen sie an. Der Druck kann nicht nach außen ausweichen, da ist zu allen Seiten Knochen. Das Gewebe droht sich selbst zu quetschen, und nun packt die Mikroglia ihre Seife aus. Was im Gewebe Sinn und Zweck hat, ist an der Blut-Hirn-Schranke ein Desaster. Immerhin ist es die Funktion der Endothelzellen, nichts durchzulassen, was da nicht durch soll. Die Endothelzellen leiden aber ebenso Hunger und müssen dennoch dem Gedränge standhalten.

Und dann seift die Mikroglia ihnen auch noch die Hände ein. So verlieren auch die stärksten Zellen ihren Halt, lassen sich los und ... die erste Zelle aus dem Blut gelangt ins Gehirn – die Blut-Hirn-Schranke ist geöffnet! Blutzellen gehören nicht ins Gehirn (mit wenigen Ausnahmen), das führt zu Stress! Das Gehirn braucht aber keinen Stress, es braucht Energie! Die bringen die Eindringlinge aber nicht mit, im Gegenteil.

## Die Folgen einer geöffneten Blut-Hirn-Schranke

Eine Art Eindringling, der so aus einem Blutgefäß in das Gehirn gelangen kann, sind weiße Blutkörperchen. Sie patrouillieren im Blut und schützen uns vor Infektionen. Ins Gehirn gehören sie nun wirklich nicht, denn ihr ganzer Lebenszweck besteht darin, infizierte Körperzellen oder Bakterien zu töten. Das sind professionelle Killer! Der Blutdruck treibt die Killer durch kleine Lücken in der Blut-Hirn-Schranke bis in das Gehirn. Wo sie auf wenig Gegenwehr stoßen. Die Nervenzellen sind zwangsneurotische Hysteriker, die Astrozyten dürre Wichte, und die Mikroglia sind ... nun ja, winzig. Keiner von ihnen hat die Kraft, sich zu wehren. Deshalb gibt es ja die Blut-Hirn-Schranke!
Dieses Bild macht die Rolle der Blut-Hirn-Schranke deutlich. Und, dass zu viel des Guten gar nicht gut ist. Wenn das Problem des ischämischen Schlaganfalls darin besteht, dass ein Teil des Gehirns durch die verringerte oder ganz ausbleibende Durchblutung keine Energie mehr erhält, dann könnte man meinen, dass bei einem Gefäßriss das Gehirn keinen Grund hat, sich zu beschweren, immerhin ist genug Blut vorhanden. Doch nun wird klar, dass es nicht das Blut an sich ist, was das Gehirn braucht, sondern nur die Energie aus dem Blut.

**Der hämorrhagische Schlaganfall**
Ist eine Aderwand (Mauer) beschädigt, blutet es in das Gehirngewebe (Büro). Mit dem Blut kommen neben Krankheitserregern wie Viren (Teufel) oder Bakterien (Hooligans) auch Immunzellen (Killer) in das Gehirngewebe und attackieren die Nervenzellen (Büroangestellte).

## Zellen haben zwei Arten zu sterben

Letztlich ist das Schicksal der einzelnen Zellen davon abhängig, wie viel Energie sie abbekommen. Die toten Zellen bilden den sogenannten Infarkt, das Kerngebiet, in dem irreversible Schäden auftreten. Im Infarktkern, also nahe am verschlossenen Blutgefäß, sterben Zellen. Je weiter weg eine Zelle vom Kern des Infarkts liegt, umso mehr Energie gelangt noch zu ihr. Und zwar aus den angrenzenden, normal mit Blut versorgten Hirngebieten. Es gibt eine unscharfe Grenze, ab der die Zellen zwar unterversorgt sind, aber gerade noch so viel Energie haben, um sich am Leben zu halten. Und dann gibt es noch eine weitere Grenze, ebenso unscharf, ab der die Zellen wieder genug Energie für ihren Stoffwechsel erhalten, weil sie weiterhin zuverlässig von anderen Blutgefäßen versorgt werden.

Der Bereich zwischen der ersten und der zweiten Schwelle heißt Penumbra, also Halbschatten. Zellen in der Penumbra haben zu viel Energie, um zu sterben, aber zu wenig, um zu leben. Also rationieren sie. Sie stellen schlicht und einfach ihre Funktion ein, um Energie zu sparen. Wenn dann klarwird, dass die Situation sich nicht verbessert, sondern eher noch schlimmer wird, dann nehmen sie ihr letztes Quentchen Energie und begehen Selbstmord.

Der Vorgang heißt Apoptose und ist tatsächlich eine zelluläre Selbsttötung. Das Wort Apoptose kann man sinngemäß mit »der Vorgang, der zum Sterben führt« übersetzen. Doch im Gegensatz zur Nekrose, dem unkontrollierten »Absterben«, ist Apoptose ein regulierter Vorgang, wie ein Umzug durch ein professionelles Umzugsunternehmen. Alles wird fein säuberlich verpackt, die Umgebung der Zellen bleibt sauber und die Mikrogliazellen können alles abtransportieren und an anderer Stelle wiederverwenden. Nekrose kann man im Gegensatz dazu mit der Sprengung der Wohnung vergleichen. Nekrose heißt Chaos und Dreck überall, noch mehr Mikroglia, mehr Enzym, mehr Entzündung.

Apoptose braucht also zumindest ein wenig Energie. Bei Nekrose ist das nicht so. Und Nekrose hat etwas von einer Lawine, man kann sie, einmal angelaufen, nur schlecht aufhalten. Das erklärt, warum hämorrhagische Schlaganfälle noch gefährlicher sein können als ischämische. Denn da kommt es zu teilweise massiven Blutungen ins Gehirn. Das führt zu mehr Nekrose, mehr Entzündung, als dies bei Schlaganfällen ohne Blutung der Fall ist.

In der Penumbra, die sich rund um den Infarktkern ausbreitet, sieht es aus wie in Berlin am Neujahrsmorgen. Man sieht, dass die letzte Zeit heftig war, doch man sieht auch, dass sich bereits Helfer um den Dreck kümmern. Dagegen muss man es sich im nekrotischen Infarktkern vorstellen wie nach einer Naturkatastrophe. Alles verrottet an Ort und Stelle. Keiner kümmert sich, niemand hilft. Der herumliegende Dreck wirkt auf die wenigen noch gesunden Nerven- und Gliazellen, die bald ebenfalls Schaden nehmen. Und er aktiviert die Mikroglia, die ihre Entzündungsreaktion starten und den Schaden dadurch auch noch verstärken. Es ist einleuchtend, dass, wenn nichts geschieht, der Infarktkern sich weiter ausbreitet und das, was vorher Penumbra, also noch zu retten war, immer geringer wird. Die Lawine ist angerollt und breitet sich aus. Das heißt auch: Wenn man den Schlaganfall nicht sofort erkennt, ist er ein paar Stunden später absolut eindeutig. Erst fühlt sich der Arm komisch an, dann wird er taub, dann ist er gelähmt. Und dann ist es vielleicht zu spät. Darum ist es so wahnsinnig wichtig den Schlaganfallpatienten schnell zum Arzt zu bringen. Denn der Arzt versucht nichts anderes, als die Lawine aufzuhalten, bevor sie anrollt.

**Körperprozesse machen Sinn. Nur welchen?**

Man schätzt, dass es etwa 100 000 000 000 Nervenzellen im menschlichen Gehirn gibt. Das sind nicht wenige, aber noch lang nicht alle. Das Gehirn besteht auch aus noch mal so vielen nichtneuronalen Zellen! Die unterstützen die Nervenzellen nach Kräften, im normalen Leben, aber auch dabei, kurzfristige Störungen zu überwinden. Dauert die Störung aber länger, dann sterben auch nichtneuronale Zellen, und diese können sogar Schaden an überlebenden Neuronen anrichten, wie Jochen für die Entzündungs- und Immunreaktionen beschrieben hat. Er hat uns damit einen guten Einblick in die komplizierten Vorgänge im Gehirn gegeben, die nach einem Gefäßverschluss

ablaufen. Manches davon ist allerdings leider noch viel komplizierter und vieles noch ganz unverstanden. Es gibt, wie von Jochen ausgeführt, Hinweise darauf, dass eine Entzündung nach dem Schlaganfall den Schaden verstärkt.
Allerdings fanden Forscher auch heraus, dass bestimmte Entzündungszellen den Schaden eindämmen oder sogar zur Wiederherstellung von Funktionen beitragen können. Das ist typisch für unser immer stärker zunehmendes Wissen über Krankheitsmechanismen, nicht nur auf das Gehirn bezogen: Fast jeder Prozess im Körper macht »Sinn«, und das auch im Rahmen einer Krankheit, da er sich evolutionär entwickelt hat als Antwort auf eine Störung der Organfunktion. Diese Antwort kann überschießen oder nicht ausreichen, dann ist sie schädlich. Die biomedizinische Forschung versucht, diese Prozesse so genau wie möglich zu verstehen, um mit Therapien schädliche Funktionen zu unterdrücken und nützliche zu erhalten oder sogar zu verstärken. Am Beispiel der Entzündung kann das heißen: zur rechten Zeit die richtige Entzündungszelle hemmen und zu einem anderen Zeitpunkt eine andere, regenerationsfördernde Zelle stimulieren.

## Die Behandlung eines Schlaganfalls

Es ist noch nicht lange her, da konnte man nach einem Schlaganfall wenig machen, außer zu hoffen und dem Patienten die Hand zu halten. Das ist glücklicherweise vorbei. Heute kann man behandeln, aber nur, wenn man schnell ist. Erfahrungsgemäß rollt die Lawine, also das Öffnen der Blut-Hirn-Schranke, das Eindringen von Blutzellen in das Gehirngewebe und die damit verbundene Entzündungsreaktion, nach etwa drei bis spätestens vier Stunden an. Bis dahin muss behandelt werden.

Doch wie funktioniert die Behandlung? Verstopft daheim der Abfluss, dann baut man das Abflussrohr aus und spült es durch. Übersetzt würde das bedeuten, den Schädel zu öffnen, das verstopfte Gefäßstück herauszuschneiden und durchzuspülen. Das lassen wir lieber. Es gilt also, die Ader zu befreien, ohne den Schädel zu öffnen.

### Akute Behandlung: Problem (auf)gelöst?

Den verstopften Abfluss in der Wohnung kann man wieder frei bekommen, ohne das Abflussrohr auseinanderzubauen – mit Rohrreiniger! Dieses Pulver wird in den verstopften Abfluss gestreut, etwas Wasser hinzugegeben, und nach wenigen Momenten läuft das Wasser wieder ab. Das Pulver löst die Verstopfung auf. So ähnlich funktioniert die Behandlung eines ischämischen Schlaganfalls. Der Thrombus besteht aus miteinander verklebten Zellen und diversen Blutbestandteilen, ähnlich dem Schorf, der eine Wunde verschließt. Das, was diese Masse zu einem Klumpen zusammenklebt, kann man mit einem Lösungsmittel auflösen!

Dieses Lösungsmittel heißt *recombinant tissue Plasminogen Activator* (rtPA). rtPA ist ein Enzym, es aktiviert die Umwandlung von Plasminogen in Plasmin. Dieses Enzym ist natürlicher Bestandteil des körpereigenen Gerinnungssystems und wandelt sozusagen den Kleber in Nichtkleber um. Dadurch löst sich der Pfropfen auf, der die Gefäße verstopft. Und weil Auflösung auf Griechisch *lyse* heißt, nennt man diese Therapie auch Lyse-Therapie.

## Die Lyse-Therapie

Aber natürlich ist es nicht so einfach, einem Patienten rtPA zu spritzen. Denn ein Gerinnsel hat auch seine guten Seiten. Vielleicht nicht unbedingt, wenn es ein Gehirngefäß verstopft, aber wenn es eine verletzte Gefäßwand abdichtet, sehr wohl. Wer den Schorf einer Wunde abnibbelt, der kann sehen, wie die Wunde wieder anfängt zu bluten. Wird rtPA in einen Patienten gespritzt, der eine Blutung hatte, die versiegt ist, weil geronnenes Blut das Loch in der Gefäßwand verschließt, dann löst sich dieses Gerinnsel nun auf, und der Patient kann an der Blutung sterben!

Die Lyse-Behandlung kann deshalb nur angewendet werden, wenn eine Blutung ausgeschlossen ist. Ansonsten kann die Behandlung mehr Schaden anrichten als der eigentliche Schlaganfall. Dazu hat die Medizin glücklicherweise bildgebende Verfahren. Gleich ob Computer- oder Magnetresonanztomograph, Geräte wie diese stehen heute in jedem Krankenhaus und liefern detaillierte Bilder aus dem Inneren des Kopfes. So kann man erkennen, ob ein Schlaganfall vorliegt. Noch wichtiger: Man kann sehen, ob eine Blutung vorliegt, also keine Lyse-Behandlung durchgeführt werden darf. Außerdem sieht man so, wie viel Penumbra besteht, wie viel Risikogewebe also. Das ist wichtig für den Arzt, denn viel Risikogewebe bedeutet, dass die Therapie viel bewirken kann. Sieht man wenig Penumbra, ist der Schaden höchstwahrscheinlich schon passiert, und der Arzt wird keine riskante Therapie beginnen, deren Nutzen nur gering ist.

Wir werden im Folgenden darauf eingehen, wie die Forschung

versucht, für die eingeschränkten Behandlungsmöglichkeiten Verbesserungen zu finden. Doch schon die Lyse und Infokampagnen, um die Menschen für den Zeitdruck zu sensibilisieren, haben durchschlagende Erfolge gebracht. Hieß es noch zur Jahrtausendwende, dass nur etwa 25 Prozent der Schlaganfallpatienten nach dem Anfall mit wenigen oder keinen Folgebeschwerden leben, sind es heute immerhin 40 Prozent. Ein schönes Beispiel, um sich vor Augen zu führen, dass Forschung nicht immer zu neuen Medikamenten führen muss, um erfolgreich zu sein. Die Aufklärung über den Zeitdruck bei einem Schlaganfall ist etwas, was man nicht auf den ersten Blick als Forschungsergebnis identifiziert.

Doch die Infokampagnen, die gerne tickende Uhren zeigen, sind genau das. Zwar gehe ich gleich noch auf anderes ein, doch die Wichtigkeit, keine Zeit bis zur Therapie vergehen zu lassen, kann nicht genug betont werden. Alle anderen Krankheiten, die wir in diesem Buch behandeln, sind insofern anders, als sie sich über einen gewissen Zeitraum entwickeln. Der Schlaganfall kommt plötzlich, er ist immer ein Notfall. Durch Forschung haben wir viel gelernt. Doch eines ist klar. Am Zeitdruck werden auch neue Erkenntnisse über die beteiligten Teilprozesse nichts ändern. Daher die Eile, damit die Behandlung einsetzen kann, bevor es zu kompliziert wird.

### Behandlung bei hämorrhagischen Schlaganfällen

Diese Lyse-Behandlung ist allerdings für hämorrhagische Schlaganfälle ungeeignet. Betrifft die Blutung einen Ventrikel, also einen mit Hirnwasser gefüllten Hohlraum, kann man manchmal eine Drainage legen. Das funktioniert aber nicht an jeder Stelle des Gehirns gleich gut und bei starker Blutung gar nicht. Es gibt bei hämorrhagischen Schlaganfällen keine Faustregeln. Die Ärzte müssen nach Einzelfällen entscheiden, was getan werden muss oder ob überhaupt eingegriffen werden kann. Denn bei manchen Blutungen kann man gar nichts machen, weil sie an einer ungünstigen Stelle liegen oder die Blutung nicht so schwer ist, dass sich das Risiko einer Behandlung lohnt. Erstaunlicherweise kann es selbst in Fällen ohne Behandlung manchmal zu einer Widerherstellung der verlorenen Funktion kommen. Wie kann das sein?

## Rehabilitationsbehandlung: Hilfe zur Selbsthilfe

Neben der kausal wirkenden Lyse ist das oberste Ziel der Schlaganfalltherapie, verlorene Hirnfunktionen wiederherzustellen. Hierbei sind Ergo- und Physiotherapeuten sowie Logopäden von unschätzbarer Wichtigkeit. Sie helfen den Patienten dabei, sich selbst zu helfen. Die möglichst frühe Therapie von Bewegungsschäden, Sprachschäden und der eingeschränkten Handlungsfähigkeit Betroffener führt dazu, dass gesunde Gehirnbereiche angeregt werden, die Funktion der ausgefallenen Gehirnbereiche zu übernehmen. Dazu ist es verständlicherweise wichtig, möglichst früh, konsequent, regelmäßig und langfristig zu therapieren. Denken Sie daran, wie lange es braucht, bis ein Kleinkind gelernt hat, flüssig zu sprechen. Das geht nicht von heute auf morgen. Dementsprechend wird auch die Therapie einer Sprachstörung nach einem Schlaganfall länger dauern als die Akutbehandlung.
Doch die Tatsache, dass es möglich ist, beispielsweise eine Sprachstörung zu behandeln, sagt uns einiges über das Gehirn. Bis vor gar nicht allzu langer Zeit hieß es, dass man einem alten Hund keine neuen Tricks mehr beibringen kann. Das ist offensichtlich nicht ganz richtig. Und genau dadurch zeigt sich die Anpassungsfähigkeit des Gehirns. Selbst wenn ein Teil dieser Maschine ausfällt, dann kann ein anderer Teil die ausgefallene Funktion teilweise mit übernehmen.
Es gibt solche und solche Nervenzellen, aber alle haben dieselben Gene und damit im Prinzip dieselben Fähigkeiten. Und wenn wir sagen, dass das Gehirn in funktionell unterschiedliche Bereiche unterteilt ist, wird nun klar, dass diese

Bereiche nicht in Stein gemeißelt sind. Fällt ein Bereich aus, übernimmt ein anderer dessen Funktion. Einige Funktionen sind ohnehin einmal pro Gehirnhälfte repräsentiert, da kann das Areal auf der nicht betroffenen Gehirnhälfte die ausgefallene Funktion der anderen Seite mit übernehmen. Aber auch innerhalb einer Hemisphäre können manche Aufgaben von angrenzenden Arealen übernommen werden. Ist beispielsweise das Areal ausgefallen, das die Hand kontrollierte, kann diese Funktion von den Gebieten übernommen werden, die vorher für den Fuß zuständig waren. Dafür braucht es neue Verbindungen, und hier kommt die Physiotherapie ins Spiel: Durch die Bewegungstherapie lernen Nervenzellen neue Verbindungen, die sich mit Übung festigen. Das bedeutet, die Übernahme neuer Aufgaben durch einen Gehirnbereich, also die Wiederherstellung einer verlorengegangenen Funktion, kann nur gut geschehen, wenn man viel trainiert. Das »heilt« nicht von alleine! Wer hier rastet, der rostet buchstäblich. Die Gehirne von Schlaganfallpatienten müssen quasi noch mal in die Schule. Wer hier schwänzt, der schadet sich! Und das ist die vielleicht wichtigste Erkenntnis aus vielen Jahren Schlaganfallforschung: dass man mit Übung zumindest einen Gutteil, manchmal sogar mehr, seiner verlorenen Funktion wieder zurückgewinnen kann.

## Und die Forschung geht weiter!

Das hört sich bis hierhin alles ganz prima an, man könnte fast meinen, der Schlaganfall sei zu Ende erforscht, die Behandlung zwar mit einem Zeitlimit versehen, aber ansonsten auch zufriedenstellend. Aber natürlich funktioniert die Forschung so nicht. Zwar kann man stolz und froh sein, dass heute 40 Prozent der Schlaganfallpatienten ohne bleibende Schäden leben, doch 60 wären besser, und selbst bei 90 Prozent gäbe es noch etwas zu verbessern.

Nehmen wir beispielsweise die Lyse-Therapie. Das rtPA wird dem Patienten per Infusion verabreicht. Es läuft also lange und viel Lösungsmittel durch den ganzen Körper. Erstens hat das Enzym damit mehr Möglichkeiten, potenziellen Schaden anzurichten, als wenn man es nur an einer Stelle verwendete. Zweitens wird das Enzym nur an einer einzigen Stelle benötigt! Also ist der Schluss, das Enzym genau dahin zu bringen. Man führt einen Katheterschlauch bis vor den Gefäßverschluss und verabreicht dort eine ungleich kleinere Menge rtPA als durch Infusion. Dadurch sinkt das Risiko von Blutungen, obwohl man das rtPA am Ort des Geschehens etwas höher dosieren kann, als wenn man es im gesamten Körper verteilt. Kombiniert man das mit einer sogenannten Thrombektomie, haben Patienten langfristig weniger Folgebeschwerden als mit herkömmlicher Lyse. Thrombektomie bedeutet, dass man einen Katheter mit einer Art Korkenzieher vor den Verschluss führt, dort hineindreht und den Verschluss rückwärts herauszieht. Beide neuen Methoden erbrachten einzeln keinen großen Effekt, doch kombiniert konnten nach drei Monaten mehr Leute ihren Alltag ohne Hilfe bewältigen, und die Sterblichkeit ist von 20 auf 10 Prozent gesunken.

In der Schlaganfallforschung erwartet heute keiner mehr eine neue Behandlung, die mit einem Mal alle Probleme löst. Um die Zeitbeschränkung werden wir nie herumkommen, denn

Nervenzellen, die einmal zugrunde gegangen sind, lassen sich nicht wieder zum Leben erwecken. Wenn sich aber Methoden kombinieren lassen, dann können sie in der Summe dennoch substanzielle Verbesserungen bewirken.

Und hierzu zählt auch die Hypothermie, die Abkühlung, die wir weiter oben ja schon erwähnt haben. Und zwar, als wir von neurochirurgischen Operationen bei totalem Stillstand der Hirndurchblutung in tiefer Hypothermie erzählt haben. Experimentell konnte gezeigt werden, dass die Kühlung des Gehirns schon um wenige Grad auch den Schaden beim Schlaganfall verringern kann. Vor allem aber kann man damit Zeit gewinnen für die Wiederherstellung des Blutflusses im Gehirn, zum Beispiel durch die von dir erwähnte mechanische Entfernung des Thrombus (Thrombektomie) oder die Gabe einer die Nervenzellen schützenden Substanz (»Neuroprotektion«). Derzeit läuft eine große europäische klinische Studie, in der die Wirksamkeit von Hypothermie beim akuten Schlaganfall überprüft wird. In der EUROHYP-1-Studie werden Patienten so früh wie möglich, aber mindestens innerhalb von sechs Stunden nach Einsetzen der Symptome, auf 34 bis 35 Grad Celsius gekühlt, und zwar für 24 Stunden. Weil man das Gehirn nicht isoliert kühlen kann, kühlt man den ganzen Körper. Das geschieht durch Infusion einer eiskalten Kochsalzlösung in die Vene. Dann erhalten die Patienten entweder eine Kühldecke oder einen gekühlten Katheter ins Gefäßsystem, um die Temperatur über 24 Stunden niedrig zu halten. Wir müssen uns allerdings noch ein bisschen gedulden, bis wir erfahren, ob das wirksam war, denn die Studie läuft noch eine Weile.

## Forschungsergebnis: ganzheitlich denken!

Der Schlaganfall ist eine wichtige Krankheit, die jährlich Milliarden an Kosten verursacht und allein in Deutschland über 200 000 Menschen betrifft. Trotz aller Fortschritte ist der Schlaganfall in Deutschland die dritthäufigste Todesursache! Es sind auch unsere zivilisierte Lebensweise, unsere Ernährung, unsere Genussmittel, unser Bewegungsmangel und nicht zuletzt unser immer höheres Alter, die dafür sorgen, dass diese Zahlen sich nicht so einfach reduzieren lassen.
Was kann man also tun, außer über breite Informationskampagnen die Öffentlichkeit zu informieren, wie man einen Schlaganfall erkennt und wie man handeln muss?
Auch die Krankenhäuser als Orte der Erstaufnahme sind heute besser vorbereitet. Es gibt in größeren Kliniken Zentren, die auf die Behandlung eines Schlaganfalls besonders vorbereitet sind. Sie heißen Stroke Units (vom englischen *stroke* für Schlaganfall). Was diese Zentren besonders macht, sind nicht nur moderne Geräte und besonders geschulte Ärzte. Auch Ergo-, Physiotherapie und Logopädie sind dort in die Abteilungen integriert, und die Therapeuten arbeiten in Schlaganfallzentren gleichberechtigt und eng mit den Ärzten zusammen. Es besteht Anschluss an eine Neuroradiologie, so dass auch nachts sichergestellt ist, dass erfahrene Profis vor Ort sind, die Bildgebung auf höchstem Niveau machen. Und die Patienten können neurochirurgisch behandelt werden. So ist gewährleistet, dass Patienten intensiver betreut werden, als dies auf normalen Stationen möglich ist. Die Erkenntnis, dass ein Schlaganfall immer ein Notfall ist und man medikamentös die Auswirkungen nur gering beeinflussen kann, führte zu einem Perspektivwechsel. Dass heute ganzheitlicher gedacht wird als noch vor wenigen Jahren, ist ein wichtiges Forschungsergebnis.
In Berlin geht man noch einen Schritt weiter. Denn auch heute erhält nur etwa jeder fünfte Schlaganfallpatient eine

Lyse-Therapie. Trotz aller Kampagnen erfolgt der Notruf immer noch zu oft zu spät. Um die Zahl der therapierten Patienten zu erhöhen, bringt man sozusagen den Berg zum Propheten. Äußert ein Anrufer schon beim Notruf einen Verdacht auf Schlaganfall, wird ein spezieller Ambulanzwagen auf den Weg geschickt. Diese Ambulanz ist einmalig, sie hat den Computertomographen bereits an Bord und neben einem Neurologen und einem Rettungsassistenten auch einen Assistenten für das CT. Mit diesem Krankenwagen kann sofort festgestellt werden, ob ein Schlaganfall vorliegt, und auf dem Weg ins Krankenhaus sogar schon die Lyse eingeleitet werden. So konnte in Berlin die Zahl der lysierten Schlaganfallpatienten um 50 Prozent erhöht und das Warten bis zur Lyse um knapp 20 Minuten reduziert werden. Patienten litten seltener unter Folgebeschwerden oder gar Blutungen, als wenn sie die Therapie erst im Krankenhaus erhielten. Wieder wurde an der eigentlichen Behandlung nichts verändert. Doch die Veränderung der Rahmenbedingungen kann für einige Patienten den Unterschied bringen, ob sie unter Folgebeschweren leiden werden oder nicht.

Tabletten können beim Schlaganfall nicht ursächlich wirken, denn sie lösen den Gefäßverschluss nicht auf. Aber mit den richtigen Mitteln kann man prophylaktisch das Risiko weiterer Verschlüsse senken. Stellt sich bei der Untersuchung heraus, dass hohe Blutzucker- oder Cholesterinwerte vorliegen, wird der Arzt entsprechende Mittel zum Senken der Werte geben, um das Risiko weiterer Schläge zu minimieren. Mit Mitteln, die gegen Entzündungen wirksam sind, kann man in die Folgeprozesse eingreifen, muss dabei allerdings vorsichtig sein, denn Entzündungen haben auch wichtige Seiten. Mit Psychopharmaka kann man zwar die Folgen des Schlaganfalls nicht behandeln, aber eine Niedergeschlagenheit, die oft verhindert, dass Patienten sich Tag für Tag bemühen, ihre Übungen zu machen. Des Weiteren wird man Patienten von ischämischen Schlaganfällen Blutgerinnungshemmer geben.

Das verhindert, dass sich bald das nächste Gerinnsel bildet, denn diese Mittel machen das Blut dünner bzw. verhindern, dass es zu schnell verklumpt. Diesen Mitteln ist gemein, dass sie prophylaktisch wirken oder die Folgebeschwerden reduzieren. Die eigentliche Heilung macht der Körper selbst, also das Ersetzen der Funktion verlorengegangenen Gewebes, indem andere Bereiche diese Funktion mit übernehmen.

Daraus lernen wir, dass Forschung nicht immer nur neue Medikamente bringt. Wir lernen mehr und mehr das System Gehirn zu verstehen und entdecken damit andere Möglichkeiten. Anders ausgedrückt merken wir, dass es mit chirurgischen Mitteln oder dem Schlucken von Pillen nicht immer getan ist. Stattdessen begreifen wir das Gehirn als ein komplexes System, in dem nahezu alles voneinander abhängt. Bevor wir nicht alles verstanden haben, ist es manchmal besser, nicht einzugreifen bzw. dem System die Möglichkeit zu bieten, sich selbst zu heilen.

Auch das ist eine extrem wichtige Erkenntnis aus vielen Jahren Forschung. Nicht nur zu wissen, wie man heilt, sondern auch zu wissen, wie man nicht oder nicht so gut heilt.

## Zusammenfassung

Der Schlaganfall ist eine der häufigsten Todesursachen und die häufigste Ursache für Behinderung im Erwachsenenalter. Verursacht wird er durch den akuten Verschluss einer Arterie, die das Gehirn versorgt (ischämischer Schlaganfall), oder weniger häufig durch eine Blutung im Gehirn (intrazerebrale oder subarachnoidale Blutung). Häufiger als die Blutung kommt die Ischämie vor, also der Verschluss eines Gefäßes. Die Ischämie entsteht entweder auf der Basis einer entzündlichen Gefäßerkrankung (Atherosklerose, sogenannte »Arterienverkalkung«), einer Herzrhythmusstörung, die zur Bildung von Thromben führt, oder einer Vielzahl anderer, eher seltener Ursachen. Die typischen Symptome des Schlaganfalls sind das plötzliche

Auftreten von Schwäche, Lähmungen oder Gefühlsstörungen auf einer Körperseite (Mund, Gesicht, Arme, Beine), Sprachstörungen oder Gesichtsfeldausfälle. Falls Sie bei sich oder anderen Verdacht auf einen Schlaganfall haben, müssen Sie sehr schnell handeln – der Schlaganfall ist ein akuter Notfall! Also sofort 112 anrufen!
Im Krankenhaus folgt nach einer Untersuchung durch den Arzt eine Bildgebung des Gehirns (Kernspintomographie oder Computertomographie) zum Ausschluss einer Blutung. Falls nicht andere Gründe dagegensprechen und noch nicht zu viel Zeit vergangen ist, wird der Versuch unternommen werden, das verschlossene Gefäß medikamentös (Lyse-Therapie) und/oder mechanisch mittels eines in die Arterie eingeführten Katheters wieder zu öffnen. Auf sogenannten Stroke Units erhalten die Patienten dann die notwendige zusätzliche Therapie, auch können erste Schritte zur Rehabilitation eingeleitet werden.
Wir können den Schlaganfall also heute erfolgreich behandeln, das ist noch nicht lange so und ein Erfolg der Forschung der letzten Jahrzehnte. Noch besser wäre es, ihn ganz zu verhindern, und auch hier werden große Erfolge erzielt. Viele der Risikofaktoren des Schlaganfalls (vor allem Bluthochdruck, Herzrhythmusstörungen, Diabetes, Rauchen) sind durch Medikamente und Umstellung von Lebensgewohnheiten sehr gut kontrollierbar.
So schrecklich der Schlaganfall für die Patienten und deren Angehörige ist, so instruktiv ist er für uns zum Verständnis von Hirnfunktion. In der Tat haben Ärzte und Wissenschaftler vor etwas mehr als hundert Jahren insbesondere durch das Studium von Schlaganfallpatienten die Grundlagen der Lokalisation von bestimmten Gehirnfunktionen erstmals verstanden. Eine Durchblutungsstörung in der linken Hirnhälfte verursacht sensible oder motorische Störungen auf der rechten Körperseite und umgekehrt. Das liegt daran, dass die Ausführung von Bewegungen (und die Verarbeitung von Körpersensationen)

im Gehirn sehr umschrieben lokalisiert ist und die Nervenbahnen auf ihrem Weg vom Gehirn zum Körper (und zurück) auf die andere Seite kreuzen. Ein Neurologe kann durch genaue körperliche Untersuchung eines Patienten ohne jedes Gerät sehr genau bestimmen, welche Arterie im Gehirn verschlossen ist. Umgekehrt kann er, durch Blick auf das Tomogramm des Gehirns des Patienten, genau vorhersagen, welche Störungen der Patient hat – ohne ihn je gesehen oder untersucht zu haben.

Wir haben auch gesehen, dass das Gehirn keine Energiereserven hat, dass die Gehirnzellen bereits Sekunden nach dem Ausfall der Versorgung mit Zucker und Sauerstoff ihre Funktion ruhen lassen, um dann innerhalb von Minuten bis Stunden abzusterben. Darin liegt die Ursache, warum bei Verdacht auf Schlaganfall so schnell gehandelt werden muss! Eine Vielzahl von Mechanismen zerstören Hirnzellen beim Schlaganfall, einige haben wir uns genauer angesehen: Dazu gehören Wellen von Zellentladungen, Übererregung, aber auch Entzündung. Beteiligt an diesem Geschehen sind aber nicht nur die Nervenzellen selbst, sondern alle sie umgebenden Zellen, allen voran die Gliazellen. Allerdings zeigt uns der Schlaganfall noch eine weitere wichtige Eigenschaft des Gehirns: seine Plastizität. Es ist nämlich häufig möglich, dass überlebende Gehirnregionen, teilweise sogar auf der anderen Seite des Gehirns, Funktionen übernehmen, die durch den Zelltod verlorengegangen waren.

# EPILEPSIE

## Steckbrief

**Bekannt seit:** mindestens 3600 Jahren

**Die alten Ägypter nannten sie:** Nesejet; die alten Römer »heilige Krankheit«. Das griechische Wort »Epilepsie« heißt so viel wie »von etwas ergriffen sein«.

**Weltweit betroffen:** etwa 5 bis 10 Promille der Menschen, also zwischen 37 und 75 Millionen

**In Deutschland betroffen:** etwa eine halbe bis ganze Million Menschen

**Sterblichkeitsrate:** Das Mortalitätsrisiko von Menschen mit Epilepsie ist doppelt so hoch wie das der sonstigen Bevölkerung. Allerdings ist sie abhängig von der Form, Patienten mit schwer behandelbaren Formen haben ein höheres Risiko.

**Ursache:** Ungleichgewicht der Nervenzellaktivität; zu viel und zu synchrone Erregung

**Betroffene Prominente:** die Olympiasiegerin im Sprint Florence Griffith-Joyner, der Weltfußballer Ronaldo, Neil Young, Elton John, Danny Glover

## Die Krankheit der vielen Namen

Epilepsie oder Fallsucht gehört bei Mensch und Tier zu den ältesten bekannten neurologischen Krankheiten. Das gilt nicht gleichermaßen für die Ursachen. Daher galten die Betroffenen einst, als man nichts über die Funktion des Gehirns wusste, als heilig. Heute sind sie jedoch mit einem Stigma belegt.
Da die Ursache der Epilepsie in der elektrischen Übererregbarkeit der Nervenzellen liegt, verrät uns deren Störung viel darüber, wie diese Zellen arbeiten, wie sie aus kurzfristigen Änderungen ihrer elektrischen Spannung Signale machen, wie sie diese Signale transportieren, wie sie mehrere Arten von Signalen machen, wie sie sie von einer Zelle auf die nächste übertragen und so Netzwerke bilden. Die Epilepsie verrät sogar, was in der Gesamtheit aus Netzwerken von Nervenzellen entstehen kann, die sich untereinander Signale schicken: Bewusstsein. Weil man aus der Epilepsie so viel über die Funktionsprinzipien der Nervenzellen und ihrer Netzwerke lernen kann und natürlich weil sie ein so verbreitetes Leiden ist, wird an vielen Laboren weltweit intensiv an dieser Krankheit geforscht. Das brachte in den letzten Jahrzehnten eine Reihe neuer Erkenntnisse, die nicht zuletzt zu neuen Behandlungsmethoden führten.

### Nesejet, Morbus sacer, Bênu-Krankheit

Schon die alten Ägypter kannten die Epilepsie. Sie nannten sie *Nesejet;* die Hieroglyphen, die sie versinnbildlichen, bedeuten so viel wie »eine Krankheit, die von den Göttern geschickt wird und sehr gefährlich ist«.[1] Hippokrates bezeichnete sie als *Morbus sacer,* heilige Krankheit.[2] Menschen mit Epilepsie waren Seher, Orakel und Propheten. Andererseits waren sie vielen Leuten auch unheimlich. In einem Stück des römischen Dichters Plautus, 200 v. Chr., heißt es: »die Krankheit, die man anspuckt, überfällt ihn manchesmal. Darum bleib' ihm fern vom Leibe.«[3] Unter den Betroffenen finden sich viele berühmte Persönlichkeiten. Künstler wie Vincent van Gogh[4], Politiker wie Lenin[5], Heilige wie Hildegard von Bingen[6] oder andere historische Persönlichkeiten wie Gaius Julius Cäsar[7]. Natürlich bleibt bezüglich der Diagnose immer ein Restzweifel, aber aus Berichten von Zeitzeugen kann man einiges schließen. Der Geschichtsschreiber Plutarch etwa spricht davon, dass Krämpfe Cäsar daran hinderten, eine Schlacht selbst zu leiten.

Schon in altbabylonischen Texten, die über 3600 Jahre alt sind, steht, dass »wenn jemand einen Sklaven oder eine Sklavin kauft und vor Ablauf einen Monats die Bênu-Krankheit sie befällt, soll er sie dem Verkäufer zurückgeben und der Käufer das Silber, das er gezahlt, zurückerhalten«[8]. Das Wort *bênu* steht in Verbindung mit dem Bewegungsapparat und wird auch als »Stürzen« oder »Neigung zum Fallen« verwendet.

Den Namen »Fallsucht« trug die Epilepsie bis ins Mittelalter und darüber hinaus. Und da Epilepsie so häufig ist, war es früher nicht ungewöhnlich, auf der Straße zu sehen, wie jemand hinfiel und »die Geister in ihn fuhren«. Dass das heute so viel seltener passiert, ist der modernen Medizin zu verdanken.

## Epilepsie als Sonderfall auch für Gesellschaft und Justiz

Die meisten Epilepsieformen können insofern behandelt werden, als die Zahl der Anfälle minimiert, sie teils sogar ganz unterbunden werden können. Doch bis heute gibt es Formen, die sich der Behandlung entziehen, auch wenn sich neue Möglichkeiten abzeichnen.

Trotz aller Fortschritte stellt die Epilepsie in vielem eine

Besonderheit dar. Sie hat bis heute ihren heiligen, unheiligen oder unheimlichen Anschein nicht völlig verloren. Das zeigt sich in dem traurigen Umstand, dass unter Menschen mit Epilepsie selbst im Vergleich zu Menschen mit körperlichen Behinderungen überdurchschnittlich viele von Arbeitslosigkeit betroffen sind. Und so bitter das ist, in einigen Berufen ist das nachvollziehbar. Warum? Weil die Epilepsie ein anfallsartiges Leiden ist. Das heißt, niemand weiß, wann sie sich das nächste Mal zeigen wird. Jetzt, da ich diese Zeilen schreibe, bin ich alleine in meiner Wohnung. Erlitte ich jetzt einen Anfall, ich könnte vom Stuhl fallen und mich verletzen. Das wäre für mich gefährlich, doch für den Verlag kein Grund, das Manuskript abzulehnen. Doch was, wenn ich Polizist wäre und der Anfall käme, wenn ich die Schusswaffe in der Hand hätte? Was wäre bei einem Chirurgen in einem Krankenhaus? Einem Techniker in einem Atomkraftwerk? Einem Piloten oder Berufskraftfahrer?
Viele Berufe setzen voraus, was so logisch erscheint, dass wir gar nicht darüber nachdenken: dass wir uns darauf verlassen können, dass unser Körper in den Stunden, die wir wach verbringen, genau das tut, was wir wollen. Doch ein Mensch mit Epilepsie kann das nicht. Deshalb stellt dieses Leiden einen Sonderfall dar. Betroffene schwerer Formen können unter gewissen Umständen ihren Führerschein verlieren.[9] Ohne je einen Punkt in Flensburg bekommen zu haben. Halten Sie sich nicht an das Fahrverbot und verursachen dann durch Epilepsie einen Unfall, können sie juristisch belangt werden. Daher darf ein Arzt, wenn sein Patient trotz Verbot weiter Auto fährt, ihn oder sie bei der Behörde melden. Um das Leben Dritter zu schützen.
Das hört sich schrecklich an. Wir sind es gewohnt, die Kontrolle über unseren Körper zu haben, so dass wir davor zurückschrecken, wenn uns vor Augen geführt wird, dass uns diese Kontrolle entgleiten kann. Und zwar ohne Alkohol oder Drogen und in weit drastischerer Weise, als sich

danebenzubenehmen. Unser Wille ist wie der Reiter, der dem Pferd, unserem Gehirn, die Richtung vorgibt. Bei Epilepsie geht der Gaul jedoch manchmal mit dem Reiter durch, und das kann sich auf weit vielfältigere Art und Weise darstellen, als man sich vorstellen mag.

## DIE Epilepsie gibt es nicht

Viele werden beim Wort Epilepsie daran denken, dass ein Mensch zu Boden geht, sich verkrampft und dann rhythmisch zu zucken beginnt. Es gibt diese Form, sie wird *Grand Mal* genannt, also »das große Übel«. Doch sie betrifft nur eine Minderheit der Epilepsiepatienten. Viel häufiger als der Grand Mal sind Formen, die von außen nicht als Anfall gedeutet werden können.

Einem epileptischen Anfall liegt eine epileptische Aktivität der Nervenzellen zugrunde. Eine Nervenzellaktivität wird als epileptisch definiert, wenn sie anfallsartig, exzessiv und synchron ist. Im gesunden Gehirn arbeiten alle Zellen parallel, aber in unterschiedlichen Rhythmen. Zeichnete man die Aktivität aller Nervenzellen des Gehirns gleichzeitig auf, fände man keine zwei Zellen, die in demselben Rhythmus signalisieren. Doch das ist kein Fehler, im Gegenteil. Nur durch dieses scheinbar chaotische Muster an Aktivität ist es Gehirn und Körper überhaupt möglich, mit der Nervenzellaktivität umzugehen.

Ist das Muster nicht chaotisch, überlagern sich die Aktivitätsphasen, als würde in einer großen Verwaltung erst lange nichts passieren und dann würden alle Telefone gleichzeitig klingeln. Wer denkt, das sei nicht weiter problematisch, irrt. Selbst wenn die Nervenzellen noch damit klarkommen, kurzfristig im selben Rhythmus zu signalisieren, entsteht spätestens am Zielort der Signale ein Problem, wenn dort alle gleichzeitig eingehen. Auch die Nervenzellen können Schaden nehmen, der sogar irreversibel sein kann, sollte die exzessive und synchrone Aktivität zu lange anhalten. Das passiert zwar selten, ist aber möglich, wie wir noch sehen werden. Dann kann Epilepsie sogar zu Gewebeschäden oder im schlimmsten Fall zum Tod führen.

Lange vor den Schäden am Gewebe kommt es zu Störungen

von Körper- und Geistesfunktionen. Wenn die Nervenzellen, wie die Angestellten in einer Verwaltung, ihre Befehle nicht scheinbar chaotisch nacheinander bearbeiten, sondern alle im selben Takt, dann wird aus flüssiger Bewegung ein Krampf oder aus bewussten Gedanken Bewusstlosigkeit. Nur wenn die Aktivität über die Zeit verteilt ist, kann sie bearbeitet werden. Das heißt: Epilepsie ist ein Ordnungsproblem. Es herrscht ZU VIEL Ordnung.

## Gründe für epileptische Aktivität

Die Epilepsieformen unterscheiden sich hinsichtlich Entstehung und Ausbreitung epileptischer Aktivität ebenso wie in der Art, in der sie sich zeigen. Epilepsien können genetisch bedingt, also vererbbar, sein, angeboren oder erworben, sich also im Lauf des Lebens entwickeln. Manche verschwinden sogar wieder von alleine. Ähnlich dem Kopfschmerz gibt es DIE Epilepsie nicht. Die Formen sind zu vielgestaltig, um sie hier alle beschreiben zu können, daher beschränken wir uns auf einige, die beispielhaft für die zugrundeliegenden Prinzipien stehen.

Es gibt viele Gründe für anfallsartige, exzessive und synchrone Nervenzellaktivität. Das wird normalerweise durch Mechanismen verhindert, die aber versagen können. Grundsätzlich kann jedes Gehirn krampfen. Es braucht dazu weder eine genetische Vorbelastung noch eine krankhafte Veränderung. Die Wahrscheinlichkeit, dass es im Lauf eines Menschenlebens einmal passiert, liegt bei immerhin 5 Prozent. Unter den Ursachen für einen Gehirnkrampf sind Dinge wie ein stark abfallender Blutzuckerspiegel, Sauerstoff- oder Flüssigkeitsmangel, hohes Fieber, aber auch Wunden, Schlaganfälle, Entzündungen oder Vergiftungen, Schlaf- oder Alkoholentzug, bestimmte Substanzen und sogar Medikamente wie Penicillin.

Dass auch rhythmischer Wechsel aus hell und dunkel, also

Stroboskoplicht, einen Anfall auslösen kann, wussten die alten Römer bereits vor 2000 Jahren. Das geht aus Berichten über Musterungsuntersuchungen hervor. Laut dieser Berichte musste sich der Aspirant vor eine Art Speichenrad stellen, durch das er auf die Sonne blickte. Das Rad wurde in Drehung versetzt, so dass der Blick wie in eine Art rhythmisch aufblitzendes Stroboskoplicht fiel. Erlitt der Aspirant daraufhin einen epileptischen Anfall, wurde er ausgemustert. So stellte die Armee sicher, dass kein Soldat während eines Kampfes ausfiel. Wieso Stroboskoplicht allerdings einen Anfall auslöst, ist bis heute nicht verstanden. Ein Satz, auf den wir in diesem Kapitel leider öfter stoßen werden.
Doch für alle, die schon einmal einen epileptischen Anfall hatten oder sich nun vor der Diagnose Epilepsie fürchten, hier die Entwarnung: Ein epileptischer Anfall macht noch keine Epilepsie. So wie ein Muskelkrampf noch keine Spastik macht. Eine Krankheit wird daraus erst, wenn die Anfälle wiederholt und spontan auftreten. Dies ist nur bei etwa fünf bis zehn Promille der Menschen der Fall.

## Zwei Arten von Aktivität im Gehirn – Hemmung und Erregung

Im vorangegangenen Kapitel haben wir gezeigt, dass die Aktivität unserer Nervenzellen unseren Sinneseindrücken zugrunde liegt. Nun wollen wir die Aktivität genauer unter die Lupe nehmen. Denn Epilepsie wird durch deren Ungleichgewicht ausgelöst.
Doch das Ungleichgewicht bezieht sich nicht nur auf das zeitliche Muster, in dem die Aktivität erfolgen muss. Auch auf die Art der Aktivität. Bisher haben wir Aktivität nur als elektrische Erregung kennengelernt. Doch Erregung braucht einen Gegenspieler. Sonst verhindert nichts, dass sie überhandnimmt, und es gibt auch kein Mittel, sie zu beenden, wenn sie zu heftig wird. Dieser Gegenspieler, mit dem die

Erregung in Balance steht, ist die Hemmung. Es gibt also zwei ganz unterschiedliche Arten von Aktivität.

Jede Zelle im Gehirn hat eine elektrische Ladung oder Polarität, besitzt also zwei elektrische Pole, Plus und Minus. Zwischen diesen Polen herrscht eine Spannung, die in Volt angegeben wird. Nervenzellen sind im Ruhezustand etwa 70 Tausendstelvolt negativer geladen als ihre Umgebung. Diese Zahl zu verringern, also die Spannung *ab*zubauen oder die Zelle zu *de*polarisieren, bedeutet, dass Energie frei wird: Die Zelle ist erregt. Umgekehrt bedeutet die Zahl zu vergrößern, Spannung also *auf*zubauen und die Zelle zu *hyper*polarisieren, dass Energie aufgenommen wird und die Zelle so lange gehemmt ist.

Ist das Neuron erregt, reagiert es sehr schnell auf eingehende Signale, indem es sie weiterschickt. Ist die Zelle gehemmt, kann sie nicht mehr auf jedes Signal reagieren, so dass das ein oder andere nicht weitergeleitet wird. Das hemmt die Weiterleitung neuronaler Signale. Ähnlich einem Computer, dessen Code nur aus Einsen und Nullen aufgebaut ist, kennen die Nervenzellen nur Hemmung und Erregung.

Erregende Signale lassen Muskeln anspannen, hemmende sich entspannen. Hemmung begrenzt also die Erregung zeitlich. Und räumlich: Wenn Sie Ihr Bein strecken, schickt Ihr Gehirn zwei Befehle. Der erregende geht an die Vorderseite, der hemmende an die Rückseite. Das verhindert, dass die Muskeln gegen sich selbst arbeiten. Beide Befehle müssen in einem präzisen zeitlichen und räumlichen Gleichgewicht stehen. Hemmung alleine ist auch nicht gut, dann geht alle Muskelspannung verloren und Sie sacken in sich zusammen. Gewinnt die Erregung Oberhand, dann verkrampft ein Muskel und lässt nicht mehr los. Schaukeln sich Erregung und Hemmung zu einem abwechselnden Rhythmus auf, kommt es zu ebenso rhythmischen Zuckungen. Alle drei Varianten sind ungünstig, sie alle können epileptischen Anfällen zugrunde liegen.

Verkrampfen sich die Gliedmaßen, spricht man von einem tonischen Anfall (griech. *tonos* für Anspannung). Dementsprechend nennt man einen Anfall, der von Hemmung geprägt ist, einen atonischen, weil keine Muskelspannung da ist. Rhythmische wechselnde Erregung und Hemmung und die daraus resultierenden Zuckungen führen zu einem sogenannten klonischen Anfall. Und nicht zuletzt gibt es Fälle, in denen die Formen ineinander übergehen, wenn auf eine Phase der Anspannung rhythmische Zuckungen folgen, wie etwa beim bereits erwähnten tonisch-klonischen Grand-Mal-Anfall. Allen gemein ist, dass die Balance zwischen Erregung und Hemmung kurzfristig gestört ist.

Doch eins ist klar: Unordnung muss sein. Ein Zuviel an Ordnung ist im Gehirn so schlecht wie bei Soldaten, die über eine Brücke marschieren. Achten Sie mal darauf, kein Trupp geht im Gleichschritt über Brücken. Denn das kann Brücken einstürzen lassen! Auch Nervenzellen marschieren nicht im Gleichschritt. So kann kein Denken entstehen.

## Wie transportieren Nervenzellen elektrische Signale?

Unsere Nervenzellen steuern alles, indem ihre Ausläufer irgendwo anstupsen und da kleine Signale hinschicken. Wie kleine Finger, auf unzähligen Schaltern. In elektrischen Geräten fließen Ladungen durch Kabel. Darin müssen die Elektronen einen Widerstand überwinden, weshalb es einiges an Energie kostet, sie hindurchzuschicken. Davon abgesehen entsteht dabei Wärme, deren Kühlung ebenso Energie kostet. Die Nervenzellen in unserem Gehirn sind aber nicht mit Kabeln verbunden. Man kann sich die Fortsätze, die sie verbinden, eher wie Rohre vorstellen. Doch durch diese Rohre fließt nichts hindurch.

Nehmen wir an, Sie wollen mit einer Kugel einen weit entfernten Schalter umlegen. Werfen ist keine gute Idee, Sie können schlecht zielen, verwenden also ein Rohr. Wenn Sie die Kugel, wie bei einer Rohrpost, durch das Rohr pusten, muss sie einen Widerstrand überwinden, was den Energieverbrauch erhöht und die Geschwindigkeit verringert. So doll können Sie nicht pusten. Wenn Sie viele Kugeln in das Rohr stopfen, so dass sich alle gegenseitig berühren, dann müssen Sie nur der ersten Kugel einen Schlag versetzen, um die letzte aus dem Rohr zu befördern. Jede Kugel bleibt an Ort und Stelle, nur der Impuls wandert! Keine Kugel müsste einen Widerstand überwinden, also verbraucht die Impulsübertragung viel weniger Energie, und die Geschwindigkeit ist ungleich höher.

Bei Nervenfasern ist das ähnlich. Dieses System ist so ausgeklügelt, dass Nervenimpulse mit knapp 700 Kilometer pro Stunde durch das Gehirn eilen, ohne viel Energie zu verbrauchen. Aus diesem Grund haben unsere schnellsten Computer, die nicht mal ansatzweise die Leistungsfähigkeit eines menschlichen Gehirns besitzen, den Energieverbrauch einer Kleinstadt, während unserem Gehirn eine Tüte Gummibärchen pro Tag reicht!

Doch das funktioniert nur, wenn die Wand des Rohrs unelastisch ist. Sonst versetzen Sie der ersten Kugel im Rohr einen Schlag und der Impuls entweicht bald zu den Seiten. So ähnlich würde ein elektrisches Signal entweichen, wenn die Leitung nicht isoliert ist. Auch die Fortsätze von Nervenzellen höherer Lebewesen sind elektrisch voneinander isoliert. Diese Isolierung übernimmt ein spezieller Zelltyp, die Oligodendrozyten.

**Elektrische Impulsübertragung von Nervenzellen**
Zur Signalübertragung in elektrischen Leitern (oben) muss ein Widerstand überwunden werden. Das kostet viel Energie. Bei der Signalübertragung durch Axone wandern nicht die Ladungsträger (Kugeln), sondern nur der Impuls. Das kostet weniger Energie.

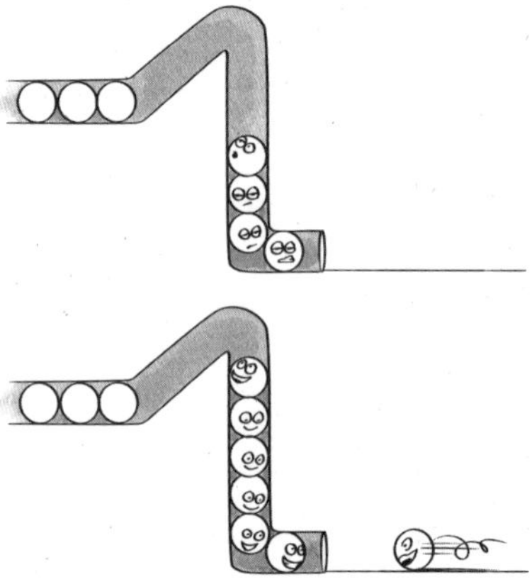

**Erregung und Hemmung**
Rollt eine Kugel nach links über die Kante, schlägt sie auf andere, es wird ein Impuls ausgelöst. Erregung (unten) bedeutet, dies kann leicht erreicht werden. Hemmung (oben) bedeutet, dies kann schwerer erreicht werden, die Hemmung muss erst ausgeglichen werden.

## Was sind Oligodendrozyten?

Man nennt diese Zellen Oligodendrozyten, da sie im Vergleich zu den Nervenzellen wenige Fortsätze haben (im Altgriechischen heißt *oligo* wenige, *dendrite* Fortsätze und *zyte* Zelle). Diese »Zellen mit wenigen Fortsätzen« stehen neben den Nervenzellen und umwickeln mit ihren Fortsätzen deren Rohre, so wie man einen Verband um einen Arm wickelt. Dicht an dicht schirmen sie sie von der Umgebung ab, halten sie ganz fest und sorgen dafür, dass der Impuls, den das Neuron hineinschickt, nicht zu den Seiten entweicht. Dennoch wird der Impuls ab einer gewissen Rohrlänge schwächer. Also lassen die Oligodendrozyten zwischen ihren Fortsätzen Lücken, es entweicht kurz eine Kugel und schnellt gleich wieder zurück (nehmen wir an, die Kugeln sind magnetisch), dadurch erhält das Signal neuen Schwung, und der Impuls bleibt auch über weite Strecken gleich.
Die Ladungen, für die die Kugeln stehen, müssen keine lange Strecke durch einen Zellfortsatz überwinden, sie bewegen sich nur in klitzekleinen Räumen, nämlich an den Orten, an denen sie Schwung holen: aus der Zelle und wieder hinein! Die Strecke ist so winzig, dass das blitzschnell geht. Und es braucht nur wenige geladene Teilchen. Die Spannung, die aufgebaut wird, kann klein sein, denn sie besteht nur in unmittelbarer Nähe zur Zellmembran.
Die Spannung muss schon alleine deshalb klein sein, damit sie nicht Nachbarleitungen beeinflusst. Um ein Aktionspotenzial, so heißt eine »Meldung« eines Neurons, entstehen zu lassen, reicht die Bewegung von nur 40 000 geladenen Teilchen! Das mag sich viel anhören, ist aber geradezu lächerlich wenig. Verglichen mit der Anzahl Ladungen in einer Nervenzelle ist das nicht mal in Promille auszudrücken! Auch das ist ein Grund für den geringen Energieverbrauch. Und der Signalgeschwindigkeit tut das keinen Abbruch. Durch die elektrische Spannung entsteht ein elektrisches Feld, das auch zu

den Seiten hin, also entlang des Nervenzellfortsatzes, wirkt. So »springt« der Impuls fast ohne Zeitverlust von Lücke zu Lücke, weshalb man auch von »saltatorischer Leitung« spricht. Ein geniales System.

**Die Nervenleitgeschwindigkeit bestimmt, wie schnell wir uns bewegen können**

Tja, ich kann nur sagen, ganz schön smart, was sich da über eine Milliarde Jahre im Gehirn entwickelt hat! Wenn die Nervenzellen mit so was wie elektrischen Drähten verbunden wären, würden wir beide nicht dieses Buch schreiben. Unser Hirn müsste bei gleicher Rechenleistung an ein Kraftwerk angeschlossen sein, und es würde in keine Turnhalle passen. Die wichtigsten Punkte sind schon genannt: Im Gegensatz zum Stromkabel und den entlangfließenden Elektronen ändern die Ausläufer der Nervenzellen (sog. Dendriten und Axone) die Spannung ein bisschen, die sie zwischen ihrem Inneren und dem umgebenden Gewebe aufgebaut haben. Und die Ausläufer werden von Zellen umhüllt (den Oligodendrozyten), die sie isolieren. Die Spannungsänderung (Depolarisation) springt dabei von Oligodendrozytenhülle zu Oligodendrozytenhülle. Auf Lateinisch, weil's eben schlauer klingt: saltatorisch. Das spart Energie, denn nur an den Stellen zwischen den Hüllen müssen Ladungen über die Membran des Nervenzellausläufers wandern. Und es geht schneller, die Information springt eben! Trotzdem ist diese Leitung viel langsamer als eine in einem Kabel oder einem Chip. Elektronen fließen zwar im Kabel sehr langsam, je nach Dicke und Material so um die 0,1 Millimeter pro Sekunde. Da könnte man schon fast zuschauen, wenn sie nicht so klein wären. Aber die Information im metallischen Leiter wird mit beinahe Lichtgeschwindigkeit transportiert, weil die langsam fließenden Elektronen ein Magnetfeld aufbauen. Und das pflanzt sich mit fast Lichtgeschwindigkeit entlang des Leiters fort. Zum Vergleich: Je nach Art des Nervenfortsatzes werden dort nur Geschwindigkeiten von 1 bis 100 Meter pro Sekunde erreicht. Schneller als Elektronen im Kabel, aber deutlich langsamer als elektromagnetische Wellen. Was schließen wir daraus? Offensichtlich reichen diese Nervenleitgeschwindigkeiten aus, sich in unserer Welt erfolgreich zu bewähren. Zum Beispiel, dass wir die Straße überqueren, ohne überfahren zu werden. Jochens kurzer Ausflug in die Evolution des Gehirns zu Beginn des Buches hat darauf hingewiesen, dass sich Gehirne vermutlich entwickelt haben, um vielzelligen Organismen gezielte Bewegungen zu ermöglichen. Würden sich diese Vielzeller, einschließlich des Menschen, viel schneller, zum Beispiel mit Schallgeschwindigkeit bewegen oder müssten wir Düsenfliegern ausweichen, wären diese Nervenleitgeschwindigkeiten nicht ausreichend. Aber hier beißt sich die Evolution in den Schwanz: Diese Nervenleitgeschwindigkeiten sind natürlich gleichzeitig ein begrenzender Faktor für die Maximalgeschwindigkeiten, mit denen wir uns bewegen können. Beruhigend, dass alles am Ende irgendwie doch wieder zusammenpasst!

Da wir schon dabei sind: Die Evolution hat sich noch ein paar andere smarte Tricks ausgedacht, damit der Informationsaustausch zum, im und vom Gehirn so hervorragend funktioniert. Es braucht nur ganz wenige geladene Teilchen (Ionen), die zwischen dem Inneren und Äußeren des Nervenleiters hin- und hergeschoben werden müssen. Und dies nur an den Stellen, wo die Hüllen der Oligodendrozyten aneinanderstoßen. Einen Großteil der Energie, die das Hirn verbraucht, benutzt es, um diese Ionen (hauptsächlich Natrium, Kalium, Chlorid) so durch Kanäle in der Zellmembran zu pumpen, dass ein Gradient entsteht. Eine Art Batterie, mit wenigen tausendstel Volt Spannung. Um genau zu sein mit etwa –70 bis –90 Millivolt, innen ist der Minuspol, außen der Pluspol. Um diese Spannung (das »Ruhepotenzial«) Tag und Nacht, Jahr um Jahr aufrechtzuerhalten, laufen die Pumpen permanent. Da geht die Tüte Gummibärchen pro Tag drauf.

Im Wesentlichen pumpen sie Kaliumionen in die Zelle und Natriumionen raus. Wenn nun dieses Ruhepotenzial der Nervenzelle ein bisschen positiver wird – wir sehen gleich, warum das passiert –, dann bricht die Spannung bei einer bestimmten Schwelle (ca. 50 Millivolt) schlagartig zusammen, eine kleine Lawine von Ionen (vor allem Natrium) wandert über die Zellmembran, ein sogenanntes Aktionspotenzial ist entstanden. Die Zelle ist depolarisiert, die Spannung ist weg, ja sogar kurz umgepolt, und das Signal wird nun als Depolarisation saltatorisch entlang des Nervenzellfortsatzes weitergeleitet: Information wird übermittelt! Derweil arbeiten die Pumpen hart, um das Ruhemembranpotenzial wieder aufzubauen, sie schieben die überschüssigen Kaliumionen wieder in die Zelle und die Natriumionen aus der Zelle raus. Und nach einer kurzen Pause (Refraktärzeit) kann's wieder losgehen, das nächste Aktionspotenzial kommt bestimmt. Aktionspotenziale können mehrere hundert Mal pro Sekunde gefeuert werden. Durch deren Frequenz und durch die spezifischen Verbindungen wird Information codiert.

## Wie Signalungleichgewichte Krampfanfälle auslösen können

Wenn aber an einer Stelle etwas falsch eingestellt ist, kann Information nicht codiert werden. Das ganze System ist so schnell und präzise, dass es keinen Spielraum für Signalfehler gibt. Kommt ein Signal etwas zu spät oder zu früh, dann hat es nicht mehr dieselbe Bedeutung wie zum richtigen Zeitpunkt. Genau das führt uns zurück zur Epilepsie.

Wäre eine Nervenzelle ein Büroangestellter, dann wäre eine Nervenzelle, die dazu neigt, epileptische Aktivität zu zeigen, ein schreckhafter Mitarbeiter oder einer, der dazu neigt zu zittern. Im Großraumbüro des Gehirns kommt dadurch das ganze System aus dem Lot. Denn es überträgt jeden Schreck, jedes Zittern eins zu eins an den Empfänger. Ist das eine Muskelzelle, entsteht spätestens hier ein Problem. Muskelzellen leisten mechanische Arbeit. Sie müssen sich zusammenziehen und wieder dehnen, damit wir uns bewegen können. Eine Bewegung dauert viel mehr Zeit, als Ladungen zu verschieben. Wenn das Neuron das zweite Mal »ziehen« an einen Muskel meldet, bevor der nach dem ersten Zug wieder losgelassen hat, dann überlagern sich die Befehle an der Muskelzelle. Und die verkrampft. So kommt es, dass ein zeitliches und räumliches Ungleichgewicht in den Nervenimpulsen Krampfanfälle auslösen kann.

*Wenn bei Epilepsie die Nervenzellen zu schnell für die Muskelzellen sind, kann man dann nicht einfach die Nervenzellen etwas langsamer machen?* Nein, denn es ist der Job von Neuronen, schnell zu reagieren. Zwar kann, wer schnell reagiert, auch schnell überreagieren. Doch das liegt in der Natur der Sache und kann nicht so leicht verändert werden, ohne die Reaktionsfähigkeit an sich zu verringern. Also hat die Natur die Reaktionsfähigkeit von Neuronen unangetastet gelassen und ihnen stattdessen Gegenspieler zur Seite gestellt. Wenn die Meldung des einen Neurons eine Aktivität zur Folge hat, dann hat die Meldung des Gegenspielers Inaktivität zur Folge. Die eine Zelle erregt, und die andere hemmt.

Dieses Prinzip zweier Nervensignale ist nicht nur wichtig für die Funktion des Gehirns. Sondern im Fall der Epilepsie besonders für eine mögliche Behandlung. Wenn Epilepsie durch ein Ungleichgewicht erregender und hemmender Signale entsteht, dann muss man sie behandeln können, indem man dieses Gleichgewicht wiederherstellt. Was uns direkt zur Frage führt, wie die elektrischen Signale der Nervenzellen überhaupt entstehen. Auch hierfür hat sich im Lauf der Evolution ein geniales Prinzip entwickelt: Es geschieht chemisch! Das ist besonders wichtig für eine mögliche Behandlung, denn chemische Signale kann man gut verändern.

### Die Vorteile elektrochemischer Signale

Die Informationsverarbeitung des Gehirns ist also chemisch und elektrisch zugleich! An den Verbindungsstellen zwischen Nervenfortsätzen und Zellkörpern (andere Nervenzellen, aber auch Muskelzellen), den Synapsen, werden bei Depolarisation kleine Mengen von Neurotransmittern aus der Zelle geschleust. Diese Neurotransmitter, allen voran Glutamat, das uns im Kapitel »Parkinson« wieder begegnen wird, binden an Rezeptoren, die sich auf der Zellmembran der Zellen befinden, auf die die Information übertragen werden soll. Und diese Rezeptoren steuern wiederum Ionenkanäle, durch die geladene Teilchen fließen können. Also zum Beispiel Kalium, Natrium, Kalzium oder Chlorid. Jetzt wird klar: Nicht die Nervenzelle, sondern das Glutamat erregt (d. h. es depolarisiert), indem es Glutamatrezeptoren dazu bringt, Kanäle zu öffnen, die Natrium-, Kalzium- und Kaliumionen durchlassen. Und hemmende Neurotransmitter (im Gehirn hauptsächlich Gamma-Aminobuttersäure, kurz GABA) binden an Rezeptoren, die Chlorid durchlassen. Das hyperpolarisiert, macht die Zelle also noch negativer in der Spannung, weshalb sich das Glutamat dann umso schwerer tut, zu depolarisieren.

Klingt letztlich kompliziert und störanfällig, diese Kombination aus elektrischer und chemischer Informationsfortleitung. Aber es hat einen Riesenvorteil gegenüber einer festen »Verdrahtung«, bei der die Zellen physisch verbunden sind. Also einem starren System, wie auf einem Computerchip, auf dem alles fest verlötet ist.

Wenn das so wäre, dann könnte man sich ja den chemischen Schritt sparen? Das Gehirn ist aber plastisch, es kann (und muss) jederzeit neue Verbindungen zwischen Zellen herstellen. Beim Lernen. Beim Vergessen. Nachdem etwas im Gehirn kaputtgegangen ist. Wir erinnern uns an den Schlaganfall, wo manche Funktionen von überlebenden Zellen an ganz anderen Stellen übernommen werden können. Außerdem kann es durch die Ausbildung von mehr oder weniger Synapsen oder durch Ausschüttung von mehr oder weniger Neurotransmitter Verbindungen »stärker« oder »schwächer« machen. Trotzdem das Aktionspotenzial eine Alles-oder-nichts-Antwort ist, wird durch Frequenzvariation der Aktionspotenziale und insbesondere das Zwischenschalten der Synapsen mit der chemischen Übertragung aus dem digitalen Computer (0 – 1, Aktionspotenzial – kein Aktionspotenzial) ein analoger Computer. Und der hat einfach viel größere Rechenpower!

## Die Wahrscheinlichkeit für Anfälle verändert sich altersabhängig

Von der Rechenpower mal abgesehen, ist die Balance aus Hemmung und Erregung das, was Nervenzellen beispielsweise Muskeln sehr fein steuern lässt. Es sei denn, sie gerät aus dem Gleichgewicht. Dann schießt eine Komponente über, und die Aktivität wird epileptisch. Die Balance ist bei jedem Menschen unterschiedlich stabil. Jedes Gehirn hat eine persönliche Neigung zu epileptischer Aktivität, die sich im Laufe des Lebens sogar verändern kann. Bei Kleinkindern kann hohes Fieber einen Anfall auslösen. Das ist gar nicht ungewöhnlich, während es bei Erwachsenen die absolute Ausnahme ist. Aber hohes Fieber löst nicht immer und bei allen Kindern epileptische Anfälle aus, sondern nur bei denen, die eine Neigung dazu haben. Anders ausgedrückt, löst Fieber bei solchen Kindern Krampfanfälle aus, deren Nervenzellen eine niedrigere Krampfschwelle haben. Dennoch ist das kein Anzeichen, dass dieses Kind eine krankhafte Epilepsie entwickelt. Und selbst wenn, verschwindet manche Epilepsie mit Einsetzen der Pubertät.
Dass Fieberepilepsien bei Erwachsenen kaum vorkommen, liegt grob gesagt daran, dass kleine Kinder noch nicht »fertig«

sind. Denn erregende Synapsen bilden sich im Lauf der Entwicklung vor hemmenden aus. Ohne Hemmung krampft es sich leichter. Davon abgesehen, sind die Nervenfasern bei der Geburt noch nicht isoliert. Es ist zwar nicht gut verstanden, wie genau Fieber einen Anfall auslösen kann, aber irgendwie springt quasi der Funke über. Ohne die Isolierung durch Oligodendrozyten hindert nichts die Ladungen daran, in benachbarten Fortsätzen ebenfalls ein Signal auszulösen.

Der Prozess der Isolierung ist außerhalb des Gehirns, beispielsweise in Armen und Beinen, ungefähr ein Jahr nach der Geburt abgeschlossen. Im Gehirn kann das bis zum Einschulungsalter und sogar noch länger dauern. Das ist ungefähr auch die Zeit, in der die Wahrscheinlichkeit zurückgeht, dass hohes Fieber Anfälle auslöst. Dafür werden andere Gründe wahrscheinlicher. Bei der Entwicklung eines so komplizierten Systems wie des menschlichen Gehirns kann einiges schiefgehen. Verschiedenste Programmfehler können die Balance stören, es entwickelt sich epileptische Aktivität. So weit, so klar. Da im Laufe unseres Lebens die Wahrscheinlichkeit ansteigt, dass wir Krankheiten oder Unfälle erlitten haben, steigt mit dem Alter auch die Wahrscheinlichkeit, dass dadurch Programmfehler entstehen und Betroffene an Epilepsie erkranken.

Wir haben bereits erklärt, dass Schlaganfälle dazu führen, dass bestimmte Programme angeworfen werden, die sich nur schwer aufhalten lassen. Für die Heilung wird sozusagen das Entwicklungsprogramm etwas zurückgedreht. Und so können Schlaganfälle, aber auch Verletzungen wie schwere Hirntraumata dazu führen, dass die Wahrscheinlichkeit, eine Epilepsie zu entwickeln, ansteigt. In manchen Fällen, nach schweren Hirntraumata, auf bis zu 45 Prozent. Es ist nicht ungewöhnlich, dass langjährige Boxer, Eishockey- oder Rugbyspieler eine Epilepsie entwickeln. Wer sich eine Zeitlupenaufnahme davon ansieht, wie ein Profifußballer einen Kopfball annimmt, der wird sich vorstellen können, dass dies für das Gehirn eine traumatische Erfahrung ist.

Das hört sich tragisch an, ist jedoch auch für die Behandlungsmöglichkeiten interessant. Es wird zurzeit intensiv erforscht, wie man die körperliche Entwicklung kontrolliert etwas zurückdrehen kann und das Gehirn nach einem Unfall oder einer Krankheit wieder in einen Zustand versetzt, der es erlaubt, Nervenzellfortsätze neu zu verlegen oder zu isolieren. Denn auch Erwachsene haben noch Bereiche im Gehirn, an denen neue Zellen entstehen können.

## Die Faktoren, die Epilepsie auslösen können

Wie bereits erwähnt, besteht bei jedem von uns die Möglichkeit, einen epileptischen Anfall zu erleiden. Die Wahrscheinlichkeit für eine Epilepsie wird im Wesentlichen von drei zusammenspielenden Faktoren bestimmt:

1. Der endogene Faktor (»von innen kommend«): die persönliche Neigung, die im Wesentlichen durch unsere Gene bestimmt wird.
2. Der epileptogene oder »Epilepsie entwickelnde« Faktor: Bedingungen, die die Chance für eine Epilepsie erhöhen. Dazu gehören die bereits angesprochenen Entwicklungsstörungen oder Folgen von Wundheilung.
3. Der auslösende Faktor (prezipitierender Faktor, »vor der Hauptsache kommend«) schafft unabhängig von genetischer Neigung oder Ereignissen wie Unfällen Bedingungen für Anfälle. Denn epileptische Anfälle treten episodisch auf, kein Patient mit Epilepsie hat pausenlos Anfälle. Es können Minuten, Tage, Monate bis Jahre ohne Anfälle vergehen. Einige Bedingungen können in jedem von uns Anfälle auslösen.
   Bei den auslösenden Faktoren unterscheidet man zwischen solchen, die von innen, und solchen, die von außen kommen. Zu denen, die von innen kommen, zählt Stress. Auch Schlafentzug kann Anfälle auslösen. Hormone

gehören ebenso dazu, weshalb die Wahrscheinlichkeit für Frauen, einen Anfall zu erleiden, während der Menstruation höher ist als sonst. Zu den Faktoren, die von außen kommen, gehören die bereits erwähnten Lichtblitze, Drogen sowie eine Reihe von anderen Substanzen, beispielsweise Genussmittel wie Alkohol in hohen Mengen, aber auch Schwermetalle wie Blei, Gase wie Kohlenmonoxid oder Medikamente wie Penicillin oder einige wenige Antidepressiva, um nur einige zu nennen.

Alles in allem besteht zwischen den drei Faktoren ein dynamischer Zusammenhang. Bei einem Menschen, der eine hohe Neigung mitbringt, reicht bereits eine bestimmte Substanz in geringer Menge aus, damit das Gehirn »krampft«. Bei einem anderen, der keine Neigung mitbringt, braucht es entweder mehr dieser Substanz oder eine Fehlentwicklung, wie etwa nach einer schweren Verletzung.

## Zwei persönliche Erfahrungen mit epileptischer Aktivität

Dass meine persönliche Neigung etwas höher ist als die meiner Freunde, durfte ich als junger Mann erfahren. Der erste Anfall zeigte mir, dass Sport nicht immer gesund sein muss, und versetzte meinem Vater einen Schreck. Der zweite Anfall erschreckte einen Freund von mir und bewies, dass man von gewissen Substanzen, wie halluzinogenen Pilzen, besser die Finger lässt.
Ich kann mich noch gut daran erinnern, dass ich nervös und ängstlich war, als ich zu einem Neurologen ging, der feststellen sollte, ob ich unter Epilepsie leide oder nicht. Er setzte mir eine Art Badekappe auf, aus der Kabel ragten, schloss diese an einen Computer an und sagte mir, dass diese Gerätschaft EEG heiße und er damit meine Hirnströme aufzeichne. EEG ist die Abkürzung für Elektroenzephalogramm, bedeutet also

übersetzt so viel wie elektrischer Gehirnschreiber. Mit der Kappe maß er die elektrische Aktivität meiner Nervenzellen. Doch nicht von einzelnen Zellen, dafür sind die Ströme viel zu klein. Man kann auch nicht die Gespräche einzelner Personen eines Großraumbüros durch die Wand belauschen, dafür sind die Gespräche viel zu leise und zahlreich. Beim EEG geht es nicht darum, einzelne Zellen zu belauschen, sondern viele. Denn die Aktivität der Abteilungen in unseren Köpfen folgt einem gewissen Rhythmus, je nach Aufgabe. Schlafen wir, ist der Rhythmus langsam. Sind wir wach, aber ruhig, ist er etwas schneller. Je mehr sich das Gehirn anstrengt, umso schneller wird der Rhythmus. Bei voller Konzentration, etwa während anstrengender Denkaufgaben, sind die Nervenzellen voll ausgelastet. Und der Rhythmus ist am schnellsten.

Mit dieser Methode kann man nicht feststellen, was eine Person denkt, aber zumindest, ob sie angestrengt nachdenkt, wach ist oder schläft. Oder ob eine Person gerade einen epileptischen Anfall erleidet. Denn dann zeigen sich Phasen massiver, hochfrequenter Sequenzen. Dann hört man durch die Wand nicht das gemeinsame Gemurmel in unterschiedlicher Tonhöhe, sondern Phasen von intensivem Geschrei, wie Sprechchöre im Fußballstadion.

Doch Epilepsie ist »periodisch«. Will heißen, ohne Anfall zeigt das EEG häufig nur eine ganz normale Hirnstromkurve. Ein EEG ohne Befund heißt also nicht, dass man keine Epilepsie hat, sondern nur zur Zeit der Messung keinen Anfall. Andererseits kann man nicht so lange mit der Kappe herumlaufen, bis man zufällig eine Attacke erleidet. Und selbst wenn das EEG dann epileptische Aktivität aufzeichnet, dann heißt das noch immer nicht, dass man Epilepsie hat. Denn, wie gesagt, ein Anfall macht noch keine Epilepsie. Es ist also nicht so einfach mit der Diagnose.

Ich einigte mich damals mit dem Arzt, künftig die Finger von fragwürdigen Substanzen zu lassen. Da ich seither nie wieder einen Anfall erlitten habe, war das wohl eine gute Entscheidung. Die Substanz, die bei mir einen Anfall auslöste, war anscheinend ein Bestandteil des Pilzes. Ich leide nicht unter Epilepsie, habe jedoch eine erhöhte Neigung zu epileptischen Anfällen. Das hätte ich wissen können, denn bereits Jahre vorher hatte ich einen Anfall. Ganz ohne Pilze. Der auslösende Faktor damals ist noch seltsamer als der Pilz, weil angeblich unmöglich. Ich machte Klimmzüge in meinem Elternhaus und ließ mich danach hängen. Ich erinnere mich nur noch daran, dass es in meinem Rücken knackte, dann war es dunkel um mich herum. Hätte nicht mein Vater im Anschluss von meinem Anfall berichtet, ich hätte es für einen Moment der Bewusstlosigkeit gehalten. Doch so folgten Arztbesuche. Aber die Untersuchungen blieben ergebnislos. Denn zwei Ärzte sagten getrennt voneinander, dass die von mir beschriebenen Ereignisse keinen epileptischen Anfall auslösen *können*. Ich werde wohl nie herausfinden, was da mit mir passierte, dennoch erwähne ich es an dieser Stelle. Wir wissen heute, dass einiges zusammenkommen muss, damit ein Mensch einen epileptischen Anfall erleidet. Dennoch bleibt ein nicht unwesentlicher unbekannter Anteil. Wie eine mechanische Reizung einen Anfall auslösen kann, ist unverstanden.

## Wie Rätsel epileptische Anfälle auslösen können

Andere Ursachen hingegen sind sehr gut verstanden. *Die Zeit* berichtete 2015 über einen jungen Franzosen, der 15 Minuten lang durch eine Schneelawine verschüttet war.[10] Er musste wiederbelebt werden und entwickelte infolge des langen Sauerstoffmangels eine Epilepsie. Dies ist an sich nichts Spezielles. Skurril mutet aber an, wodurch die epileptischen Attacken bei dem jungen Man ausgelöst werden. Als er in der Rehaklinik ein Sudokurätsel löste, zuckte plötzlich sein linker Arm. Er konzentrierte sich stärker auf das Rätsel, das Zucken nahm zu und mündete in einen epileptischen Anfall.

Wie sich zeigte, war das kein Zufall. Sein Anfall wurde tatsächlich durch das Rätsel ausgelöst. Wie das?
Sudokurätsel bestehen aus Linien, die ein zweidimensionales Kastenmuster ergeben, in das man Zahlen eintragen muss. Doch natürlich gibt es in unserem Gehirn kein Zentrum für das Lösen mathematischer Rätsel. Sehr wohl jedoch für Muster aus horizontal und vertikal angeordneten Linien! Dieses Zentrum liegt im rechten Parietal- oder Scheitellappen, wo der junge Mann nach seinem Skiunfall durch den Sauerstoffmangel Schädigungen erlitten hatte. Die Kastenmuster gibt es nicht nur beim Sudoku, sie fielen nur beim Lösen des Rätsels zum ersten Mal auf. Laut Artikel machen dem jungen Mann seither noch andere Dinge, die aus ähnlichen Mustern bestehen, Probleme, etwa Tabellen, Kreuzworträtsel oder Musiknotenblätter. Aber auch in der dreidimensionalen Welt tauchen immer wieder zweidimensionale Muster auf. Das könnten unverputzte Backsteinmauern sein, symmetrische Fliesen an Wänden oder Böden und einiges mehr. Konzentriert der junge Mann sich zu sehr auf solche Muster, beginnt sein linker Arm zu zucken. Mit der Zeit lernte er, auf dieses Warnzeichen zu achten und seine Konzentration von den Mustern auf etwas anderes zu lenken, so dass daraus kein epileptischer Anfall wird. Heute hat er sein Sportstudium wieder aufgenommen, und trotz anhaltender Probleme bei Bewegung und Sprache führt er ein relativ beschwerdefreies Leben.
Wieder verrät eine Krankheit etwas Grundlegendes über die Arbeitsweise des Gehirns. Durch dieses Fallbeispiel können wir Rückschlüsse ziehen, wie unser Gehirn visuelle Informationen verarbeitet. Ein Bild, das wir über unsere Netzhäute wahrnehmen, wird nicht als Ganzes verarbeitet, sondern getrennt nach Teilaspekten. Eine Region erfasst Muster aus senkrechten und waagerechten Linien. Daraus alleine kann man kein Bild erstellen, jedoch tauchen diese Muster an vielen Orten auf, geben Rahmen vor, auch in der Natur, etwa

der Horizont oder steil aufragende Bäume oder Felswände. Textur, Farbe, Dreidimensionalität oder ob das Ganze in Bewegung ist und in welche Richtung, all das sind weitere Teilaspekte, die Ebene für Ebene hinzukommen, bis sich am Ende das Gesamtbild zusammengesetzt hat. Jeder Teilaspekt scheint dabei ein eigenes Zentrum in unserem Kortex zu haben, was uns durch ihre koordinierte Zusammenarbeit einen Eindruck unserer Umwelt ermöglicht. Der sich durch Fehlkoordination oder dadurch, dass einzelne Teile ausfallen, wie im Fall des Lawinenopfers, nicht mit einem Mal, sondern Teilaspekt für Teilaspekt auflösen kann.

## Die drei Epilepsiearten

Das Problem bei Epilepsie ist also, dass viele Zellen synchron übererregt sind. Es herrscht zu viel Ordnung. Ohne hemmenden Einfluss schaukeln sich die Zellen in einen unguten gemeinsamen Rhythmus auf, der unproduktiv ist. Die Hemmung bringt Unordnung in die Reihen der Nervenzellen und ermöglicht dadurch erst koordinierte Gedanken und Handlungen.

Wie sich epileptische Aktivität äußert, hängt davon ab, wo sie entsteht. Dabei unterscheidet man zwischen drei Möglichkeiten:

1. Fokaler epileptischer Anfall: Ist, wie im Falle des Lawinenopfers, die ungehemmte Entladung auf eine Stelle beschränkt, man nennt sie auch Fokus, spricht man von fokalem Anfall. Dann beschränkt sich das »Zittern« auf einen abgegrenzten Gehirnbereich.
2. Generalisierter epileptischer Anfall: Betrifft die Übererregung generell das ganze Gehirn, spricht man von generalisiertem Anfall. Dann zittern die Neurone in allen Bereichen der Großhirnrinde gemeinsam im gleichen Takt. Das ist die Situation beim Grand-Mal-Anfall.
3. Sekundär generalisierter epileptischer Anfall: Aus einem fokalen kann in der Folge ein generalisierter werden, dann spricht man von sekundär generalisiertem Anfall. Dann breitet sich das »Zittern« von einem Bereich auf das ganze Gehirn aus.

### Fokale Epilepsie

Bei fokalen Epilepsien entsteht epileptische Aktivität in einem abgegrenzten Bereich der Großhirnrinde. Ein Neuron gerät aus dem Takt, wie ein Büroangestellter, der hektisch wird, und beginnt zu zittern. Weil alle miteinander verbunden sind, breitet sich das Zittern vom Entstehungsort aus. Deshalb hat die Natur es so eingerichtet, dass jede potenziell überreagierende Nervenzelle mit einer hemmenden Synapse verbunden ist, die beruhigend auf sie einwirkt und so verhindert, dass sich synchrone Entladungen unkontrolliert ausbreiten. Doch manchmal kommt zu viel Aktivität zusammen, als dass die Hemmung sie ausgleichen kann. Die Hemmung versagt, und die Zitterer stacheln die umliegenden Neurone an. Misst man die elektrische Aktivität solcher Zellen, sieht man im Normalzustand eine relativ gleichbleibende Impulsfrequenz, die mit einem Mal unterbrochen wird von Phasen hochfrequenter Aktivität.

Dass eine Zelle das überhaupt kann, könnte man für einen Fehler im System halten, doch das stimmt so nicht. Es geht nicht darum, grundsätzlich zu verhindern, dass eine Nervenzelle oder eine kleine Gruppe kurzfristig zum Mob wird. Dafür gibt es zu viele Gründe, die das auslösen können. Abgesehen davon müssen Zellen manchmal schnell sein. Der Fehler, der bei epileptischer Aktivität passiert, ist, dass sich die hohe Signalfrequenz auf viele Zellen gleichmäßig überträgt.

Dafür gibt es viele Gründe, weshalb ein einzelner epileptischer Anfall noch keine Epilepsie macht. Manchmal passieren selbst im besten System Fehler.

### *Rückschlüsse aus der fokalen Epilepsie*

Wo dieser Fehler passiert, kann man bei fokalen Epilepsien anhand der Symptome erkennen. Denn die epileptische Aktivität bleibt auf einen Fokus der Großhirnrinde beschränkt. Und die steuert nicht nur die Wahrnehmung visueller Reize und die Produktion von Sprache, wie wir von der Migräneaura wissen. Sie steuert auch Bewegungen. Beweis: Ist eine bestimmte Region der Großhirnrinde betroffen, zuckt ein Finger, ist eine andere betroffen, ein Augenlid. Die erste

Region kontrolliert also die Fingerbewegung, die zweite die Bewegung des Lids. Das ändert sich nicht einfach nach Gusto, das ist und bleibt so.
Fokale Epilepsien verdeutlichen noch weit mehr. Je nachdem, wo die epileptische Aktivität auftritt, erleben die Patienten unterschiedliche, teilweise bizarre Phänomene. Neben visuellen Auren sind Missempfindungen möglich, wie Kribbeln, Jucken oder das Gefühl von Kälte oder Wärme. Manche haben das Gefühl zu fallen, andere fangen heftig an zu schwitzen, erröten oder bekommen eine starke Gänsehaut. Sind Stirn- und Schläfenregion betroffen, riechen manche konkrete Dinge wie Kerosin oder brennendes Gummi, andere hören Lärm oder auch komplexe Tonfolgen. Neben Gefühlen wie Angst sind sogar höhere Geistesfunktionen möglich, Déjà-vus oder Depersonalisierung. Letzteres bedeutet, dass Betroffene die eigene Person als verändert und fremd erleben. Natürlich ist nicht jedes der beschriebenen Erlebnisse im Umkehrschluss ein epileptischer Anfall, doch es zeigt einiges. Offensichtlich gibt es Zentren, deren Aktivität sich in gewissen Gefühlen und Empfindungen äußert. Angst zu haben ist nicht immer das Ergebnis einer Analyse, also »errechnete« Reaktion auf eine Situation. Ist eine bestimmte Region des Gehirns aktiv, dann fürchtet sich die betroffene Person! Selbst die Wahrnehmung der eigenen Persönlichkeit beruht auf der Aktivität eingegrenzter Bereiche unserer Großhirnrinde. Wie abgefahren ist das denn bitte?

## Rückschlüsse aus der epileptischen Aura

Die visuelle Aura kennen wir durch die Migräne. Das Wort Aura heißt so viel wie Lufthauch und wurde vom römischen Arzt Galen das erste Mal im Zusammenhang mit Epilepsie erwähnt, lange bevor es für Migräne verwendet wurde. Galen lebte im zweiten Jahrhundert unserer Zeitrechnung und berichtete, wie ein Patient seinen epileptischen Anfall beschrieb.

»Ein kalter Lufthauch« sei von der Peripherie hoch in Richtung Kopf gezogen. Ein Symptom, das aus den Missempfindungen für Temperatur und Berührung hervorgeht und ebenfalls von fokalen Epilepsien erzeugt werden kann. Auch dieser »Hauch« fühlte sich für den Betroffenen wie ein gleichmäßig sich über ihn hinwegbewegendes Ereignis an. Und nicht wie chaotisch über seinen Körper springende Puster.
Und ebenfalls wie bei der Migräneaura folgt bei der epileptischen auf die Phase von Hyperaktivität eine Phase, in der die Nervenzellen unerregbar sind. Dann können Patienten betroffene Gliedmaßen nicht mehr spüren oder bewegen, weshalb man von »Todds Lähmung« spricht, nach dem Arzt, der dieses Phänomen zuerst beschrieb. Hierdurch zeigt sich, dass auf den ersten Schein so grundverschiedene Dinge wie Sensorik und Motorik aus denselben Vorgängen entstehen: der koordinierten Aktivität von Zellpopulationen in unserer Großhirnrinde. Es zeigt sich auch, dass die rechte Gehirnhälfte die linke Körperhälfte steuert und umgekehrt. Und, dass diese Ordnung nur in den allerseltensten Fällen verlorengeht. Es passiert so gut wie nie, dass die Krämpfe auf den anderen Arm oder das andere Bein übergehen. Unsere Großhirnhemisphären arbeiten also allem Anschein nach weitgehend getrennt voneinander.

## Sekundär generalisierte Epilepsie und Rückschlüsse

Allerdings kann bei sekundär generalisierten Epilepsien die Aktivität den Fokus verlassen und innerhalb der Hemisphäre auf Wanderschaft gehen. Aus irgendeinem Grund versagt dann die Hemmung darin, die Erregung räumlich zu begrenzen.
Auch aus solchen sekundär generalisierten Epilepsien kann man wichtige Rückschlüsse ziehen. So kann man manchmal beobachten, wohin die epileptische Aktivität wandert. Dann

beginnt vielleicht ein Finger zu zucken, das Zucken geht auf die Hand über und wandert den Arm hinauf. Dieses Phänomen wird nach seinem Entdecker »Jackson-Marsch« genannt und ist ein eindrückliches Beispiel dafür, wie die motorische Koordination in der Großhirnrinde repräsentiert ist. Wie wir schon bei der Migräneaura gesehen haben, wird hierdurch deutlich, dass auch die Koordination der Motorik der Anatomie unserer Gliedmaßen entspricht. Die Bereiche, die beispielsweise Finger, Hand und Arm koordinieren, liegen auf der Großhirnrinde entsprechend ihrer Anatomie ebenfalls nebeneinander. Da liegt nicht der Bereich für den Finger neben dem für das Augenlid, neben dem für den Bauchmuskel. Wandert die epileptische Aktivität gleichmäßig über Bereiche der Großhirnrinde, dann zuckt somit nicht erst ein Finger, dann das Augenlid und im Anschluss der Bauchmuskel, sondern erst Finger, dann Hand und dann Arm. Was die Repräsentation auf der Großhirnrinde angeht, mag es das Gehirn dann doch ordentlich.

## Generalisierte Epilepsie

Die Fehler, die bei fokalen Epilepsien auftreten, bleiben im Vergleich zur ganzen Großhirnrinde auf einen relativ kleinen Bereich beschränkt. Wie epileptische Aktivität entstehen und sich generell über die ganze Großhirnrinde ausbreiten kann, ist nur rudimentär verstanden. Ebenso, wieso sich generalisierte Epilepsien so unterschiedlich äußern können. Denn auch nicht jeder generalisierte epileptische Anfall äußert sich muskulär.

### *Die Absence-Epilepsie*

Generalisierte epileptische Anfälle können von außen schwer oder gar nicht erkennbar sein. Dann wirkt es, als suche der Betroffene nach einem Wort, weil er mitten im Satz abbricht und kurz ins Leere blickt. Und da es nach kurzer Pause scheinbar normal weitergeht, fällt es auch im Nachhinein nicht auf. Für Betroffene ohnehin nicht. Wenn man nach der Pause fragt, werden sie vielleicht behaupten, da sei keine gewesen. Sie waren kurz »abwesend«, weshalb diese Form der Epilepsie auch »Absence« genannt wird. Der Vater eines unter Absence-Epilepsie leidenden Jungen beschrieb in einem Artikel, dass sein Sohn Sam sich bei einem Filmabend darüber beschwerte, die DVD sei zerkratzt. Der Junge erlebte den Film mit Aussetzern, doch was er für Sprünge in der DVD hielt, waren Anzeichen seiner Krankheit.[11] Sam hatte sich nicht verkrampft, hatte nicht gezuckt, er erlebte nur seine Umwelt mit Unterbrechungen. Auch die Absence-Epilepsie gehört zu den generalisierten Epilepsien.

Den Thalamus, das Tor zum Bewusstsein, erwähnte ich im ersten Kapitel. Er bearbeitet viele Signale, nicht nur Schmerzsignale. Lässt der Thalamus die Signale durch bis in die Großhirnrinde, dann werden sie uns bewusst, ansonsten nicht. Bei Absence-Epilepsie kommt es zwischen Thalamus und Großhirnrinde zu Entladungsrhythmen in einer Frequenz, wie sie sonst während des Schlafs auftreten. Die Ursachen beinhalten ein kompliziertes Zusammenspiel aus Kanälen in der Membran von Nervenzellen, also den Stellen, durch die Ladungen aus den Axonen raus und wieder rein gelangen. Dafür gibt es zwei Beweise. Erstens kann man Absencen auslösen, indem man diese Kanäle durch chemische Substanzen manipuliert. Zweitens fand man heraus, dass bei Patienten, die unter familiär vererbbarer Absence-Epilepsie leiden, Komponenten des Kanalsystems mutiert sind.

Weiter oben sagte ich, dass man mit dem EEG während des Schlafs geringe Frequenzen misst. Doch das bedeutet nicht, dass Absence-Epilepsie durch zu viel Hemmung ausgelöst wird. Denn Hemmung bezieht sich nicht auf die Aktivität ganzer Zellpopulationen, sondern die momentane elektrische Aktivität einer einzelnen Zelle. In welcher Frequenz das geschieht, ist eine ganz andere Sache. Das zeigt sich schon alleine dadurch, dass man Absence mit Substanzen behandeln kann, die eine hemmende Wirkung auf Nervenzellen haben. Dazu komme ich gleich.

### *Grand-Mal-Epilepsie*

Auch die tonisch-klonische Grand-Mal-Epilepsie ist ein Fall von generalisierter Anfallserkrankung, bei der mehr oder minder das gesamte Gehirn in einen gemeinsamen Takt gerät. Die ungehemmte Aktivität in den Nervenfasern kann so heftig werden, dass die übermäßig starke Anspannung in den Muskeln die eigenen Knochen brechen lässt. Glücklicherweise passiert das nur in seltenen Fällen, doch es führt eindrücklich vor Augen, wie wichtig es ist, der Erregung ein begrenzendes, ein hemmendes Element gegenüberzustellen. Aktivität muss begrenzt werden, sonst schießt sie über. Nach der massiven Übererregung des tonischen Teils setzt die Hemmung ein, doch kann sie die Erregung nicht vollständig begrenzen. Es kommt dazu, dass sich Hemmung und Erregung rhythmisch abwechseln, was den Patienten zucken lässt. Die ganze Großhirnrinde ist in einem gemeinsamen Takt gefangen, alle hemmenden und erregenden Zellen schicken abwechselnd Signale und kommen da erst raus, wenn aus irgendeinem Grund die Hemmung überwiegt.

### *Rückschlüsse aus generalisierten Epilepsien*

Bei Anfällen beider Formen, Absence wie Grand Mal, verlieren Betroffene das Bewusstsein. Bei fokalen epileptischen Anfällen ist dies nicht der Fall, völlig gleichgültig wo der epileptische Fokus liegt, ob in der Stirn, an den Schläfen, unter dem Scheitel oder im Hinterkopf. Ist nur ein Teil der Großhirnrinde betroffen, bleibt auch das Bewusstsein intakt. Hierdurch zeigt sich etwas ganz Entscheidendes. Wer Bewusstsein an einer bestimmten Stelle im Gehirn sucht, wird es nicht finden. Zwar gibt es im Gehirn unter anderem Zentren, die für Sprachverständnis oder Sprachproduktion verantwortlich sind, Motoraktivität getrennt nach Gliedmaßen oder die Verarbeitung visueller Reize. Aber es gibt kein Zentrum, das Bewusstsein entstehen lässt.

Weiter oben habe ich erwähnt, dass uns etwas bewusst wird, wenn der Thalamus es in die Großhirnrinde lässt. Nun wird klar, dass Bewusstsein an sich an die Aktivität der Großhirnrinde geknüpft ist. Und zwar nicht in einzelnen Bereichen, sondern in Form wohlkoordinierter, aber chaotisch anmutender Aktivität der *gesamten* Großhirnrinde.

Wie bereits erwähnt, kann aus einem fokalen epileptischen Anfall im zweiten Schritt ein generalisierter werden. Dann ist es möglich, dass Betroffene erst die skurrilsten Dinge sehen, hören, spüren oder erleben, bevor sie entweder wie abwesend sind oder hinfallen und sich verkrampfen oder zucken. Danach können sie den Umstehenden die absonderlichsten Dinge berichten. Dass Menschen mit Epilepsie vor Jahrhunderten ihre Anfälle für göttliche Phänomene und die Erlebnisse für Visionen hielten, ist wenig verwunderlich. Hildegard von Bingen wird von der katholischen Kirche als Heilige verehrt, sie wird auf Bildern dargestellt, wie sie Lichter sieht und göttliche Eingebungen empfängt. Nicht unwahrscheinlich, dass es sich dabei um epileptische Anfälle handelte.

Heute sehen wir in den Phänomenen keine göttlichen, sondern nervöse Botschaften. Die Nervenzellen verraten uns dadurch, für was sie alles verantwortlich sind. Besonders spannend finde ich das Gefühl des Losgelöstseins vom eigenen Körper. Unser Gehirn schickt offensichtlich pausenlos Informationen darüber, wo sich unser Körper im Raum befindet, wo er aufhört und die Umgebung anfängt. Wird diese uns sonst unbewusste Information gestört, erleben wir etwas, das Betroffene empfinden, als wüchsen sie über sich hinaus, als verließen sie die beschränkende Hülle ihres Körpers.

## Gefahren epileptischer Anfälle

Weiter oben schrieb ich davon, dass eine Gefahr der Epilepsie darin besteht, hinzufallen und sich dabei zu verletzen. Nicht umsonst trug die Krankheit auch lange den Namen »Fallsucht«. Natürlich ist das eine realistische Gefahr. Doch nicht bei allen Epilepsieformen gleichermaßen. Unter Absence leidende Patienten beispielsweise verlieren nur in seltenen Fällen die Muskelkoordination und fallen hin. Auch Patienten, die unter der sogenannten komplex-fokalen Form leiden, neigen nicht zum Fallen. Dafür zeigen sie komplexe Handlungsmuster während eines Anfalls, sogenannte Automatismen, die für Umstehende teilweise schwer als Anfall zu identifizieren sind. Dann nesteln sie beispielsweise an ihrer Kleidung herum, schmatzen oder schlucken mehrfach. Derartige Anfälle sind für das Gehirngewebe selbst nicht gefährlich. Zumal die übermäßige Nervenzellaktivität meist nach einer bis wenigen Minuten wieder aufhört. Aus dem schlichten Grund, weil die Energie ausgeht, um die für die Nervenzellen sehr anstrengende epileptische Aktivität aufrechtzuerhalten.

Dennoch möchte ich nicht verschweigen, dass durchaus die Möglichkeit besteht, durch einen epileptischen Anfall Schaden zu nehmen. Ganz ohne hinzufallen oder einen Unfall zu erleiden, weil man gerade ein Auto steuert oder allein in einem See badet.

Es ist zwar selten, aber manche Patienten erliegen einem durch den Anfall ausgelösten Herz-Kreislauf-Versagen. Mediziner sprechen vom plötzlichen unerwarteten Todesfall bei Epilepsie oder SUDEP *(sudden unexpected death in epilepsy patients)*. Einerseits sagen die Worte »plötzlich« und »unerwartet«, dass diese Todesfälle die Ausnahme sind, andererseits sind sie dennoch der Grund, warum eine Epilepsie auch bei seltenen Anfällen behandelt werden sollte.

Die Ursachen für einen SUDEP liegen darin, dass das Gehirn nun mal alles steuert. Auch das Herz. Zwar ist der Herzmuskel der einzige im Körper, der sich selbst erregen kann. Doch die Frequenz des Herzschlags wird trotzdem durch das Nervensystem geregelt. Genauer gesagt durch das vegetative Nervensystem, von dessen zwei sich ergänzenden Teilen, dem eher aktivierenden Sympathikus und dem eher beruhigenden Parasympathikus, vielleicht der ein oder andere Leser schon mal gehört hat. Betrifft die epileptische Aktivität Regionen mit Auswirkungen auf das vegetative Nervensystem, dann kann es dazu kommen, dass sich die Herzfrequenz massiv erhöht oder auch absenkt, je nachdem, ob der Sympathikus oder der Parasympathikus betroffen ist. Im schlimmsten Fall kann es so zum Herzstillstand kommen. Oder zu einem Lungenödem, wenn durch die Nervenzellaktivität der Flüssigkeitshaushalt in der Lunge aus dem Gleichgewicht gerät und sich dort Wasser ansammelt. Das passiert meistens im Schlaf und wenn die Betroffenen alleine sind, so dass niemand einen Notarzt rufen kann. Glücklicherweise sind diese tragischen Fälle jedoch selten. In Deutschland leben fast eine Million Menschen mit Epilepsie. Laut der Deutschen Gesellschaft für Epileptologie kommt es im Jahr zu etwa 1600 plötzlichen, unerwarteten Todesfällen von Epilepsiepatienten. Das sind 0,2 Prozent der Patienten.

*Kann das Gehirngewebe durch einen epileptischen Anfall geschädigt werden?* Auch das ist sehr selten, aber ja, es ist möglich. Allerdings nicht bei »normalen« Anfällen, denn die sind ja, wie bereits erwähnt, zumeist nach ein bis wenigen Minuten vorbei. Gehen allerdings mehrere Anfälle wie in einer Serie direkt ineinander über oder dauert ein Anfall länger als 5 bis 10 Minuten, dann spricht man von einem *Status epilepticus*. Und dieser kann durchaus zu organischen Schäden am Gehirn führen.

Beim Status epilepticus laufen nach einer Weile ähnliche Prozesse ab wie beim ischämischen Schlaganfall, nur dass die Reihenfolge der Ereignisse eine andere ist. Im vorangegangenen Kapitel schrieb ich, dass die Unterbrechung des

Blutflusses innerhalb relativ kurzer Zeit Kaskaden von biochemischen Reaktionen auslöst, die die Zellen schädigen. Diese Minderdurchblutung nennt man Ischämie. Die kleine Schwester der Ischämie ist die Hypoxie (darin stecken die Worte *hypo* für wenig und *oxy* für Sauerstoff). Hypoxie bedeutet, dass aus irgendeinem Grund weniger Sauerstoff zur Verfügung steht, als benötigt wird. Während einer Hypoxie laufen dieselben biochemischen Kaskaden an wie auch beim ischämischen Schlaganfall.

Erinnern Sie sich, was ich dort schrieb? Weil durch einen Thrombus oder einen Embolus der Blutfluss versiegt, erhalten Glia- und Nervenzellen keine Energie mehr. Das führt in den Nervenzellen dazu, dass sie einerseits ihre elektrische Spannung verlieren und in der Folge allen Botenstoff ausschütten, den sie haben, wodurch sie zugrunde gehen können, was dann eine Entzündung in dem Gebiet auslöst. Andererseits verlieren sie mit der Spannung auch die Fähigkeit, das mit jeder Ladung aufgenommene Wasser wieder abzuführen, schwellen an, und das Gehirn kann sich selbst quetschen. Die Folgen einer Hypoxie sind ganz ähnlich. Die Zellen haben zu wenig Energie, und dadurch kommt es zu Übererregung, Zellen gehen zugrunde, es kann zu Entzündungen und zu Schwellungen kommen.

Doch so, wie nicht jeder Spaziergang oder jeder kurze Sprint einen Muskelkater auslöst, schädigt nicht jeder epileptische Anfall das Gehirn. Nur wenn die epileptische Aktivität übermäßig lange anhält, kann dies passieren. Ironischerweise bietet gerade die ungewöhnlich lange Dauer des Status epilepticus die Möglichkeit, gegen ihn vorzugehen. »Normale« epileptische Attacken sind meist vorbei, bevor ein Medikament auch nur verabreicht werden, geschweige denn wirken kann. Dies ist beim Status epilepticus anders, daher ist seine akute Behandlung durch Medikamente wichtig, Sie sollten sofort den Notarzt rufen. Dieser kann den Status stoppen, indem er Valium spritzt, was die Nervenzellaktivität allgemein dämpft. Im schlimmsten Fall, wenn der Status nicht unterbrochen wird und über eine halbe Stunde andauert, kann er durchaus lebensbedrohlich werden. Allerdings geschieht dies sehr selten.[12] Wahrscheinlicher ist, dass es durch den Status epilepticus zu metabolischen Ungleichgewichten und zur Bildung eines Ödems oder zu einem gefährlichen Anstieg der Körpertemperatur kommt. Das kann dazu führen, dass die Nervenzellen irreversiblen Schaden nehmen. Da der Status besonders bei generalisierten Epilepsieformen auftritt, betrifft dieser Schaden das ganze Gehirn. So können geistige Behinderungen entstehen. Fokale Anfälle hingegen können im schlimmsten Fall dazu führen, dass Zellen in der Region des epileptischen Fokus Schaden nehmen und absterben. Das führt nur in absoluten Ausnahmen zu spürbaren organischen Schäden.

# Behandlung, Prävention, Forschung

## Behandlung durch Medikamente: Wie bremst man zu viel synchrone Erregung?

Jochen hat uns schon viel erklärt über die Epilepsie, und wir haben gelernt, dass dabei Erregung und Hemmung aus dem Gleichgewicht geraten, und das auch noch rhythmisch. Und eben haben wir erfahren, dass es manchmal nötig ist, ganz pauschal ins System einzugreifen, wie beim Status epilepticus. Den versucht man durch maximale Hemmung des Gehirns zu unterbrechen.

Dass Valium irgendwie hemmt, ist klar, es ist ja ein starkes Beruhigungsmittel. Valium ist chemisch ein Benzodiazepin, und diese Substanzen wirken am GABA-Rezeptor. Ich hatte GABA ja schon weiter oben erwähnt. Benzodiazepine verstärken dabei die hemmende Wirkung des inhibitorischen Neurotransmitters GABA. Wir erinnern uns, GABA ist der Gegenspieler von Glutamat, des wichtigsten erregenden Neurotransmitters. Valium erhöht also die Rezeptor-Empfindlichkeit gegenüber GABA, damit strömen verstärkt Chloridionen in die Zelle, diese wird hyperpolarisiert, also weniger erregbar. Das ist aber kein gutes Rezept für die Dauerbehandlung einer Epilepsie, weil man dann dauernd schläfrig und schlapp ist.

Wie wird diese dann aber behandelt? Zunächst einmal geht es darum, Anfälle zu verhindern, bevor sie auftreten, also prophylaktisch zu behandeln. Außerdem ist klar, dass es irgendwie darüber funktionieren muss, dass das Zuviel an Erregung gar nicht auftreten darf. Und da ist es noch einmal wichtig, sich zu überlegen, wie es überhaupt zur Epilepsie kommt. Denn das kann uns Hinweise geben, wie wir spezifisch behandeln können.

Eine Ursache für Epilepsie könnte zum Beispiel sein, dass bestimmte Ionenkanäle im Gehirn eine Mutation haben und nicht so funktionieren, wie sie sollen. Sie können zum Beispiel zu viele Ionen durchlassen. Oder einer der Rezeptoren ist mutiert und lässt sich zu leicht »anschalten«. Es gibt solche genetischen Ursachen für die Übererregbarkeit der Nervenzellen bei Epilepsie. Sie sind selten, zeigen uns aber auch, was der Epilepsie zugrunde liegt.

Analysiert man die familiär gehäuft auftretenden Epilepsieformen, kann man herausfinden, ob bestimmte Gene mit definierten Epilepsiesyndromen assoziiert sind. So kann man auf die Rolle von Kanälen und Rezeptoren in der Entstehung dieser Erkrankung schließen. Doch unter den beteiligten Genen sind nicht nur Kanäle in den Membranen. Manche Mutationen verändern Gene, die man bisher nur aus der Tumorentwicklung kannte. Das heißt nicht, dass Epilepsie etwas mit Krebs zu tun hat, sondern nur, dass das Protein, das aus dem Gen entsteht, wahrscheinlich wichtig für die Entwicklung des Nervensystems ist. Hierdurch kann es zu »falschen« Verbindungen von Axonen kommen oder zur Entwicklung von zu viel erregenden oder zu wenig hemmenden Neuronen, was alles das Erregungs-Hemmungs-Gleichgewicht stören kann.

Es gibt aber auch genetisch veränderte Mäusestämme, die epileptische Aktivität zeigen. Daran kann man die beteiligten Mechanismen studieren und besser verstehen. Man kann epileptische Aktivität auch chemisch hervorrufen, in Zellkulturen wie in Versuchstieren. Etwa durch Domoinsäure. Dieses Molekül aktiviert im Gehirn die Rezeptoren des natürlichen Botenstoffs Glutamat, weil seine Struktur dem Glutamat ähnlich ist und es daher erregend wirkt. Im Gegensatz zum Glutamat wird es allerdings nicht von Gliazellen abtransportiert. Es bleibt also länger vor Ort und löst mehr Aktivität aus.

Durch solche Experimente werden antiepileptische Substanzen entdeckt. Insofern aber unterschiedliche Epilepsieformen und Ursachen existieren, muss dann noch herausgefunden werden, unter welchen Bedingungen sie wirksam sind.

**Wie wirken Antiepileptika?**

Nach allem, was wir bisher gesagt haben, wird es keine große Überraschung mehr sein, auf welchen Mechanismen die Wirkung von Antiepileptika beruht. Schauen wir uns zwei typische Antiepileptika an: Topiramat und Valproinsäure. Beide Mittel werden auch prophylaktisch eingesetzt, um die Anzahl von Migräneattacken zu reduzieren. Mit beiden kann man aber auch zuverlässig die Frequenz epileptischer Anfälle reduzieren oder sie ganz verhindern.

Topiramat entfaltet seine Wirkung durch mehrere Effekte, die gemeinsam dazu führen, dass Nervenzellen nicht mehr so leicht überreagieren. Einerseits hemmt es den Rezeptor für Glutamat, während es gleichzeitig den Rezeptor für GABA dazu bringt, verstärkt zu reagieren. In der Summe verringert es Erregung und verstärkt die Hemmung. Dazu kommt noch ein blockierender Effekt direkt auf den Ionenkanal, durch den Natrium in die Zelle strömt. Das Natriumion, das in die Zelle strömt, ist positiv geladen, depolarisiert also die Zelle. Es sind diese Ionenkanäle, die für die Entstehung und Fortleitung der Nervenimpulse verantwortlich sind. Wenn Topiramat auf diese Kanäle wirkt, strömt weniger Natrium ein, weniger positive Ladung depolarisiert das Neuron, und die Wahrscheinlichkeit für die Auslösung eines Aktionspotenzials wird erniedrigt. Die schnell aufeinanderfolgenden Serien von Aktionspotenzialen, die epileptischer Aktivität zugrunde liegen, werden so verhindert.

Valproinsäure hemmt ebenfalls erregende Ionenkanäle und verstärkt die Wirkung des hemmenden Botenstoffs GABA. Allerdings nicht durch einen Effekt am Rezeptor. Valproinsäure hemmt im Gehirn den Abbau und steigert die Produktion von GABA, mehr GABA kann nun länger wirken!

Beide Medikamente, Topiramat und Valproinsäure, entfalten also ihre antiepileptische Wirkung über hemmende Einflüsse. Dass sie dies durch ganz unterschiedliche Effekte auf die durch den Botenstoff GABA vermittelte Hemmung ausüben, eröffnet die Möglichkeit, spezifisch zu therapieren. Je nachdem, ob bei

einem Patienten der Rezeptor für GABA das Problem ist oder GABA selbst. Außerdem haben beide unterschiedliche Nebenwirkungen.
Neben Topiramat, Valproinsäure und Benzodiazepinen gibt es noch eine Menge weiterer Antiepileptika. Sie beruhen aber, wie gesagt, alle auf den gleichen Prinzipien. Sie werden einzeln oder auch in Kombination eingesetzt. Mehr als zwei Drittel aller Epilepsiepatienten können so erfolgreich behandelt werden. Die Erkrankung wird durch sie nicht geheilt, aber die Patienten sind dauerhaft anfallsfrei. Weil sie die Medikamente aber dauernd einnehmen müssen und diese, wie wir noch genauer von Jochen hören werden, häufig Nebenwirkungen haben, ist die Einstellung der Patienten mit den richtigen Substanzen und Dosierungen häufig nicht einfach, und es dauert eine Weile, bis Arzt und Patient die optimale Strategie gefunden haben.

## Nebenwirkungen der Antiepileptika

Die gängigen Medikamente gegen Epilepsie wirken also, indem sie die Erregung der Nervenzellen verringern und ihre Hemmung verstärken. Das verringert Zahl und Schwere der Anfälle, im günstigsten Fall verschwinden sie ganz. Allerdings bringt die Veränderung des Gleichgewichts der Botenstoffe im Gehirn auch Nebenwirkungen mit sich.
Wird die antiepileptische Behandlung zu rasch aufgebaut, dann kann es dazu kommen, dass Erregung und Hemmung über das angestrebte Gleichgewicht hinaus beeinflusst werden. Das senkt die Krampfschwelle zwar effektiv ab, kann aber auch das Wesen einer Person verändern. Eine zu rasch aufgebaute Behandlung oder eine Überdosierung von Antiepileptika kann zu sogenannten bewusstseinsklaren, epileptischen Psychosen führen. Die Patienten sind dann ruhelos und angespannt, nicht selten desorientiert. Es fällt ihnen schwer,

bei einem Gedanken zu bleiben, manche sind geradezu manisch erregt. Es kann sogar zu Wahnvorstellungen oder Halluzinationen kommen. Das Wort »bewusstseinsklar« zeigt an, dass Patienten sich wach und klar fühlen. Was nebenbei bemerkt ein Hinweis darauf ist, dass Bewusstsein kein Entweder-oder-Zustand ist. Man spricht auch von Bewusstseinshelligkeiten, die man sich als Skala vorstellen kann, an deren dunkelstem Ende die Bewusstlosigkeit steht, direkt gefolgt vom Dämmerzustand. Am hellsten Ende steht der wache, klare Zustand und dazwischen alle denkbaren Abstufungen. Es hängt vom Medikament ab, ob sich der Bewusstseinszustand erhellt oder verdunkelt. Die Nebenwirkungen klingen wieder ab, wenn man die Medikamente reduziert. Oder, wenn dies nicht möglich ist, durch Gabe anderer Medikamente wie beispielsweise Neuroleptika, die beruhigend wirken und Erregungszustände durch Antiepileptika ausgleichen können.

Es ist kaum vorhersagbar, welches Medikament wie auf einen Patienten wirken wird. Da antiepileptische Medikamente in das Botenstoffgleichgewicht des Gehirns eingreifen und dieses eben auch für unseren Charakter, unsere Persönlichkeit verantwortlich ist, erklärt dies, warum sich die Persönlichkeit durch die Medikamente verändern kann. Allerdings sei an dieser Stelle erwähnt, dass diese Nebenwirkungen sofort verschwinden, sobald das Medikament abgesetzt wird. Wir werden in den letzten zwei Kapiteln dieses Buches näher darauf eingehen, doch das wird bereits an dieser Stelle deutlich: Unser persönlicher Charakter zeichnet sich auch durch unsere persönliche Mischung aus hemmenden und erregenden Botenstoffen aus, die für jeden einzelnen Menschen ein individuelles Muster erzeugen, das wir Persönlichkeit nennen.

Wird die persönliche Reaktions- und Handlungsweise dadurch verändert, dass man Botenstoffe als Medikament zu sich nimmt, dann kann die Auswirkung auf die Persönlichkeit unangenehm sein, verwirren oder Angst machen, weil sich Betroffene in ihren Reaktions- und Handlungsweisen nicht mehr wiedererkennen. Es kann jedoch gefährlich werden, die Medikamente abzusetzen, besonders wenn man dies ohne Absprache mit dem behandelnden Arzt durchführt. Es kann nämlich dazu kommen, dass, wenn die Medikamente, die die Nervenzellaktivität dämpfen, plötzlich und ersatzlos abgesetzt werden, die Aktivität und damit die Attacken daraufhin kurzfristig über das gewohnte Maß hinausschießen. Es besteht dann die Gefahr, dass in dieser Phase eine Attacke auftritt, die doch lebensbedrohlich wird.

Der bereits erwähnte Status epilepticus wird beispielsweise zumeist durch das Absetzen eines Medikaments ausgelöst! Der Arzt wird daher ein Medikament entweder langsam in der Dosis reduzieren oder durch ein anderes ersetzen. Ob und wann auf Medikamente verzichtet werden kann, sollte immer und unbedingt mit dem Arzt abgesprochen werden, um erneute Anfälle zu vermeiden.

Das mag manche auf die Idee bringen, gar nicht erst mit der Behandlung anzufangen. Doch davon kann gar nicht eindringlich genug abgeraten werden. Erinnern wir uns noch einmal an das Kapitel über Kopfschmerz. Ich sagte, dass man versucht, Attacken prophylaktisch zu bekämpfen, denn jede Attacke bereitet die nächste vor. Es tritt ein Lerneffekt auf zellulärer Ebene ein. Genau dasselbe passiert auch bei Epilepsie. Das bedeutet, dass, wenn die Epilepsie unbehandelt bleibt, sie sich stetig verschlimmern kann. Das heißt, dass die Attacken nicht nur heftiger werden können, sondern auch öfter auftreten. Und mit jedem Mal schwerer zu behandeln sein werden.

## Behandlung durch Cannabinoide

Wie bei der Behandlung von Migräne kann es nicht darum gehen, die Aktivität des Gehirns allgemein herabzusetzen und die Patienten zu betäuben. Das Ziel ist ja nicht, den gesamten Kortex ordentlich zu hemmen, sondern durch gezielte Hemmung wieder Unordnung in die Reihen zu bringen. Also zielen neuere Medikamente spezieller auf bestimmte Unterarten von Botenstoffempfängern ab. Es gibt nämlich regionale Unterschiede. Aber da man nur selten weiß, welcher Typ Empfänger an der Epilepsie eines bestimmten Patienten beteiligt ist, muss der behandelnde Arzt irgendwo anfangen auszuprobieren. Es gibt Epilepsiepatienten, denen hilft das erste Medikament, und ihre Anfälle verschwinden oder gehen zumindest auf ein erträgliches Maß zurück. Andere müssen einige Medikamente durchprobieren. Dann gibt es wieder solche, bei denen hilft keines der ausprobierten Medikamente.

Dies war beispielsweise bei dem bereits erwähnten Jungen Sam der Fall. Seine Absence-Epilepsie widersetzte sich hartnäckig allen Behandlungsversuchen. Ein normales Leben schien für ihn unmöglich. Doch Sam hatte insofern Glück, als seine Eltern über die finanziellen Mittel verfügten, eine Behandlung entwickeln zu lassen. Das Problem mit diesem Medikament beschreibt der Vater so: »Sam leidet unter epileptischen Anfällen, an manchen Tagen waren es über 100. Nach sieben Jahren, verzweifelt und am Ende, hatten wir nur noch eine Hoffnung: ein neues Medikament. Das einzige Problem? Es war illegal.«[13]

Die Rede ist von Cannabidiol oder CBD, einem Stoff, der aus der Hanfpflanze gewonnen wird. Dabei handelt es sich nicht um das rauscherzeugende Tetrahydrocannabinol oder THC, dennoch sind beide in den meisten Ländern gleichermaßen illegal. Ich möchte an dieser Stelle keine Lanze für Drogen brechen, schon alleine wegen meiner weiter oben beschriebenen eigenen Erfahrungen. Die Wirkung nahezu jeder Substanz mit Wirkung auf das Gehirn kann so oder so ausfallen. Davon abgesehen kann es nicht Sinn der Sache sein, seine Anfälle durch einen fortwährenden Rauschzustand zu ersetzen. Kiffen ist also keine Alternative. Doch man kann CBD extrahieren und ohne den Rest aus der Pflanze verabreichen. Dies haben Sams Eltern mit angeschoben, was Sams Anfälle stark zurückgehen ließ, auf etwa fünf am Tag, manchmal sogar auf null.

Die Gabe von CBD wird nicht jedem Patienten mit Epilepsie helfen; es ist nicht verstanden, wieso es überhaupt hilft. Bekannt ist nur, dass die Empfänger für Cannabinoide zu den hemmenden Empfängertypen gehören. Cannabinoide sind sozusagen Streicheleinheiten für hyperaktive Nervenzellen. Ihre Aktivität hyperpolarisiert die Zelle, hemmt die Zitterer. Doch auf welchen Empfänger CBD genau wirkt und ob es auch noch an anderen Empfängern eine Wirkung hat, ist unbekannt. Und die Forschung an der Pflanze ist durch ihr Stigma leider behindert. Dennoch haben die Erfolge bei Sams Behandlung mittlerweile dazu geführt, dass CBD auch anderen Patienten, die unter Absencen oder anderen Anfällen leiden, verabreicht wurde, die wie Sam bereits viel und ergebnislos ausprobiert hatten. Etwa die Hälfte der behandelten Kinder erlebte einen Rückgang der Anfälle um mindestens 50 Prozent, bei 9 Prozent der Kinder hörten sie laut Artikel ganz auf. Dass keine signifikanten Nebenwirkungen, kein Rauschzustand und schon gar keine Persönlichkeitsveränderung auftraten, macht das Ganze umso besser. Ich finde, dies zeigt eindrücklich, dass das letzte Wort in Sachen Epilepsiebehandlung noch nicht gesprochen ist.

## Prävention und Ernährung

Je mehr wir die Mechanismen der Krankheit verstehen, umso mehr Behandlungsmöglichkeiten eröffnen sich. Es ist ein Unterschied, ob die eine Zelle zu wenig hemmt oder eine andere zu viel erregt. Doch in der Summe führt beides zu Übererregung! Selbst Hemmung und Erregung können aus grundverschiedenen Dingen herrühren. Der Arzt benötigt viele und unterschiedlich wirkende Medikamente, die er je nach Bedarf des Patienten einsetzen kann. Ein Neurologe wird persönliche Behandlungspläne erstellen, die an mehreren Stellen ansetzen. Sie beinhalten Medikamente genauso wie eine Umstellung der Lebensgewohnheiten, mit dem Ziel, auslösende Faktoren zu reduzieren.

Davon abgesehen sagte ich bereits im Kopfschmerz-Kapitel, dass Behandlungen, die ohne Medikamente auskommen, zu bevorzugen sind. Das gilt auch bei Epilepsie. Die persönliche Neigung zur Epilepsie kann man so nicht beeinflussen, ebenso wenig Faktoren, wie sie durch Entwicklungsfehler oder schwere Hirntraumata entstehen können. Aber Epilepsie auslösende Faktoren kann man so ganz sicher beeinflussen.

Wenn Pilze bei einer Person Anfälle auslösen, ist es für diese Person das Einfachste, sie nicht mehr zu essen! Dass die Ernährung die Anzahl der Anfälle beeinflusst, weiß man seit dem Mittelalter. Da fiel auf, dass Betroffene zur Fastenzeit weniger Anfälle hatten. Das hat nichts damit zu tun, dass Fasten gottgefällig ist, sondern dass wir alles Material, mit dem unser »Betrieb« arbeitet, mit der Nahrung aufnehmen. Es ist bis heute nicht endgültig geklärt, wie sich die Ernährung auf die Epilepsie auswirkt, aber es ist bekannt, dass eine bestimmte Diät (die sogenannte ketogene Diät mit weitgehendem Verzicht auf Kohlenhydrate) nachweislich die Zahl von Anfällen gewisser Epilepsieformen verringert. Und auch, wenn die allermeisten Patienten mit Epilepsie essen dürfen, was sie mögen, werden alle Epileptiker dazu angehalten, auf ihre Ernährung zu achten und Drogen sowie übermäßigen Alkoholgenuss ganz zu meiden.

## Auch eine Operation ist möglich

Bei fokalen Epilepsien, die sich nicht medikamentös behandeln lassen, ist eine Operation die Alternative. Wenn eine Epilepsie mit einer einmaligen Operation beseitigt werden kann, dann ist das nicht nur Linderung der Beschwerden, sondern echte Heilung. Das ist mit Medikamenten nicht möglich! Die Operation ist also nicht als Steigerung zur medikamentösen Behandlung zu verstehen, die nur in schlimmen Fällen angewendet wird, sondern als Alternative für Epilepsien, die man auf einen Fokus eingrenzen kann.

*Was wird bei einer solchen Operation gemacht?* Der Grundgedanke ist so simpel wie wirksam: Entferne den epileptischen Fokus und du entfernst die Epilepsie. Dabei hat die Medizin über die Jahrhunderte viel gelernt. Besonders, dass man auf keinen Fall zu viel herausschneiden darf, sonst verliert der Patient damit Gehirnfunktionen, die sich nicht mehr ersetzen lassen.

Einer der berühmtesten Patienten der Nervenwissenschaft überhaupt, Henry Molaison, der in nahezu jedem Buch über Neurobiologie oder Neuropsychologie auftaucht und zeitlebens meist H.M. genannt wurde, litt Mitte des letzten Jahrhunderts unter Temporallappenepilepsie. Daraufhin entfernte man ihm große Teile des Temporal- oder Schläfenlappens des Gehirns, und zwar auf beiden Seiten. Das ließ tatsächlich seine Anfälle verschwinden, doch es ließ ihn auch ohne Gedächtnis zurück. Molaison antwortete bis zu seinem Tod im Jahr 2008 auf die Frage, welches Jahr es sei: »1953.« Dies war das Jahr seiner Operation. Er hatte nichts von dem vergessen, was vor der Operation geschehen war, er konnte nur keine neue Information mehr speichern.

Durch sein tragisches Schicksal lernte die Nervenwissenschaft nicht nur sehr viel über den Aufbau des Gedächtnisses. Sondern auch, dass man bei Gehirnoperationen mehr als nur vorsichtig sein muss. Heute stehen den Medizinern

glücklicherweise Mittel zur Verfügung, um epileptische Foki so eng wie möglich einzugrenzen. Da wird kein Stückchen Gehirn herausgeschnitten, was nicht unbedingt entfernt werden muss.
Noch vor der Entscheidung, was entfernt wird, werden die behandelnden Ärzte sorgfältig prüfen, ob ein Patient überhaupt für das Verfahren geeignet ist. Dass nur Patienten, die unter fokaler Epilepsie leiden, in Frage kommen, leuchtet ein. Doch auch die Lage des Fokus ist entscheidend. Liegt der epileptische Fokus im Zentrum für Sprachverständnis oder -produktion, wird sich der Chirurg gegen eine Operation entscheiden, da er damit beim Patienten höchstwahrscheinlich eine Aphasie auslösen würde, eine Störung der Sprache, die für unser Leben unerlässlich ist. Auch in motorischen Regionen wird nicht operiert, da es zu Lähmungen kommen könnte.
Hinzu kommt, dass kein Arzt Garantien abgeben kann. Hilft eine Pille nicht, verschreibt der Arzt eine Alternative, die dann eventuell hilft. Hilft hingegen die Operation nicht, ist die Chance logischerweise viel höher, dass der Arzt sich mit Vorwürfen konfrontiert sehen wird, er habe einen nutzlosen Eingriff durchgeführt. Auch daher werden immer zuerst Medikamente eingesetzt. Abgesehen davon ist eine Operation am Gehirn immer mit Gefahren verbunden und daher nie Routine.

## Was sind die Voraussetzungen für eine Operation?

In erster Linie natürlich eine sichere Diagnose. Dann muss der Arzt nachweisen, dass beim Patienten eine Therapieresistenz besteht. Und zwar sowohl bei der einzelnen Gabe von Medikamenten als auch in Kombination. Der Patient muss unter einer inakzeptabel hohen Frequenz von Anfällen leiden, wobei das Wort »inakzeptabel« sicher diskussionswürdig ist. Der epileptische Fokus muss sich eingrenzen lassen. Und er muss so liegen, dass die Operation keine allzu

schweren Hirnschädigungen hervorruft, sonst kann der letzte Punkt nicht erfüllt werden: die notwendigerweise zu erwartende Verbesserung der Lebensqualität nach dem Eingriff.
Dass alle Vorbedingungen unbedingt erfüllt werden müssen, führt dazu, dass weniger Patienten mit Epilepsie operiert werden, als davon profitieren könnten. Statt etwa 20 Prozent der Patienten, die in Frage kommen, werden in Deutschland pro Jahr nur 500 operiert.
Dass eine Operation immer mehr Patienten vorgeschlagen wird, liegt an verbesserten Methoden. Die Ergebnisse sprechen für sich: Heute sind nach dem Eingriff 70 Prozent der Patienten, denen ein Teil des Temporallappens entfernt wurde, frei von Anfällen! Bei weiteren 15 bis 25 Prozent reduziert sich die Anfallsfrequenz um 90 Prozent. Nur weniger als 5 Prozent der Eingriffe führen zu keiner Verbesserung oder zu Komplikationen.
Um diese positiven Ergebnisse zu erzielen, ist eine genaue Planung des Eingriffs wichtig. Damit der Operateur weiß, wo er schneiden darf und wo nicht, muss ausgeschlossen sein, dass Bereiche involviert sind, die vielleicht die Sprachfähigkeit oder Erinnerungen betreffen. Das geschieht anhand funktioneller Bildgebung, EEG und anderer Tests. Dann wird ein sogenanntes *cortical mapping* durchgeführt. Von der Großhirnrinde wird eine Art Landkarte erstellt, denn die ist bei jedem Menschen individuell unterschiedlich. Keine zwei Operationen an Gehirnen sind gleich. Jede ist eine speziell auf diesen Patienten angepasste Maßnahme. Daher wird seine Gehirn-Landkarte genauestens erstellt. Der letzte Schritt dieser Maßnahme erfolgt noch im Operationssaal. Wenn der Schädel schon geöffnet ist, wird die Großhirnrinde mit Elektroden leicht stimuliert und die Reaktion genau vermessen, so dass das Ausmaß des epileptischen Fokus so weit wie möglich eingegrenzt werden kann. Nur so lassen sich klinische Komplikationen bei derartig komplexen Operationen auf unter 5 Prozent reduzieren.

Zusätzlich wird die Operation möglichst früh durchgeführt, am besten im Kindesalter. Damit das Gehirn die Möglichkeit hat, die eventuell ausgefallene Funktion durch benachbarte Gehirnregionen übernehmen zu lassen. Dennoch wird die operative Methode nur als letzte Möglichkeit angesehen und zuerst immer der Versuch gestartet, durch Diät und Medikamente die Anzahl der Anfälle zu reduzieren.

## Die Forschung geht weiter

Doch wie gesagt bleiben einige Epilepsieformen nur schlecht behandelbar. Sie lassen sich auch nicht gut operativ behandeln. Doch das heißt nicht, dass man nichts tun kann.
Heute kann man über Implantate kleine Ströme in das Gehirn schicken. Auch das mag sich für den einen oder anderen Leser gruselig anhören. Doch es wird nur eine winzige Apparatur implantiert, die wie ein Taktgeber fungiert. Solche Stimulationsverfahren kommen für immerhin 10 Prozent der Patienten mit Epilepsie in Frage. Zur Stimulation braucht es nur eine Elektrode am exakt richtigen Ort, über die man einen schwachen Strom verabreicht. Der Strom kitzelt die hemmende Zelle, und die streichelt dann die erregende. Bleibt nur die Frage: *Wohin mit der Stimulationselektrode?*
Erinnern Sie sich noch an den Thalamus? Der Oberregulator, der mitten im Bürogebäude sitzt? Er ist auch an der Entstehung gewisser Rhythmen im Gehirn beteiligt, wie bei der Absence gezeigt. Man kann diese Hirnregion auch zur Behandlung von Epilepsie nutzen. Und muss dazu nicht einmal großflächig den Schädel öffnen. Durch ein kleines Loch in der Schädeldecke werden die Stimulationselektroden, kaum dicker als einen Millimeter, an die zuvor festgelegte Stelle abgesenkt. Das Verfahren wird gut vertragen und senkt nachweislich die Anfallszahl.
Ein anderes Verfahren braucht nicht einmal ein Loch im Schädel. Der Vagusnerv ist einer der zwölf Hirnnerven. Einer

der Nerven also, die nicht, wie alle anderen, aus dem Rückenmark, sondern direkt aus dem Gehirn in unseren Körper ziehen. Bei der Vagusnerv-Stimulation oder VNS wird dem Patienten auf einer Seite des Körpers etwas unterhalb des Schlüsselbeins eine Art Schrittmacher eingesetzt. Davon führt ein Kabel unter der Haut zum Hals, wo der Vagusnerv auf dem Weg zu den inneren Organen entlangzieht. Wie bei einem Herzschrittmacher sendet der Stimulator regelmäßig elektrische Signale aus, mit denen er den Nerv stimuliert. Das hebt nachweislich die Schwelle an, ab der ein Anfall ausgelöst wird. Mit dieser Methode sind weltweit 45 000 Menschen behandelt worden, in Deutschland immerhin etwa 700. Als Nebenwirkung wird öfter Hustenreiz und Heiserkeit während der Stimulationsphase angegeben, ansonsten wird es gut vertragen.

Es werden neue Methoden entwickelt, die noch ein Stück weiter gehen. Seit kurzem ist ein VNS-Modell auf dem Markt, das zusätzlich zur Stimulation des Nervs registriert, wenn sich bei den Patienten der Herzschlag stark beschleunigt. Das geht oft dem Anfall voraus. Registriert das Gerät beschleunigten Herzschlag, stimuliert es automatisch.

Das Ziel ist es, im Idealfall den Anfall abzubrechen, bevor er spürbar wurde. Dann würde der Patient nicht mal merken, dass gerade ein Anfall verhindert wurde, weil das System die Aktivität registriert und hemmt, bevor sie sich ausbreitet. Das ist zwar noch Zukunftsmusik, doch wie gesagt, das letzte Wort ist noch nicht gesprochen.

## Zusammenfassung

Epileptische Anfälle entstehen durch die anfallsartig auftretende gleichzeitige und rhythmische Entladung von Gruppen von Nervenzellen. Nicht wenige Menschen haben einmal in ihrem Leben einen epileptischen Anfall. Deshalb sind sie aber noch nicht epilepsiekrank. Hierzu müssen die Anfälle wiederholt

auftreten. Je nachdem, in welchem Hirngebiet die Nervenzellen synchron feuern, treten unterschiedliche Symptome auf und werden verschiedene Epilepsieformen ausgemacht. Wenn sie auf eine Region beschränkt bleiben (fokale Epilepsie), spiegeln die Symptome die Funktion des betroffenen Hirngebiets wider. Wenn also zum Beispiel Anteile der Hirnrinde betroffen sind, die Bewegung koordinieren, treten die für fokale Epilepsien typischen Muskelkontraktionen auf. Ist das gesamte Hirn von den rhythmisch-synchronen Entladungen betroffen (generalisierte Epilepsie), treten häufig Bewusstseinsstörungen auf. Bei den meisten Epilepsien bleibt letztlich unklar, was der Erkrankung zugrunde liegt. Wir wissen aber, dass es sich grundsätzlich um ein Ungleichgewicht in der Erregbarkeit von Nervenzellen handelt, diese sind übererregbar. Dem kann zum Beispiel eine Veränderung von Ionenkanälen oder Rezeptoren dieser Zellen zugrunde liegen.
Auslösend für epileptische Anfälle bzw. Epilepsien können Kopftraumata sein, in vielen Fällen kann aber keine spezifische Ursache gefunden werden. Epilepsien lassen sich in den meisten Fällen gut medikamentös behandeln. Bei etwa 70 Prozent der Patienten kann so die Häufigkeit der Anfälle stark reduziert werden oder sie bleiben sogar anfallsfrei. In manchen Fällen ist jedoch eine Operation nötig, bei der das Gehirngewebe entfernt wird, von dem die Störung ausgeht, wobei dann aber auch eine Heilung möglich ist.
Am Beispiel der Epilepsie konnten wir eine Reihe von Funktionsprinzipien des Gehirns studieren. Schon bekannt vom Schlaganfall war uns das »Lokalisationsprinzip«. Viele Hirnfunktionen sind ganz wesentlich in spezifischen anatomisch abgegrenzten Bereichen des Gehirns verortet. Fällt dort Aktivität weg (Schlaganfall!), kommt es zur Lähmung oder zum Funktionsausfall. Tritt dort Übererregung auf (Epilepsie), führt dies zu Überaktivität, zum Beispiel in Form von klonischen Zuckungen. Wir haben auch erfahren, wie Informationsübertragung im Gehirn funktioniert: durch eine Kombination von

elektrischen und chemischen Signalen. Entlang der Nervenfortsätze springt das Signal als »Alles oder nichts«-Phänomen (Aktionspotenzial), einer schlagartigen und sehr kurzen Entladung der Spannung, die die Zelle aufgebaut hat. An den Kontaktstellen der Fortsätze mit den Zellen (Synapsen) wird das elektrische Signal in ein chemisches übersetzt: Neurotransmitter werden durch die Depolarisation in den Spalt zwischen den Zellen entlassen und erregen dann spezifische Rezeptoren auf der Zielzelle. Erst durch diese Kombination von scheinbar unnötig komplizierten Mechanismen wird es möglich, dass unsere Gehirne mit der Energie einer Tafel Schokolade und dem Gewicht eines Laptops mehr leisten als jeder Supercomputer. Der Preis, den wir für ein so komplexes Organ bezahlen, ist, dass da auch mal was schiefgehen kann. Die Epilepsie war hierfür ein sehr gutes Beispiel, da die Störung den zentralen Mechanismus der Informationsverarbeitung des Gehirns betrifft.

# MULTIPLE SKLEROSE

## Steckbrief

**Erster gesicherter Patient:** Augustus Frederick d'Este (1794–1848)
**Entdecker:** Jean-Martin Charcot
**Erste schriftliche Beschreibung:** 1868
**Alternative lateinische Bezeichnung:** Encephalomyelitis disseminata
**Weltweit betroffen:** etwa 2,5 Millionen Menschen
**In Deutschland betroffen:** fast 200 000 Menschen
**Genesungsrate:** MS ist als Autoimmunerkrankung definitionsgemäß unheilbar, der Krankheitsverlauf lässt sich jedoch positiv beeinflussen.
**Betroffen ist:** gleichmäßig das gesamte Gehirn und das Rückenmark
**Berühmte Betroffene:** Malu Dreyer, Howard Carpendale, Jack Osbourne

## Die Krankheit, die nicht leicht zu entdecken ist

Kopfschmerz, Schlaganfall, Epilepsie – fast alle Menschen haben eine Vorstellung von den Symptomen der bisher beschriebenen Krankheiten, auch wenn sie selber nicht daran leiden. Sie wären sogar oft in der Lage, die richtige Diagnose zu stellen, wenn sie einem Patienten mit einem dieser Leiden begegneten. Nun geht es um eine Erkrankung des Nervensystems, deren Diagnose häufig sogar Spezialisten schwerfällt, insbesondere im Anfangsstadium. Sie erfordert aufwendige Diagnostik, also Hirnbildgebung mittels Magnetresonanztomographie, neurophysiologische Techniken (z.B. Messung evozierter Potenziale) und die Untersuchung von *Liquor cerebrospinalis,* dem sogenannten »Nervenwasser«, in dem Gehirn und Rückenmark »schwimmen«.

Die Krankheit kommt leider relativ häufig in unseren Breiten vor. Es wird noch klarwerden, warum ich das so geographisch formuliere. Trotzdem kann man Erkrankte nicht durch eine Blickdiagnose einordnen. Das liegt daran, dass die Patienten ganz unterschiedliche Symptome haben können. Sehstörungen Missempfindungen, Taubheitsgefühle, Schmerzen, Muskelkrämpfe, Müdigkeit, Lähmungen und noch viele andere Störungen. Typischerweise verschwinden Symptome nach einer Weile, um nach unterschiedlich langem Zeitintervall wieder aufzutreten, dann eventuell in Form einer anderen Störung. Je öfter und länger sich das wiederholt, umso mehr bleiben Störungen zurück, es kommt nicht mehr zur vollständigen Rückbildung.

Auf den Spuren der Ursachen und der Symptome der Multiplen Sklerose (MS), auch *Encephalomyelitis disseminata* genannt, werden wir wieder viel über das Gehirn lernen, aber auch über das Immunsystem und wie Gene und Umwelt zusammenspielen bei der Entstehung von Erkrankungen des Nervensystems.

## Wer oder was löst die Krankheit aus?

Blickt ein Arzt auf eine Magnetresonanztomographie-Aufnahme von dem Gehirn eines MS-Patienten, dann sieht er, wie ein Zuschauer in der ersten Szene eines Krimis, nur, dass etwas Schlimmes passiert ist. Er sieht einen Schaden, der angerichtet wurde. Und vergleichbar mit einem Ermittler versucht der Arzt, einen Täter dingfest zu machen, denn er will die Ursache des Schadens finden, den Krankheitsauslöser. Die diagnostischen Methoden, die der Arzt dazu anwendet, entsprechen der Suche von Kriminalbeamten nach Spuren, Hinweisen, nach Indizien und im besten Fall einem schlagenden Beweis.

Bereits seit 150 Jahren wird die Multiple Sklerose erforscht – und es ist noch kein Ende in Sicht. Trotz aller Anstrengungen der Ärzte und Forscher ist die wichtigste Frage bis heute nicht endgültig beantwortet: *Wer oder was löst die Krankheit aus?* Insofern beinhaltet dieses Kapitel nicht irgendeinen, sondern einen der größten ungelösten Kriminalfälle der Neurologie.

Die Multiple Sklerose ist laut Lehrbuch eine Autoimmunerkrankung. Das heißt, dass sich das Immunsystem nicht gegen einen Erreger, sondern gegen körpereigene Zellen wendet, was bereits in der Vorsilbe *auto* steckt. Es gibt verschiedene Autoimmunerkrankungen, bei Morbus Crohn ist der Verdauungstrakt betroffen, bei Diabetes vom Typ 1 die Bauchspeicheldrüse, bei der Hashimoto-Thyreoiditis die Schilddrüse. Im Fall der Multiplen Sklerose richtet sich das Immunsystem gegen das zentrale Nervensystem. Genauer gesagt gegen eine Substanz, die nur im Nervensystem vorkommt: das Myelin in der isolierenden Hülle um die Nervenzellfortsätze.

## Was ist Myelin?

Myelin (altgriech. für »Mark«) wird auch Markscheide genannt. Dort, wo das Immunsystem die Markscheide angreift, kommt es zu Entzündungsreaktionen. In der Folge verlieren die Nervenfasern ihre Markscheide, weshalb man bei der MS auch von einer »Entmarkungskrankheit« spricht. Die Bedeutung der Myelinscheide haben wir bereits im vorangegangenen Kapitel beschrieben. Ohne die isolierende Hülle gelangt ein Nervenimpuls weder schnell noch zielgenau durch den Nervenzellfortsatz, das Axon, an den Bestimmungsort, so wie ein elektrischer Impuls nur dann fehlerfrei durch ein Kabel an sein Ziel kommt, wenn es isoliert ist.

Doch wer meint, der Kriminalfall sei durch die Bezeichnung »Autoimmunerkrankung« gelöst, war zu ungeduldig. Denn auch wenn die Immunzellen insofern »Täter« sind, als sie die Schäden an der Markscheide verursachen, beendet das nicht die Suche. Keine Immunzelle attackiert grundlos körpereigene Zellen. Die Frage ist, wer die Immunzelle so fehlgeleitet hat! Der Krimi geht also weiter.

*Wieso kommt es überhaupt zu einer Immunreaktion? Was löst die Entzündung aus? Warum richtet sich das Immunsystem gegen das eigene Gehirn?* Blickt der Arzt die Aufnahme des Gehirns genau an, macht die Kamera sozusagen einen Schwenk über ein Firmengelände. Darin sehen sowohl Arzt wie Zuschauer eine seltsame Szene: Die Kamera bleibt am Zaun stehen, der die Blut-Hirn-Schranke symbolisiert. Doch darin sieht man ein Loch und direkt daneben einen Haufen freigelegter Kabel, die natürlich für die Axone stehen, die Fortsätze der Nervenzellen. An manchen der Kabel fehlt die Isolierung, hin und wieder sieht man Funken aus der Kabelage schlagen. Ich gebe zu, der Funkenschlag ist Übertreibung, aber er soll die Signale darstellen, die durch die fehlende Myelinhülle nicht mehr an ihren Zielort gelangen. Umgeben ist die Szenerie von umherwuselnden Angestellten und Polizisten. Sie sind die Immunzellen vor Ort, die eine Entzündungsreaktion ausgelöst haben.

Der Zuschauer versteht, dass hier etwas Unheilvolles passiert ist. Das Loch im Zaun deutet auf einen Eindringling hin. Lassen wir die seltsamen Motive dieses Kabel-Saboteurs mal außer Acht, die Indizien scheinen eine eindeutige Sprache zu sprechen.

Bis hierhin ist die Situation nicht mysteriös. Was jedoch auffällt, ist, dass keine »Täterspuren« auszumachen sind. Die Ärzte und Forscher fragen sich schon sehr lange: *Wo ist der Erreger?*

Im Gegensatz zu einem Krimi, in dem der Täter nicht am Tatort auf die Ermittler wartet, flüchten Bakterien oder Viren, die im Körper Übles anstellen, nicht. Ein Gutteil ihrer Verbrechen besteht ja eben darin, sich vor Ort gemütlich einzurichten.

Dennoch deutet das Loch im Zaun auf einen Angreifer hin. Löcher in der Barriere, also in der Blut-Hirn-Schranke, sind nicht normal. Die Anwesenheit der Immunzellen jedoch ist normal. Das ist ihr Job. Allerdings fällt auf, dass zwei unterschiedliche Typen Immunzellen anwesend sind. Dass das Nervensystem eine eigene Immunzelle hat, die Mikroglia, habe ich bereits erwähnt. Doch warum ist das so? Warum hat das Nervensystem eine eigene Schutztruppe, wenn im Fall einer Wunde doch die Polizei auftaucht, also die Immunzellen aus dem Blut?

## Immun-Sonderbehandlung für das Gehirn

Eine Wunde führt zu einer immer gleich ablaufenden Reaktion des Körpers. Dringen Keime in die Haut oder einen Körperteil ein, schwillt diese Stelle an, errötet, wird warm und tut weh. Das wird unter dem Begriff Entzündung zusammengefasst. Es ist ein aktiver Prozess, für den die Immunzellen verantwortlich sind. Von denen gibt es mehrere Arten. Einige sitzen im Gewebe, andere patrouillieren in unseren Gefäßen. Sobald die Immunzellen im Gewebe einen Eindringling erkennen, schütten sie Botenstoffe aus. Sie rufen damit Kollegen aus den Gefäßen herbei. Diese haben die Fähigkeit, die Blutgefäße zu verlassen und in das Gewebe einzudringen.

Dort fressen sie die Eindringlinge. Aber nicht nur. Sie fressen auch körpereigene Zellen, zerstören gesundes Gewebe. Das ist aber meist nicht weiter schlimm, denn Wunden verheilen, und hinterher bleiben nicht mal immer Narben. Nachdem ein Schnitt in den Finger verheilt ist, ist die Sensibilität an dieser Hautstelle nach einiger Zeit meist nicht schwächer als anderswo. Die Regeneration verläuft nahezu vollständig. Das Immunsystem kann es sich leisten, rigoros vorzugehen und Kollateralschäden zu verursachen. Macht nichts, wird ja ohnehin ersetzt. Hauptsache, es wurde jeder Eindringling erwischt.
Das *darf* im Gehirn gar nicht so laufen. Denn keine Zelle im Gehirn ist ersetzbar. Mit jeder Nervenzelle geht auch ein Stück Information verloren, eine Erinnerung, ein Teil einer Fähigkeit oder Fertigkeit.
Hier sind wir an einem absolut fundamentalen Charakteristikum des Nervensystems angelangt. Die Fortsätze sensorischer Nervenzellen, etwa in der Haut, wachsen nach. Die Fortsätze von Nervenzellen in Rückenmark und Gehirn wachsen nicht oder nur sehr eingeschränkt nach. Der Unterschied zwischen den beiden Zellfortsätzen ist, dass Rückenmark und Gehirn gemeinsam das »zentrale Nervensystem« bilden, während man außerhalb davon vom »peripheren Nervensystem« spricht. Das bekannteste Beispiel dafür, dass Fortsätze des Zentralnervensystems nicht nachwachsen, ist die Querschnittslähmung. Doch was man auf den ersten Blick für einen Fehler im System halten kann, macht absolut Sinn.

## Nervenzellen werden kaum ersetzt

Eine Körperzelle, gleich ob in der Haut, im Muskel, im Darm oder sonst wo, kontaktiert stets nur so viele Zellen, wie sie direkt umgeben. Eine Nervenzelle aber ist durch ihre weitverzweigten Fortsätze zum Aufnehmen und Weiterleiten von Impulsen mit mehreren tausend anderen Zellen verbunden.

Nicht nur eine Zelle, *alle* hundert Milliarden Nervenzellen sind mit jeweils mehreren tausend anderen verbunden. Schätzungen zufolge gibt es von diesen Kontaktstellen, den Synapsen, in einem einzigen menschlichen Gehirn mehr als Sterne im Universum. Und von denen gibt es nicht gerade wenige. Diese Komplexität ist kaum vorstellbar. Darum ist es kein Zufall, dass Nervenzellen nur sehr eingeschränkt ersetzt oder nachgebildet werden können. Umgebende Zellen, auf die ich noch zu sprechen kommen werde, schütten Substanzen aus, die das Wachstum von Nervenzellen *verhindern!* Denn in jeder einzelnen der jeweils mehreren tausend Synapsen steckt ein Stück Information. Vielleicht eine Erinnerung, Erfahrung oder Funktion. Man stelle sich nur vor, was passierte, wenn man da irgendwas nachwachsen ließe. Es könnten ulkige, aber auch gefährliche Dinge entstehen. Eine falsche Verbindung und der Anblick von Essen ließe uns vielleicht nicht das Wasser im Munde zusammenlaufen, sondern brächte den Arm zum Zucken. Ein heranfliegender Ball machte uns Appetit. Bis hierhin noch witzig.
*Aber was ist, wenn die Verbindung zwischen Sensoren für Körpertemperatur und den Regionen, die diese regeln, verlorengeht? Oder falsch verdrahtet werden?* Das ist nicht witzig, sondern lebensgefährlich. Das Nervensystem wächst ganz langsam mit dem Rest des Körpers. Ist es einmal fertig, ist es zu komplex, um verändert zu werden. Das mag für Verunfallte tragisch sein, dennoch macht das Prinzip absolut Sinn.
Da Nervenzellen nicht einfach ersetzt werden können, die Zellen des Immunsystems im Fall einer Aktivierung jedoch Kollateralschäden verursachen können, folgt daraus, dass das Gehirn vor der eigenen Sicherheitstruppe in Sicherheit gebracht werden muss. Auch diese Aufgabe erfüllt die Blut-Hirn-Schranke. Wie der Zaun um ein Firmengelände hält sie alles draußen, was drin nichts zu suchen hat. Doch kein Zaun ist unüberwindlich. Irgendein findiger Spitzbube schafft es immer hindurch. Weil es doch hin und wieder Erreger durch die

Blut-Hirn-Schranke in das Nervensystem schaffen, kommt dieses nicht gänzlich ohne eigene Immunzellen aus. Das sind die Mikrogliazellen, die Immunzellen des Nervensystems.

## Was tun Mikrogliazellen?

Mikrogliazellen können Eindringlinge bekämpfen und beschädigte Zellen entsorgen. Doch sind sie an das Nervensystem gebunden, fungieren also eher als Firmensicherheit auf dem Betriebsgelände der Firma »Gehirn« denn als Polizei des ganzen Körpers.

Auch die Arbeit der Mikroglia wird als Entzündung oder Inflammation bezeichnet. Doch dieser Prozess funktioniert anders als außerhalb des Nervensystems. Man spricht daher auch von Neuroinflammation, denn hierbei kommt es zu keiner Schwellung, es treten weder Rötung noch Wärme oder Schmerzen auf.

Es ist ganz erstaunlich, wozu die Mikrogliazellen alles fähig sind. Und nicht minder erstaunlich ist es, ihnen bei der Arbeit zuzusehen, was heute dank bestimmter Mikroskoptechniken möglich ist. Die Mikroglia sitzen zwischen den Nerven- und anderen Gliazellen und scheinen zu schlafen. Wer genau hinsieht, wird erkennen, dass sie selbstverständlich wach sind. Mit ihren feinen Ausläufern, sehr kleinen und nur kurzen Fortsätzen, die aber recht beweglich sind, scheinen sie unaufhörlich die Umgebung zu erfühlen und eine benachbarte Zelle beim Betasten sinngemäß zu fragen: »Hey du, alles okay?« Sind sie mit der Antwort zufrieden, passiert nichts. So sitzt jede Mikrogliazelle an einer bestimmten Stelle im Gehirn, in ihrem kleinen Territorium, das sie überwacht. Bis sie auf etwas stößt, was nicht okay ist. Eine verletzte Zelle, die entsorgt werden muss, oder eben ein Eindringling. Dann zieht sie die Arme ein und bläht sich auf zu einer Art Amöbe. Sie kann den Zellkörper ausdehnen, strecken und durch jede noch so kleine Lücke quetschen, überall hingelangen, wo sie

Schaden entdeckt hat. Kann sie den nicht alleine reparieren und braucht Hilfe, dann vermehrt sie sich an Ort und Stelle. Reicht das nicht aus, schüttet sie Lockstoffe aus und ruft damit Hilfe herbei.

## Wie Zellen einander identifizieren

Aber nicht nur die Mikroglia, auch jede andere Immunzelle steht vor dem Problem, dass sie den Unterschied zwischen körperfremden und körpereigenen Zellen erkennen muss. Das geschieht anhand der Zelloberfläche. Denn so wie wir Menschen nicht nackt durch die Straßen laufen, schwimmen die Zellen nicht blank durch die Welt. Sie tragen Proteine auf ihrer Oberfläche, so wie wir Menschen Kleidung tragen, anhand der wir identifiziert werden können. Die Oberflächenproteine sind die Werkzeuge jeder Zelle. Nervenzellen tragen Ionenkanäle auf der Oberfläche, die sie brauchen, um elektrische Signale weiterzuleiten. Sie tragen auch Botenstoff-Empfänger auf ihrer Oberfläche, durch die sie auf das reagieren können, was von einer benachbarten Zelle ausgeschüttet wird. Genau diese und noch mehr Oberflächenstrukturen sind es, anhand deren eine Immunzelle erkennt, wer vor ihr steht und ob es Freund oder Feind ist.
Die Gesamtheit der Strukturen auf ihrer Oberfläche identifiziert die Zelle. Diese Strukturen bezeichnen Mediziner als »Antigene«. Dagegen produziert das Immunsystem Antikörper. Diese Gegenkörper passen haargenau zu jeweils einem Antigen. Trägt eine Zelle einen Antikörper auf ihrer Oberfläche, dann ist sie markiert. Und das wiederum ist ein eindeutiges Signal für andere Zellen: »Friss mich!« Insofern kann man sich die Gesamtheit der im Körper vorkommenden Antikörper wie eine Verbrecherdatenbank vorstellen. Auf der jeder Eindringling verzeichnet ist, der schon einmal mit dem Gesetz in Konflikt gekommen ist, und woran er zu erkennen ist.

## Die Immunzellen aus dem Blut

Doch wie gesagt ist die Mikroglia eher mit einer Firmensicherheit zu vergleichen. Ihr fehlen die Fähigkeiten und Mittel, mit manchen Erregern alleine fertigzuwerden. Dennoch beginnt sie ihre Arbeit. Sie schüttet Substanzen aus, die umgebende Zellen töten. Dann fängt sie an »aufzuräumen«, indem sie abgestorbene Zellen und deren Bestandteile in sich aufnimmt. Etwas davon, genauer gesagt das Antigen, das die Mikroglia überhaupt erst angelockt hat, präsentiert sie nun wie eine Art Trophäe auf ihrer eigenen Außenhülle, als wollte sie sagen: »Seht her, deshalb bin ich hier.« Doch das ist keine Angeberei, auch das ist ein Signal für andere Zellen. Durch die Antigene auf ihrer Oberfläche ruft die Mikroglia andere Immunzellen herbei:

1. Makrophagen, im Deutschen Fresszellen genannt (»makro« heißt groß und »phage« fressen), können also auch recht große Sachen futtern. Ulrich hat sie im Kapitel über den Schlaganfall als »professionelle Killer« bezeichnet.
2. T-Zellen haben das Pech, von einem etwas einfallslosen Forscher benannt worden zu sein: Sie wandern in ihrer Entwicklung durch den Thymus, daher das T.
3. Die Neutrophilen kennt jeder, der schon mal eine entzündete Wunde hatte. Sie ergeben, zusammen mit Schmutz und abgetöteten Erregern wie Bakterien eine recht unappetitliche weißlich gelbe Flüssigkeit, die wir Eiter nennen. Eiter deutet immer auf eine Entzündung hin, und diese beginnt, sobald die Immunzellen in das Gehirn eindringen. Die Aufgabe der Blut-Hirn-Schranke ist es, diese zu verhindern.

## Die Blut-Hirn-Schranke

Die Blut-Hirn-Schranke ähnelt bei näherer Betrachtung keinem Zaun, sondern einem Doppelzaun, der effektiv Keime und Erreger, aber auch Immunzellen vom Nervensystem fernhält. Das Gehirn hat sich eingesperrt, sich vom Rest des Körpers abgeschottet!

Außerhalb des Gehirns haben besonders kleine Venen Stellen, an denen es Immunzellen möglich ist, in das Gewebe einzudringen. Diese Lücken gibt es im Gehirn kaum. Wie im Rest des Körpers sind die Aderwände im Gehirn von innen lückenlos mit einer Schicht Zellen überzogen. Sie heißen Endothelzellen (altgriech. *endon* heißt innen). Damit diese Zellschicht als Schranke fungieren kann, sind die Endothelzellen des Gehirns eng aneinandergekettet. Diese Ketten heißen *tight junctions*. Der englische Name legt nahe, dass sie noch nicht so lange bekannt sind, sonst trügen sie lateinische oder griechische Namen. Dennoch verrät auch dieser Name, was sie machen, eine *tight junction* ist eine enge Verbindung zwischen benachbarten Zellen. Damit da auch ja nichts hindurchkommt. Allerdings braucht es dazu noch eine weitere Zellschicht. Daher sitzen auf dem eng verbundenen Überzug noch Astrozyten obendrauf, die sternförmigen Helfer- oder Gliazellen. Dieser doppelte Schutzwall ist unter normalen Umständen gut wirksam. Er trennt die funktionell so unterschiedlichen Räume des Nervensystems und des restlichen Körpers voneinander und erlaubt, dass die zwei Immunsysteme im Normalfall ihre Arbeit machen können, ohne sich durch Kompetenzgerangel in die Quere zu kommen.

**Die Blut-Hirn-Schranke**
Gehirn- und Körpergewebe sind durch eine Barriere getrennt. Die Aderwände sind von einer Schicht miteinander verbundener Endothelzellen (Türsteher) lückenlos bedeckt. Sie verhindern, dass Viren oder Bakterien (Teufel) die Nervenzellen (Büroangestellter) angreifen können. Astrozyten (Praktikant) stellen die Energieversorgung sicher.

## Dichter als dicht

Die Blut-Hirn-Schranke funktioniert als Schutzwall des Gehirns gegen Eindringlinge. Das ist aber nicht die einzige Funktion dieser Schranke. Sie ist auch deshalb so dicht, damit sie das Gehirn vor Stoffwechselprodukten und Chemikalien im Blut schützt, die nicht in Kontakt mit Gehirnzellen kommen dürfen. Und die Liste dieser Substanzen ist so lang, dass die Schranke fast gar nichts durchlässt. Für Dinge, die ins Hirn müssen, zum Beispiel Zucker, der Energie liefert, sind daher Transportsysteme in die Schranke eingebaut. Diese Substanzen werden aktiv eingeschleust. Nur ganz wenige Moleküle kommen einfach so durch, und dazu zählt, wie wir alle wissen, Alkohol. Wenn die Schranke den nicht leicht ins Gehirn lassen würde, bekäme man von zu viel Bier keinen Rausch, sondern allenfalls einen Leberschaden. Das Gehirn steht sogar vor dem Problem, dass die Schranke so dicht ist, dass es die eigenen Stoffwechselprodukte und damit den »Abfall« nicht loswürde. Daher trägt die Schranke auch Transporter, die diesen – ebenfalls aktiv und diesmal in der Gegenrichtung – ins Blut hinüberschaffen.

Die Abschottung des Gehirns durch die Blut-Hirn-Schranke ist insofern für fast alle Hirnerkrankungen von Bedeutung, als auch Medikamente zur Behandlung ins Gehirn kommen müssen. Das ist ein Riesenproblem, und eine Menge vielversprechender Moleküle können deshalb nicht als Medikamente eingesetzt werden. Man findet keinen Weg, sie über das Blut ins Gehirn hineinzubringen. Wir werden darauf bei der Parkinsonerkrankung im nächsten Kapitel nochmals eingehen.

Und noch eine Ergänzung zu den Mikrogliazellen. Dass die Zellen dort »lauschen«, wo was los ist, hat wohl damit zu tun, dass diese Zellen noch andere Funktionen haben, die wir erst beginnen zu verstehen. Mikrogliazellen sind nicht nur die schlagkräftige Firmenpolizei in Jochens Krimi, die nur einschreitet, wenn es brenzlig wird. Vermutlich haben sie auch eine wichtige Funktion im gesunden Gehirn, wenn alles in Ordnung ist. Ihre Fähigkeit, Zellen anzugreifen und sie zu beseitigen, ermöglicht ihnen, Nervenzellen dabei zu helfen, neue Kontakte zu machen. Dies ist ein Mechanismus, mit dem das Gehirn neue Informationen speichern oder neue Funktionen steuern kann. Das läuft undramatisch und auf mikroskopischer Ebene ab: Die Kontaktpunkte zwischen den Nervenzellen, die Synapsen, von denen es so viele gibt, dass Jochen die Sterne im Universum bemühen musste, damit wir uns das vorstellen können, verändern ständig ihre Position. Es werden neue Synapsen gebildet und alte beseitigt. Und da scheinen Mikrogliazellen beteiligt zu sein. Sie lauschen, wo Nervenzellen besonders aktiv sind, und helfen beim Umbau ihrer Verbindungen.

Und genau das führt uns nach diesem Exkurs wieder zurück zur Multiplen Sklerose. Denn das, was sonst das Gehirn schützt, wird bei der MS zur Gefahr. Das gesamte System aus zwei Immunsystemen, die, durch eine Schranke voneinander getrennt, ihre jeweilige Arbeit verrichten, funktioniert nur, solange diese Schranke auch intakt ist. Sonst kommt es zu genau der Entzündungsreaktion im Gehirn, die durch die Blut-Hirn-Schranke verhindert werden soll. Und statt Umbau kommt es zum Abbau von Verbindungen und ganzen Zellen. Dringen Immunzellen ins Gehirngewebe, dann ist das, als kämen Polizisten auf das Firmengelände und kennen die Angestellten der Firma nicht. Das kann gutgehen. Aber wenn einer der Angestellten einem polizeibekannten Verbrecher ähnlich sieht, kann das mächtigen Ärger auslösen. So muss der Zuschauer unseres Krimis entsetzt mit ansehen, wie die Polizisten das Firmengelände betreten, umgehend verkünden, den Schuldigen ausgemacht zu haben, und auf die Elektrotechniker einprügeln, die dabei sind, den Schaden zu reparieren, ihnen Handschellen anlegen und sie abtransportieren. Doch nein, die Immunzellen, die für die Polizisten stehen, spielen nicht verrückt, sie handeln strikt nach Vorschrift! Ich habe weiter oben die dem Immunsystem bekannten Antigene mit einer Verbrecherkartei verglichen. Jede Immunzelle im Körper hat quasi eine Liste aller jemals vom Immunsystem entdeckten Erreger, auf der sinngemäß steht, woran diese erkannt werden können. Ein Problem entsteht dann, wenn die in dieser Liste aufgeführten Erkennungsmerkmale missverständlich sind. Nehmen wir an, in der Liste steht über einen Bösewicht, dass seine Oberfläche aus weißem Kunststoff besteht. Bisher hat das für die Polizei ausgereicht, denn es gibt in ihrem sonstigen Revier niemanden, der so aussieht. Außer eben Bösewichten. Was, wenn die Polizisten auf das Gelände einer Firma gerufen werden, in denen manche Mitarbeiter weiße Kunststoffkittel tragen? Das ist wie eine Einladung, auf diese Mitarbeiter einzuprügeln. Es ist nur eine dumme Verwechslung, doch woher sollen das die Polizisten wissen? Letztlich passiert genau das bei der MS. Irgendetwas hat die Immunzellen falsch »programmiert«, sie erkennen Myelin als Antigen und attackieren es. Sie lösen die Isolierschicht der Axone ab und entsorgen sie.

Das Myelin liegt nicht zufällig um die Fortsätze der Nervenzellen. Wie alles im Körper wird auch dieser Stoff von Zellen gemacht und an Ort und Stelle gebracht. Was ich im Kriminalfilm als Elektrotechniker bezeichnet habe, sind im Gehirn die Oligodendrozyten. Diese Hüllzellen umwickeln die Fortsätze der Nervenzellen mit ihren eigenen Fortsätzen, in denen sie Myelin tragen, das zum Großteil aus Fetten besteht, die sehr gut isolieren.

Wird dieses Myelin angegriffen, dann merken das die Hüllzellen. Und versuchen sofort zu reparieren. Denn sie bilden nicht nur die Markscheide, sie halten sie auch instand. Doch um die Hülle zu reparieren, müssen sie mit Myelin hantieren. Weshalb die Immunzellen sie ebenfalls attackieren. Da die Oligodendrozyten Myelin in sich tragen, sind sie für die Immunzellen Zielobjekte und werden mit entfernt. So wird nicht nur die isolierende Hülle um die Axone beschädigt, sondern auch die Zellen, die die Hülle reparieren könnten.

**MS ist eine Autoimmunerkrankung**
Immunzellen (Polizei) identifizieren andere Zellen anhand der Oberfläche. Oligodendrozyten (Techniker) bilden die Myelinschicht um Axone. Bestandteile mancher Viren ähneln denen des Myelins. Gelangen dann Immunzellen in das Gehirn, attackieren sie die Oligodendrozyten und lösen die Myelinschicht von den Axonen. Es kommt zu Signalfehlern.

## Graue und weiße Substanz

Myelin sieht weiß aus, was dazu führt, dass Orte, an denen besonders viele Axone liegen, weiß erscheinen. Daher nennt man Bereiche, die hauptsächlich aus Nervenzellfortsätzen bestehen, die »weiße Substanz«. Im Gegensatz zur »grauen Substanz«, in der hauptsächlich die Zellkörper der Neurone liegen, die nicht von Myelin umwickelt sind und daher eher gräulich erscheinen.

## So entstehen Narben im Gehirn

Zu Beginn dieses Kapitels schreiben wir, dass Symptome, die bei MS auftreten, meist nach einer Weile von alleine wieder verschwinden. Das kommt daher, dass das Vorgehen von Immunzellen und Mikroglia tatsächlich dazu führt, dass die Schäden beseitigt werden. Die Entzündung klingt ab, die Immunzellen gehen wieder auf ihre Seite der Blut-Hirn-Schranke, und das Loch darin wird geschlossen. Wir erwähnen aber auch, dass mit der Zeit vermehrt Störungen zurückbleiben. Weil man betroffenen Stellen ansieht, dass sie einmal repariert wurden. Es entsteht eine Narbe, die man daran erkennt, dass dieses Gewebe etwas härter ist. Hart heißt auf Altgriechisch *skleros,* man nennt eine Verhärtung daher auch eine *Sklerose.* Gibt es davon viele, also *multiple,* sind wir bei den Namensgebern dieser Krankheit: den vielen Verhärtungen im Nervengewebe.

Nun wissen wir, dass diese Narben durch körpereigene Immunzellen entstehen. Indem die Mikroglia Antigene präsentieren, also sich »Trophäen« auf die Mütze binden, um den herbeigerufenen Immunzellen zu signalisieren, wie der Eindringling aussieht, bringen sie die körpereigene Abwehrtruppe gegen die Schutzhülle der Nervenfasern auf und starten allem Anschein nach genau damit die Autoimmunerkrankung, die MS ist. Was wir nicht wissen, ist, wie es zur Attacke kam. *Wie kommt das Immunsystem dazu, sich auf Myelin einzuschießen, das definitiv zum Körper gehört?*

## Eine Autoimmunerkrankung

Forscher haben schon etliche Theorien aufgestellt, wie MS zustande kommt. Dass es eine Autoimmunerkrankung ist, steht heute fest. Zum Beweis spritzten Forscher Bruchstücke von Myelin in Mäuse und lösten in diesen Versuchstieren damit eine MS-ähnliche Krankheit aus. Das Immunsystem der Mäuse stufte Myelin als Fremdkörper ein und attackierte es. Zwar sind auch die Nervenfasern von Mäusen von Myelin umhüllt. Doch das schwimmt nicht frei im Blut herum, sondern ist erstens in den Zellfortsätzen der Oligodendrozyten und zweitens im Gehirn, also hinter der Blut-Hirn-Schranke, für das Immunsystem des Körpers gut versteckt. Erst wenn es dem Körper auf eine Art und Weise präsentiert wird, mit der er nichts anfangen kann, wie beispielsweise frei im Blut schwimmend, erkennt das Immunsystem es als Fremdkörper und bildet Antikörper dagegen. Ein Eintrag in die Verbrecherkartei, die die Polizei im obigen Krimibeispiel anlegte. Das ist die Basis für jede Impfung, bei der ebenfalls Bruchstücke bekannter Erreger verabreicht werden. Ein inaktiver Teil eines Virus oder Bakteriums, gegen den der Körper dann Antikörper bildet, um vorbereitet zu sein, wenn das aktive Virus oder das intakte Bakterium mal vorbeischaut. Genau in diesem Prozess versteckt sich nach jetzigem Kenntnisstand die Lösung des Krimifalls. Darauf komme ich später zurück.

### Multiple Sklerose ist eine Zustandsbeschreibung

Auch andere Krankheiten gehen mit dem Verlust der Markscheide einher. Doch wenige andere sind so mysteriös wie die MS. Das zeigt schon der Name: »Multiple Sklerose« deutet nur darauf hin, dass es bei dieser Krankheit zu vielen Narben kommt, sagt aber nichts darüber, wie sie entstehen. Der lateinische Name *Encephalomyelitis disseminata* verrät ein wenig mehr. Gehirn heißt auf Latein *encephalon,* Rückenmark *myelon,* und die Endung *-itis* deutet immer auf eine Entzündung hin. Das Wort *disseminata* kann man mit verbreitet übersetzen. Dieser Name sagt also, dass es sich um eine in Gehirn und Rückenmark verbreitete Entzündungsreaktion handelt.

Reaktion worauf? Auch in diesem Namen fehlt: die Ursache. Der Grund ist so simpel wie bitter. Die Ursache für MS ist unbekannt. Zumindest in letzter Konsequenz. Also bleibt nur, den Zustand zu beschreiben, den man vorfindet, wenn die Krankheit sich zeigt.

Das Problem mit Zustandsbeschreibungen ist, dass beinahe jeder Zustand mehrere Gründe haben kann. Es führen bekanntlich viele Wege nach Rom. Und nur weil sich zwei in Rom treffen, heißt es nicht, dass beide auf demselben Weg dorthin gelangt sind. Die Gründe für eine weitverbreitete entzündliche Autoimmunreaktion gegen Myelin können mannigfaltig sein und sowohl getrennt voneinander als auch in Kombination verantwortlich. Vielleicht gibt es bei tausend MS-Patienten tausend unterschiedliche Gründe für die Krankheit? Ganz so schlimm wird es nicht sein, und es sei verraten, dass sich der Kreis der Verdächtigen immer weiter eingrenzt. Dennoch fehlt den Ärzten und Wissenschaftlern bis heute ein abschließender Beweis. Alles, was sie haben, sind Indizien.

## Oligodendrozyten sorgen für Geschwindigkeit und Präzision

Bei MS wird Myelin angegriffen, und dieses sitzt in den Oligodendrozyten. Somit zeigt uns die MS durch ihre Symptome auch, wofür diese Zellen alles verantwortlich sind.

Im Kapitel über Epilepsie habe ich gesagt, die Hauptaufgabe der Hüllzellen sei es, die Leitungsgeschwindigkeit zu erhöhen. Das stimmt auch. Durch die isolierende Umhüllung

steigt die Geschwindigkeit der Impulse in den Nervenfortsätzen auf unglaubliche 700 Kilometer in der Stunde. Das ermöglicht es uns, herabfallende Gegenstände im Flug zu fangen oder blitzschnell Angreifern auszuweichen. Doch die Myelinscheide macht noch mehr. Sie sorgt dafür, dass jedes Signal präzise da ankommt, wo es hinsoll. Bei der kaum zählbaren Menge an Axonen, die im Gehirn verlegt sind, ist das an Wichtigkeit kaum zu überschätzen. Man stelle sich vor, ein Mensch wolle einem hungrigen Löwen ausweichen, doch statt die Beine zu bewegen, wackelt er mit dem Kopf, weil der Befehl zum Bewegen der Beine irgendwo auf eine falsche Leitungsbahn übergesprungen ist.
Natürlich hinkt das Beispiel, denn auch die Nervenzellen eines Löwen erlauben ihm nur durch die Isolierung die Attacke. Gäbe es kein Myelin, sowohl Löwe wie auch Mensch würden sich um einiges langsamer bewegen und auch weit weniger zielgerichtet.
Doch die abfallende Leitungsgeschwindigkeit verursacht bei Entmarkungskrankheiten, von der von Patienten oft beklagten Müdigkeit abgesehen, nicht allein die Probleme. Es sind die Signalfehler und der Verlust an Information. Signalfehler bedeutet, das Gehirn sendet die richtigen Signale aus, doch sie kommen nicht am Zielort an. Zu Beginn äußert sich das bei Betroffenen oft durch Sensibilitätsstörungen, zum Beispiel Taubheitsgefühle in Händen oder Füßen. Dort wird das Signal »Berührung« losgeschickt, doch es kommt nicht da an, wo es verarbeitet wird. Also fühlen Betroffene nichts.
Dass unsere Sinneseindrücke durch die Aktivität von Nervenzellen vermittelt werden, haben wir bereits im Kapitel über Kopfschmerzen behandelt, dies verriet uns die Migräneaura. Nun wird klar, dass die Aktivität alleine zu nichts führt, wenn sie nicht zielgerichtet ist. Das ist der Job der Oligodendrozyten, deren Rolle im Nervensystem somit sehr wichtig ist. Ohne Hüllzellen wären wir nicht nur um einiges langsamer, sondern auch deutlich schlichtere Gemüter. Da

diese Zellen so wichtig sind und ihre Arbeit so komplex, kann man sie nicht einfach beeinflussen und schon gar nicht ausschalten. Das wissen Ärzte nur zu gut, denn genau diese Zellen sind es, die die weiter oben angesprochenen Substanzen ausschütten, die das Wachstum von Nervenfortsätzen bremsen! Man kann den Unterschied zwischen Nervenfasern des zentralen und des peripheren Nervensystems darauf reduzieren, dass erstere eine Myelinscheide tragen, letztere aber nicht. Die Isolierung macht Nervensignale schnell und präzise, verhindert jedoch effektiv die Heilung von Querschnittslähmung.

**Signalfehler**
Ohne Isolierung kann ein elektrischer Impuls von einem Axon auf ein anderes überspringen. Es kommt zu Signalfehlern, das Signal kommt nicht da an, wo es hinsoll.

Verlieren die Nervenzellen ihre Isolierung, dann zeigt sich dies bei vielen MS-Patienten zum Beginn der Krankheit in einem typischen Symptom. So auch bei Augustus Frederick d'Este (1794–1848), der vielen als erster gesicherter MS-Patient gilt. In seinen Aufzeichnungen fand man Angaben aus dem Jahr 1822, dass er an Sehschärfe verlor, die sich jedoch in der Folge von alleine normalisierte. Fünf Jahre später berichtete er wieder über Sehprobleme, wenig später konnte er sich nicht mehr so gut wie zuvor bewegen. Die Störung der Motorik gilt auch heute als zumeist später auftretendes Symptom, denn der Schaden muss größer sein, damit sie sich manifestiert.

Als »Entdecker« der MS gilt der Franzose Jean-Martin Charcot, der sie im Jahr 1868 beschrieb. Er sezierte Gehirne von Patienten, die ähnliche Symptome wie d'Este aufwiesen: Sehstörungen, Lähmungen, Sprachstörungen und Harninkontinenz. Symptome, die zu Beginn nach ein bis zwei Monaten verschwanden, dann blieben und zunehmend schlimmer wurden. In den Gehirnen fand Charcot viele Verhärtungen: »multiple sklerotische Herde«, die der Krankheit bis heute den Namen verleihen.

Typischerweise finden sie sich zu Beginn in Nachbarschaft der flüssigkeitsgefüllten Hohlräume des Gehirns, der Ventrikel, und im Hirnstamm. Ebenso typisch ist, dass viele Patienten als erstes Symptom einen Verlust an Sehschärfe bemerken oder eine Art milchigen Schleier, der auf dem Sehfeld zu liegen scheint. Charcot hatte nicht die Möglichkeiten heutiger Ärzte und Forscher, also blieb ihm nur, den Zustand so genau wie möglich zu beobachten und zu beschreiben. Er fand unter dem Mikroskop im Bereich der Vernarbungen Nervenfasern, die ihre Markscheide verloren hatten. Dass dies für einige Symptome verantwortlich sein könnte, ahnte Charcot bereits. Heute wissen wir, dass das stimmt. Und dass es nicht beim Verlust der Isolierung bleibt.

Dass die Krankheit so oft mit den gleichen Symptomen beginnt, verrät uns etwas. Betrachtet man die Embryonalentwicklung, dann stellt man fest, dass die Augen ein nach außen gestülpter Bereich des Gehirns sind. Der Sehnerv ist ganz dicht gepackt mit myelinisierten Axonen, dort ist also viel, was eine fehlgeleitete Immunzelle anlockt. Es könnte zusätzlich auch sein, dass es Erregern einfacher ist, dort einzudringen. Das gilt sicher für die Wände der Ventrikel. Diese Hohlräume sind von einer Schicht Zellen »ausgekleidet«, die dementsprechend *Ependym* heißt. Dort wird das von Ulrich am Anfang des Kapitels angesprochene »Nervenwasser«, in dem das Gehirn schwimmt, zwar von Epithelzellen produziert, doch von da muss es in die Hohlräume gelangen. Daher sind die Ependymzellen ziemlich durchlässige Zellen. Das erklärt, warum ein Erreger, der es in das Nervenwasser geschafft hat, von dort relativ leicht durch die Ependymschicht ins Gehirngewebe gelangt und sich demzufolge dort oft erste Schäden zeigen.

## Die Verlaufsformen

Zu Beginn der Krankheit reparieren die Oligodendrozyten beschädigte Markscheiden. Die Hüllzellen registrieren, wenn das Myelin einer ihrer Scheiden angegriffen wird, und können sie regenerieren. Deshalb tritt MS meist in Schüben auf. Das bedeutet, Symptome entwickeln sich innerhalb von Stunden bis Tagen, halten eine Weile an und gehen wieder zurück. Der Arzt sagt dazu, der Schub »remittiert«.
Bei einem Schub geht an einer Stelle im Gehirn die Schutzhülle der Nervenfasern verloren, wodurch es zu Funktionsausfällen kommt. Die Hüllzellen regenerieren das Myelin, bilden die Scheide neu, und die Symptome verschwinden teilweise sogar vollständig. Der Schub ist abgeklungen. Etwa 85 Prozent der MS-Patienten leiden unter dieser sogenannten schubförmig-remittierenden Verlaufsform, bei der sich Schub und

Remission abwechseln. Wobei niemand vorhersagen kann, ob und wann der nächste Schub kommt. Es können Jahre zwischen den Schüben vergehen, was darauf hinweist, dass es Umweltfaktoren geben muss, die einen Schub auslösen. Sonst würde die Krankheit stetig voranschreiten. Das kann passieren, doch meist beginnt die MS nicht so.

Nur bei etwa der Hälfte der Patienten, die an der schubförmig-remittierenden Verlaufsform leiden, wechselt nach knapp 10 bis 15 Jahren die Verlaufsform. Dann geht die MS in die sekundär progrediente Form über. Das darin enthaltene Wort »progressiv« bedeutet voranschreiten, sich entwickeln. Das heißt, es kommt nicht mehr zur Remission, sondern zu einer langsamen Zunahme der neurologischen Fehlfunktion. Der Schluss liegt nahe, dass gleich welcher Faktor die ersten Schübe ausgelöst hat, er ab einem bestimmten Moment nicht mehr nötig ist. Dann ist bereits so viel Schaden entstanden, dass der Prozess von alleine weiterläuft, auch ohne äußeren Faktor.

Der Vollständigkeit halber sei gesagt, dass es auch die primär progrediente MS gibt. Patienten, die unter dieser Verlaufsform leiden, entwickeln keine Schübe, sie zeigen von Beginn der Krankheit an ein schleichendes Fortschreiten der neurologischen Defizite, ohne dass diese sich zwischendurch zurückbilden. Diese Form betrifft glücklicherweise nur eine Minderheit, etwa 15 Prozent der Patienten.

## Warum versagen die Hüllzellen?

Mit der Zeit stellte man fest, dass Oligodendrozyten weit mehr machen, als nur passiv die Nervenzellfortsätze zu umhüllen. Wie alle Gliazellen wurden auch sie lange unterschätzt. Irgendwann fiel Wissenschaftlern etwas scheinbar Banales auf: Axone sterben, wenn sie ihre Myelinhülle verlieren. In dieser Beobachtung steckt eine wichtige Erkenntnis: dass Oligodendrozyten eben nicht passiv sind! Ohne ihr Tun können Axone nicht überleben. Was tun sie? Sie ernähren die Axone!

Warum die Nervenzelle das nicht selbst tut? Weil sie dafür viel zu klein ist! Der Durchmesser eines Nervenzellkörpers ist winzige 15 Mikrometer, also 15 Tausendstelmillimeter. Axone können aber bis zu einem Meter lang werden!

Nehmen wir zum Vergleich an, der Rumpf eines Menschen, in dem alle Organe liegen, hätte einen Durchmesser von einem Meter. Dann müsste dieser Rumpf einen Arm von über 65 Kilometer Länge versorgen. Wie soll das funktionieren? Simple Antwort: Gar nicht. Also übernimmt im Fall einer Nervenzelle die Hülle diese Aufgabe. Sie ist ohnehin an Ort und Stelle, kriegt mit, wie aktiv das Axon ist, und kann es nach Bedarf füttern. Sie nimmt Nährstoffe auf, verdaut sie vor und füttert bedarfsgerecht die Axone.

Klaus-Armin Nave, ein Forscher, der an der Entdeckung dieser Funktion beteiligt war, hat die Oligodendrozyten als Tankstellen der Datenautobahnen unseres Gehirns bezeichnet. Das passt gut, doch im Gegensatz zu einem Auto, das ohne Benzin nur stehenbleibt, geht das Axon ohne die Hülle zugrunde. Es ist also entscheidend, dass erstens die Hüllzellen nicht selbst beschädigt werden, damit sie zweitens schnell die Hülle regenerieren können. Sonst gehen mit Axon und Synapsen unwiederbringlich Informationen verloren.

Zwar kann die Isolierung repariert werden. Doch nur bis zu einem gewissen Grad. Nach jeder Verletzung des Nervengewebes läuft der Betrieb im Anschluss an die Reparatur weniger reibungslos ab als zuvor, weil die neu gebildete Markschicht um die Axone dünner ist als das Original. Davon abgesehen nehmen die Nervenzellen auch Schaden. Denn an dieser Stelle ist es wichtig zu unterscheiden: Die Symptome, die bei schubförmiger MS auftreten, werden durch die Beschädigung der Markscheide verursacht. Die chronisch fortschreitende Behinderung bei der stetig zunehmenden Verlaufsform hingegen stammt hauptsächlich vom Verlust an

Nervenzellen an sich. Bei dieser Form von MS sind die Schäden am Myelin offensichtlich zu heftig oder zu zahlreich, als dass die Hüllzellen das rechtzeitig regenerieren könnten. Die Axone bleiben schutzlos, unversorgt und gehen zugrunde, was die ganze Nervenzelle sterben lassen kann! Das kann sich massiv auswirken, so dass bis zu 20 Prozent weniger Nervenzellen vorhanden sind. Mit all ihren mehreren tausend Verbindungen zu anderen Zellen, in denen jeweils eine Information steckt. Und da die Nervenzellen ihre Zellkörper weit entfernt von den Entmarkungsherden haben können, beschränkt sich der Schaden nicht nur auf die weiße Substanz. Er ist diffus im ganzen Nervensystem *verteilt* zu finden, auch in grauer Substanz. Womit wir wieder beim anderen Namen der MS wären: *Encephalomyelitis disseminata.*

## MS kann viele Symptome verursachen, verringert aber kaum die Lebenserwartung

Dieser Umstand erklärt eine charakteristische Eigenschaft der MS: Sie kann beinahe jedes vorstellbare Symptom verursachen, je nach Ort der Schädigung. Die Lokalisationstheorie haben wir ja schon öfter in diesem Buch behandelt. Zu Beginn zeigt sich der Schaden, wie gesagt, meist in Form von Seh- oder Sensibilitätsstörungen, die wieder abklingen. Laut Umfragen sorgen über den gesamten Krankheitsverlauf besonders drei Symptome für eine starke Beeinträchtigung der Lebensqualität: Müdigkeit, gestörte Blasenfunktion und motorische Störungen wie Lähmungen. All diese Symptome treten meist erst im weiteren Verlauf der Krankheit auf.

Das Gute ist, dass auch wenn die Ursache bis heute ungeklärt und die Krankheit nicht heilbar ist, ihr Verlauf mittlerweile jedoch günstig beeinflusst werden kann. Ganz im Gegensatz zur verbreiteten Meinung führt MS nicht immer oder zwangsläufig zu schweren Behinderungen. Der Sänger Howard Carpendale tritt trotz seiner MS-Erkrankung weiter live auf.

Malu Dreyer wurde knapp zehn Jahre nach der Diagnose Ministerpräsidentin von Rheinland-Pfalz. Auch die Sterblichkeit von MS-Patienten ist *nicht* wesentlich erhöht, sie haben mittlerweile im Durchschnitt eine verglichen mit Gesunden nur gering verkürzte Lebenserwartung.

## Eine verräterische Sonderform, die Marburg-Variante

Eine Ausnahme bildet eine Abart, die sogenannte Marburg-Variante. Sie befällt besonders junge Patienten und zeichnet sich durch einen rapiden und schweren Verlauf aus. Glücklicherweise ist sie sehr selten, denn sie führt nach der Diagnose innerhalb von Monaten zu schweren Behinderungen und häufig sogar zum Tod. Diese Variante verrät aber durch den Vergleich mit anderen MS-Formen einiges über die zugrundeliegenden Mechanismen. Bei der Marburg-Variante fehlt etwas, was für viele MS-Patienten typischerweise dem ersten Schub vorausgeht: eine Virus-Infektion.

## Könnte MS auch eine Infektionskrankheit sein?

Dass MS-Schübe oft nach Virus-Infektionen auftreten, führte zu der Idee, es könnte sich bei MS um eine Infektionskrankheit handeln. Es gibt gute Gründe, das anzunehmen. Sie werden in der »Infektions-Hypothese« zusammengefasst.

Passionierte Krimifans dürfen nun gerne mitraten, wir nähern uns der Lösung des Falls. Unser erster »Verdächtiger« ist ein Virus. Wir schreiben das Jahr 1943. Europa liegt in den Endzügen eines grauenvollen Krieges. Großbritannien stationiert Truppen auf den Färöer-Inseln im Nordatlantik. Bis dahin war MS auf den Inseln unbekannt. Doch in der folgenden Zeit steigt die Zahl der Erkrankten. Das wurde als Hinweis darauf gedeutet, dass es sich bei MS um eine infektiöse Krankheit handeln muss. Doch auch wenn die Schlussfolgerung verlockend ist, sie passt nicht. Es wurde bis heute kein Erreger gefunden, den alle MS-Patienten gleichermaßen in sich trügen. Alles, was man findet, sind auffällige Häufungen in der Gehirn- und Rückenmarksflüssigkeit. Dort findet man bei knapp 90 Prozent der MS-Patienten Antikörper gegen bestimmte Viren. Allen voran das Epstein-Barr-, aber auch das Herpes-6-Virus sowie Masern-, Röteln- und andere Viren. Selbst wenn man bei allen Patienten eine Immunreaktion gefunden hätte, dann wäre das immer noch nur ein Indiz, aber kein Beweis. Von Betroffenen der Marburg-Variante ganz zu schweigen. Davon abgesehen gibt es keine direkte Übertragung: MS ist nicht ansteckend! Der Beweis: Menschen aus dem Umfeld von MS-Patienten erkranken nicht häufiger als Vergleichspersonen. In unserem Krimi sind also die ersten Verdächtigen schon wieder aus dem Rennen, trotz eindeutiger Spuren am Tatort!

Dennoch scheinen die britischen Truppen etwas auf die Färöer-Inseln gebracht zu haben, was zwar MS nicht auslöst, doch ihre Entwicklung begünstigt. Nur: was? Was gibt es im Königreich, aber nicht auf nordatlantischen Inseln? Oder umgekehrt? Und gibt es weitere regionale Unterschiede? Man analysierte die Verbreitung von MS. Mit erstaunlichem Ergebnis.

## Eine hormonelle Beteiligung an der MS verrät wenig

Multiple Sklerose ist eine der häufigsten neurologischen Erkrankungen. Allerdings nicht überall. In Deutschland sind bis zu 150 000 Menschen betroffen, weltweit über zwei Millionen. Dass sich darunter dreimal so viele Frauen wie Männer befinden, weist auf eine hormonelle Beteiligung hin. Im letzten Drittel einer Schwangerschaft sinkt das Schubrisiko, drei Monate nach der Entbindung steigt es wieder an. Danach findet sich kein Unterschied mehr zu anderen Patienten. Das löst den Fall nicht, denn dass Hormone beteiligt sind, ist überraschend. Hormone sind universelle Signalstoffe für Zellwachstum, -wanderung und -kommunikation.

## Was verrät die regionale Verbreitung der MS?

Was sich nicht einfach erklären lässt, ist die regionale Verbreitung von MS. In Mitteleuropa ist es die häufigste chronisch entzündliche Erkrankung des zentralen Nervensystems. Am Äquator kann man sie fast schon als Kuriosität bezeichnen. Die Häufigkeit nimmt vom Äquator aus nach Nord und Süd hin deutlich zu. Schnell war der nächste Verdächtige ausgemacht: Vitamin D! Es klingt einleuchtend, denn am Äquator scheint die Sonne häufiger und intensiver, da produzieren die Menschen mehr Vitamin D als am Polarkreis. Aber die Färöer-Inseln sind nicht für das Sonnenbaden berühmt. Und auch die Inuit, die am Polarkreis leben, kennen MS nicht. Allerdings ernähren sich beide Populationen viel von frischem und fettem Fisch, in dem ebenfalls viel Vitamin D steckt.

Und auch wenn MS keine genetische Krankheit und nicht vererbbar ist, fand man bei genetischen Analysen Betroffener einige veränderte Gene. Zwei genetische Varianten, die bei MS-Patienten gehäuft auftreten, sind am Vitamin-D-Stoffwechsel beteiligt. Das Vitamin scheint irgendwie irgendwo im Krankheitsverlauf eine Rolle zu spielen – doch wie genau? Das weiß man nicht. Allerdings weiß man, dass Vitamin D das Immunsystem beeinflusst. Wie genau, ist unverstanden. Aber es gibt Hinweise, dass ein Vitamin-D-Mangel die Entwicklung von Autoimmunerkrankungen begünstigt – doch das alleine reicht nicht als Erklärung. Vitamin D ist kein »Täter«, aber mit seinem Mangel scheint ein Schutz wegzufallen, ohne den sich die Krankheit leichter ausbreiten kann.
Kommen wir noch einmal auf die regionalen Unterschiede zurück. Typischerweise tritt der erste MS-Schub im Alter zwischen 15 und 30 Jahren auf. Was ist mit Menschen, die vorher oder nachher umzogen?
Ziehen Kinder von nördlichen oder südlichen Regionen in Richtung Äquator, also von Regionen, in denen MS häufig vorkommt, in solche, in denen die Krankheit selten auftritt, übernehmen sie das Erkrankungsrisiko des Ziellandes. Nicht so, wenn sie im Alter umziehen. Dann behalten sie das Risiko ihrer Heimat. Halten sich junge Menschen in Äquatornähe auf, scheint irgendetwas den Körper zu programmieren. Das führt zur Frage, welche Funktion bei Geburt noch nicht fertig ausgebildet ist. Beispielsweise kann der Körper von Geburt an verdauen, das muss er nicht lernen. Es gibt aber eine Körperfunktion, die, zumindest teilweise, erlernt werden muss. Kein Mensch kommt mit einem voll ausgebildeten Immunsystem auf die Welt! Die Abwehrkräfte müssen trainiert, die Verbrecherdatenbank gefüllt werden. Alte Menschen haben schlicht mehr Antikörper gegen mehr Erreger, können sich effektiver gegen sie wehren, weil ihr Immunsystem »Erfahrung« hat. Doch Vorsicht. Wie bei jedem Krimi wird auch hier bestraft, der vorschnell meint, den Fall gelöst zu haben.

Kurz vor Schluss kommt die große Wende. So auch hier. Die geschilderten Umstände bestätigen eben nicht die Infektions-Hypothese! Dann müsste man bei allen Patienten *gleiche* Erreger finden. Dem ist aber nicht so!
Das sind nur einige Beispiele für mögliche Ursachen, »Täter«, die unzählige Ermittler in ihren Laboren schon im Verdacht hatten. Auch viele Analysen erbrachten keine Hinweise auf Einflüsse von Umweltgiften, Impfungen oder anderen Faktoren. Als Auslöser für einen Schub wurden auch Stress und psychische Faktoren wie emotionale Probleme diskutiert. Sie haben keinen großen, aber einen moderaten Einfluss auf die Schubwahrscheinlichkeit. Und erwiesenermaßen einen moderaten Einfluss auf das Immunsystem. Das reicht nicht aus, um die Faktoren als alleinige Auslöser für einen Schub zu identifizieren. Als »Täter«, also als Verursacher der Krankheit, schon gar nicht.

## Was verraten uns die Gene?

Kommen wir auf die genetische Analyse zurück. Wie gesagt, MS ist keine Erbkrankheit. Doch inklusive der erwähnten zwei Mutationen fand man bei MS-Patienten insgesamt knapp 60 veränderte Gene. Keines davon war bei allen Patienten mutiert. Es gibt kein klares Muster von Genen, die bei MS verändert sind. Das ist bewiesen. Denn eineiige Zwillinge sind genetisch identisch. Aber nur bei unter einem Drittel der erkrankten eineiigen Zwillinge betrifft die Krankheit beide. Doch die Gene sind ja nicht alles. Selbst eineiige Zwillinge unterscheiden sich darin, welche Gene aktiviert oder inaktiviert sind, sowie darin, welche Gene wie abgelesen werden. Doch auch da fand man keine Unterschiede. Der Hammer: Dennoch ist das Risiko für eineiige Zwillingsgeschwister von MS-Patienten, ebenfalls MS zu entwickeln, im Vergleich zur sonstigen Bevölkerung um das 300-Fache gesteigert! Selbst bei zweieiigen Zwillingen ist das Risiko 50-fach höher als

normal. Dieses Risiko nimmt mit dem Verwandtschaftsgrad deutlich ab. Bei normalen Geschwistern ist es um das 40-Fache erhöht, bei Verwandten ersten Grades 30-fach, zweiten Grades 10-fach und bei Verwandten dritten Grades nähert es sich dem Risiko der sonstigen Bevölkerung an. Die eigenen Gene verursachen also eindeutig *nicht* MS, allerdings scheinen sie für eine gewisse Empfänglichkeit für MS zu sorgen.
Nicht zuletzt sei erwähnt, dass, abgesehen vom Verwandtschaftsgrad, auch die Ethnie die Erkrankungswahrscheinlichkeit beeinflusst. Aus den USA wissen wir, dass Hispano- und Afroamerikaner seltener als Kaukasier, das heißt Vertreter der hellhäutigen Ethnie, betroffen sind.
Zwei der Gene sind in den Stoffwechsel von Vitamin D involviert, welches das Immunsystem moduliert. Eine Analyse ergab, dass auch die meisten der anderen Gene das Immunsystem beeinflussen. Das lässt Mediziner aufhorchen! Besonders auffällig ist, dass viele an der Entwicklung sogenannter T-Zellen beteiligt sind. Diese Immunzellen habe ich weiter oben bereits angesprochen. Sie gehören zu den weißen Blutzellen und werden auch als T-Lymphozyten bezeichnet, was zumindest schon mal verrät, dass sie in der Lymphe vorkommen, der zweiten wichtigen Flüssigkeit im Körper. Ihre Funktionen sind vielfältig, unter anderem sind sie mit daran beteiligt, weitere Immunzellen an den Ort eines Erregers zu rufen. Sie können allerlei Signalstoffe ausschütten, wenn ihnen eine Zelle ein Antigen, eine »Trophäe« zeigt, die sie kennen. Und wenn die Entwicklung von T-Zellen gestört ist, dann steigt die Wahrscheinlichkeit für MS.

## Der große Showdown

Setzt man all diese Informationshappen zusammen, hat man zwar noch keinen Beweis, aber es ergibt sich ein neues Bild, das zum ersten Mal seit Beginn der MS-Forschung alle Beobachtungen erklären kann. Die Infektions-Hypothese hat sich im Lauf der Jahre weiterentwickelt. Aus ihr wurde die Hygiene-Hypothese.

Wir wissen heute, dass die Wahrscheinlichkeit zu erkranken deutlich reduziert ist, wenn man als Kind bis zum 16. Lebensjahr mit Geschwistern aufwuchs. Völlig unabhängig vom Verwandtschaftsgrad oder ob es Adoptiv- oder Stiefgeschwister sind. Wer Kinder hat, weiß, dass diese aus Kindergarten und Schule unliebsame Geschenke in Form von Infektionskrankheiten nach Hause bringen. Und damit zuverlässig ihre Geschwister anstecken. Es scheint immer mehr, als sei das tatsächlich ein Geschenk.

Fassen wir zusammen: Bei MS halten Immunzellen Myelin für einen Fremdkörper und attackieren es. Das Immunsystem von Kindern ist unerfahren und muss trainieren. Es muss sich mit Infektionskrankheiten auseinandersetzen, um zu lernen, was ein Erreger ist und was nicht. Die gegenseitige Ansteckung von Kindern ist wie eine Übung, die langfristig die Anfälligkeit für Autoimmunerkrankungen wie MS mindert. Viele MS-Patienten haben Infektionen mit bestimmten Viren hinter sich. Und ein Schub steht oft in zeitlichem Zusammenhang mit viralen Infektionen, wobei es sich um unterschiedliche Viren handeln kann.

Die Lösung: Dringt ein Virus in den Körper eines Menschen ein, der bisher kaum Infektionen hatte, erkennt das Immunsystem zwar das Virus als Eindringling. Doch die unerfahrene Schutztruppe hat nicht ausreichend Informationen, um zu wissen, worin genau der Unterschied zwischen »gehört zu mir« und »kommt von außen« besteht. Im ungünstigen Fall identifiziert es daher einen Erreger durch ein zweideutiges Merkmal. Irgendein Teil des Isoliermaterials ähnelt anscheinend irgendeinem Teil mancher Viren. Man spricht von »Kreuzreaktivität« mancher Erreger mit Bestandteilen des Myelins. Das erklärt auch, warum DIE Ursache bis heute nicht gefunden wurde. Sie existiert nicht!

## Die möglichen Ursachen für MS

Es gibt keine einzelne Hauptursache für MS. Die bisher aufgeführten Ursachen können einzeln oder in Kombination zum Ausbruch der Krankheit beitragen.

Beispielsweise ist die Blut-Hirn-Schranke nicht bei allen Menschen gleich dicht. Ist sie bei einer Person weniger dicht, gelangt irgendeine Zelle oder ein Virus ins Gehirn, es kommt zur Entzündung. Bekämpften die hinzugerufenen Immunzellen schon mal ein Virus, das Myelin ähnlich sieht, kommt es zur Verwechslung, zur Attacke des Myelins, der Oligodendrozyten und damit zu MS.

Bei anderen ist die Blut-Hirn-Schranke normal dicht, aber eine der Immunzellen ist nicht auf der Höhe. Dann braucht es nur einen Keim, der es auch über eine dichte Blut-Hirn-Schranke schafft, davon gibt es ein paar. Fordern dann die Mikroglia Hilfe an, drehen die Immunzellen durch, weil sie kurzsichtig sind. Oder weil eine andere Stelle des komplexen Immunsystems falsch moduliert ist.

Gleich wie dicht die Schranke ist, sind die Immunzellen fehlprogrammiert, fehlmoduliert oder untrainiert, kann MS entstehen, wenn Immunzellen nicht von den Mikroglia gerufen werden, sondern von alleine kommen und vor Ort ihrerseits die Mikroglia aktivieren.

Für das Fehlverhalten der Immunzellen gibt es mehrere Gründe. Es gibt, wie gesagt, kein klares genetisches Muster. Menschen können auch ohne Anfälligkeit oder mit dichter Blut-Hirn-Schranke an MS erkranken. Wenn man unter antiseptischen Bedingungen aufwächst, ist das, als säße eine unerfahrene Truppe Polizisten einer falschen Fährte auf.

Man hat die Wanderung von T-Zellen bis zum Ursprung zurückverfolgt. Dahin zurück, wo sie ihren missverständlichen Eintrag in die Verbrecherdatenbank machen. Und staunte nicht schlecht, als man feststellte, dass sie ihre Reise in der Lunge beginnen!

Nach neueren Befunden, die noch bestätigt werden müssen, kriechen sie den langen Weg bis zum Gehirn an der Aderwand entlang, wo sie sich durch die Blut-Hirn-Schranke zwängen, die Mikroglia aktivieren, die dann das Myelin angreifen. Das Trophäen-Prinzip »Ich habe einen Teil des Eindringlings als Erkennungsmerkmal mitgebracht, schau es dir an, das musst du angreifen« funktioniert in beide Richtungen tadellos. Nur, wie kommen die T-Zellen in der Lunge dazu, sich auf Myelin einzuschießen? Das gibt es doch nur im Nervensystem. Da wären wir wieder bei der seltsamen Beobachtung, dass MS-Patienten Immunreaktionen gegen bestimmte Viren aufweisen, die typischerweise ihren Weg in den Körper über die Atemluft und damit die Lunge finden. Und dass einige Viren etwas an sich haben, was Myelin zum Verwechseln ähnlich sieht.

## Die Hygiene-Theorie

Das Virus ist also nicht der Täter. Es ist ein Verwechslungsproblem. Die Viren sind die »üblichen Verdächtigen«, die wir aus Krimis und dem Alltag kennen. Wer einmal mit dem Gesetz in Konflikt geraten ist, ist in Zukunft immer verdächtig. Das erklärt auch, warum die Wahrscheinlichkeit für einen Schub unmittelbar nach einer Virus-Infektion ansteigt. Und es erklärt, warum die Wahrscheinlichkeit mit dem Verwandtschaftsgrad steigt. Weil zwar die Gene nicht die Krankheit auslösen, aber die Immunreaktion auf einen Erreger beeinflussen. Geschwister tragen immerhin jeweils die Hälfte der genetischen Information beider Elternteile. Vater oder Mutter vererben ihren Kindern somit nicht die Krankheit an sich, aber eine gewisse Anfälligkeit, wenn ein Teil ihres Immunsystems so verändert ist, dass die betroffene Zelle etwas auf dem Schlauch steht.

Die Theorie erklärt sowohl die ethnischen wie die regionalen Unterschiede. Denn auch die Immunsysteme der Ethnien sind leicht unterschiedlich. Und offensichtlich ist die kaukasische Ethnie nicht so gut darin, Freund und Feind zu unterscheiden.

Was die Regionen anbetrifft: Verzeihen Sie mir die Pauschalisierung, aber je näher man dem Äquator kommt, umso weniger steril ist die Umgebung. Wer in unterentwickelten Weltregionen aufwächst, kommt ungleich öfter in Kontakt mit Infektionskrankheiten als jemand, der mit Merksätzen aufwächst wie: »Nach dem Klo und vor dem Essen, Händewaschen nicht vergessen!« In mitteleuropäischen Haushalten grassiert die antiseptische Seife, und jeder noch so kleine Infekt wird mit Antibiotika behandelt, selbst wenn er nicht durch Bakterien verursacht wird. Im Volksmund heißt es: »Dreck reinigt den Magen.« Es scheint, er tut mehr, er schützt uns auch vor Schlimmerem, nämlich vor uns selbst.

Wer glaubt, ich übertreibe, kann sich eine Publikation[1] ansehen, die im Jahr 2002 im renommierten *New England Journal of Medicine* erschien. Darin sind zwei Grafiken nebeneinander abgebildet. Eine stellt die Zahl der Infektionserkrankungen zwischen 1950 und 2000 dar, die andere im selben Zeitraum die Zahl der Autoimmunerkrankungen. Die Kurven der ersteren Grafik zeigen nach unten, die in der zweiten Grafik nach oben.

Zwar handelt es sich dabei um eine Korrelation, also dass zwei Größen in einer mathematisch beschreibbaren Beziehung zueinander stehen, und nicht um eine Kausalität, also einen ursächlichen Zusammenhang.

Aber bei dem Beispiel ging es mir weniger darum, einen Beweis zu liefern, als vielmehr einen Hinweis. Und dazu sind Korrelationen durchaus hilfreich. Auch wenn der kausale Mechanismus dieses Zusammenhangs noch unklar ist, lässt er sich zumindest erklären. Und wird durch andere Befunde bestätigt.

Wer an dieser Stelle an Betroffene der Marburg-Variante denkt, die keine Virus-Infektion aufweisen, und meint, dies spräche gegen die Hygiene-Hypothese, hat sehr gut aufgepasst. Allerdings trügt auch hier der Schein. Die Marburg-Patienten zeigen uns, was nötig ist, um ohne Virus-Infektion an MS zu erkranken. Der Schluss liegt nahe, dass Betroffene der Marburg-Variante eine durchlässige Blut-Hirn-Schranke haben *und* kurzsichtige Immunzellen *und* Oligodendrozyten, die zu langsam in der Reparatur sind. Es muss viel zusammenkommen, um ohne Virus-Infektion eine so aggressive MS-Form zu entwickeln. Es ist nicht unmöglich, passiert aber glücklicherweise nur selten.

## Diagnose: schwierig

Es gibt mehrere Formen von MS mit verschiedenen Ursachen, die sich alle gleich oder unterschiedlich äußern können. Für den Arzt bedeutet das, dass es nicht einfach ist, MS zu diagnostizieren. Natürlich ist es umso besser, je früher man die Krankheit entdeckt, dann sind die Schäden an den Nervenzellen noch vergleichsweise gering. Doch je früher ein Patient den Arzt aufsucht, umso schwerer ist die korrekte Diagnose, denn ein einzelner Entzündungsherd im Gehirn macht noch keine MS! Davon abgesehen, dass die meisten MS-Patienten in einem so frühen Stadium ihrer Krankheit gar nicht zum Arzt gehen. Die ersten Symptome treten meistens in einem Alter zwischen 15 und 30 Jahren auf. Dann berichten Patienten von Augenschmerzen, dass sie relativ plötzlich an Sehschärfe einbüßen oder eine Art milchigen Schleier vor den Augen haben. Ich wage die Behauptung, dass nicht jeder junge Mensch, der dies erfährt, gleich an MS denkt. Und das ist auch in Ordnung, denn es gibt naheliegendere Gründe dafür. Auch andere typische Symptome wie kribbelnde, taube oder schmerzende Hände, Füße oder Unterschenkel dürften allein nur Menschen auf MS schließen lassen, die zu Hypochondrie neigen. Zumal sich die Symptome zu Beginn der Erkrankung meist vollständig zurückbilden. Erst wenn im späteren Verlauf vermehrt Defizite zurückbleiben, suchen die Patienten ärztliche Hilfe, und eine korrekte Diagnose wird wahrscheinlicher.
Selbst wenn Betroffene nach den ersten Symptomen einen Arzt aufsuchen, hat dieser es nicht leicht. Ohne bildgebende Verfahren ist MS nur sehr schwer zu diagnostizieren. In magnetresonanztomographischen Aufnahmen kann der Arzt das Hauptkriterium für eine MS-Diagnose gut identifizieren: räumliche und zeitlich streuende Entzündungsherde. Der Leser ahnt es: Auch die können von anderen Krankheiten

ausgelöst werden. Das heißt, dass die Diagnose MS nur dann erfolgt, wenn nichts anderes Symptome und Befunde besser erklärt.

**MS-Diagnostik aus ärztlicher Sicht**

Wenn der Arzt aufgrund der Symptome des Patienten den Verdacht auf eine MS hat, wird er ein MRT vom Gehirn und eventuell auch vom Rückenmark anfertigen lassen, und zwar unter Gabe eines Kontrastmittels. Beim Vorliegen einer akuten MS erwartet er dann entzündliche Herde, die sich durch den Austritt des Kontrastmittels aus den Blutgefäßen ins Gehirn verraten. Das sind die von Jochen beschriebenen »Löcher« im Zaun, also undichte Stellen in der Blut-Hirn-Schranke, an denen Kontrastmittel die sonst dichte Schranke überwindet und in das Gehirn gelangt.

Die undichten Stellen treten bei der MS ganz charakteristisch herdförmig auf, also an einzelnen Stellen des Gehirns und Rückenmarks. Dort, wo die Immunzellen Schaden am Myelin anrichten. Mit einer Hirnstromableitung, einem Verfahren mit dem man ähnlich wie bei der Elektroenzephalographie, die im Kapitel über Epilepsie bereits erwähnt wurde, etwas über den Funktionszustand des Nervensystems erfährt, wird der Neurologe »evozierte Potenziale« messen wollen. Evoziert bedeutet ausgelöst oder hervorgerufen, weil Stimulation die gemessenen elektrischen Spannungsänderungen, die Potenziale, auslöst. Der Patient blickt dabei im Fall der »visuell evozierten Potenziale« auf sich verändernde Muster, bei den akustischen spielt man ihm Töne vor, bei der sensorischen wird die Haut an einer Stelle gereizt. Das Signal braucht eine bestimmte Zeit, um vom Sinnesorgan bis in die Hirnrinde (Kortex) zu gelangen. Dort löst der Reiz eine Änderung der elektrischen Felder im Gehirn aus. Diese können als winzige Spannungsänderungen auf der Kopfhaut gemessen werden.

Haben aber die Axone ihre Myelinhülle eingebüßt, wie bei der

MS, dann gelangen die Signale langsamer an ihren Zielort, wodurch es zu sogenannten »verlängerten Latenzen« kommt. Die Signalstärke ist aber weitestgehend normal. Vermutlich wird der Arzt spätestens jetzt auch durch eine Lumbalpunktion Nervenwasser entnehmen wollen. Darin wird nach sogenannten »oligoklonalen Banden« gefahndet. Das sind aber keine Verbrecherbanden, wie man nach Jochens Kriminalgeschichte vermuten könnte. Es handelt sich um Eiweiße, die sich bei der Auftrennung während der Analyse als charakteristische »Banden«, also als Linien darstellen. Diese Banden verraten die Anwesenheit von ins Gehirn eingewanderten Immunzellen, die diese Eiweiße produzieren. Aus der Zusammenschau der Symptome des Patienten mit den Befunden von MRT, evozierten Potenzialen und der Zusammensetzung des Nervenwassers sowie Blutuntersuchungen zum Ausschluss anderer Erkrankungen kann in aller Regel eine MS zuverlässig diagnostiziert werden. Insbesondere wenn sie gerade aktiv ist, also Symptome macht. Der Ausschluss einer MS, falls die Befunde nicht eindeutig sind oder zwischen den Schüben, ist weniger einfach.

## Sicherheit durch Genomanalyse?

Eine frühe Diagnose ist wichtig, denn im Anfangsstadium lassen sich viele MS-Formen ähnlich behandeln. Sein Genom prophylaktisch analysieren zu lassen, bringt aber nichts. Selbst mit allen relevanten Genvarianten ist das einzige sichere Ergebnis Angst vor der Krankheit. Denn die Varianten führen nicht zwangsläufig zu MS, erhöhen nur etwas die Wahrscheinlichkeit. Sie reduzieren Ihre Lebensqualität und haben doch keine Sicherheit. Die Aussagekraft einer Genomanalyse ändert sich, wenn Sie bereits MS haben. Dann kann man durch Ihren genetischen Fingerabdruck teilweise den Krankheitsverlauf vorhersagen oder sogar die Erfolgsaussichten einer bestimmten Therapie. Das ist zurzeit Gegenstand von Studien mit dem Ziel einer personalisierten Medizin, für die MS eine Art Paradebeispiel ist. An dieser Stelle sei gesagt, dass zurzeit allein in Deutschland über 30 klinische Studien zu allerlei Aspekten der MS Probanden rekrutieren. Betroffene können sich über das Internet Informationen einholen.

## Behandlung und Forschung

Was die Therapie angeht, ist es wichtig festzuhalten, dass MS, wie jede Autoimmunerkrankung, nicht in dem Sinne behandelbar ist, dass die Krankheit verschwindet. Insofern ist MS unheilbar. Damit ist das Ziel klar. Die Unabhängigkeit der Patienten soll garantiert und die beste erreichbare Lebensqualität ermöglicht werden.
Dies erfolgt auf drei Ebenen.
Erstens, und natürlich nur bei den 85 Prozent der Patienten, die unter der schubförmig-remittierenden Verlaufsform leiden, erfolgt eine Schubtherapie. Die unterteilt sich in die akute Therapie der Entzündung und die prophylaktische Langzeittherapie, die den weiteren Verlauf der Erkrankung modifizieren soll. Dabei gilt ganz grundsätzlich: So früh wie möglich diagnostizieren, um so früh wie möglich mit der Therapie beginnen zu können. Zwar regeneriert Myelin, doch das neue ist nicht ganz so dick wie zuvor. Behandelt man so früh wie möglich, auch mit starken Medikamenten, dann kann das die Regeneration des Myelins unterstützen. Dadurch können irreparable Schäden an den Axonen verhindert werden. Aus diesem Grund suchen Wissenschaftler nach Stoffen, die sowohl die Entzündung hemmen als auch die Nervenzellen schützen.
Um die Entzündung zu hemmen, werden im Schub Glukokortikoide in hoher Dosis eingesetzt. Der bekannteste Vertreter dieser Stoffgruppe ist Kortison. Es führt dazu, dass die Blut-Hirn-Schranke wieder dichter wird, weniger Zellen dringen in das Gehirn ein, die da nichts zu suchen haben, wie T-Zellen. Schlagen Glukokortikoide nicht an, kann man eine Plasmapherese durchführen, das lindert immerhin bei 40 Prozent der Patienten die Beschwerden. Plasmapherese kann man grob als Blutwäsche bezeichnen. Bei diesem Verfahren wird das Blutplasma vom Rest getrennt und ausgetauscht,

damit die darin befindlichen Antikörper reduziert werden. Beide Verfahren haben nur akute, aber keine Effekte auf den Langzeitverlauf der Krankheit. Dazu dient die Langzeittherapie. Sie sucht neue neurologische Defizite zu verhindern. Oder zumindest dafür zu sorgen, dass bestehende Defizite nicht noch schlimmer werden. Wirkstoffe, die das Immunsystem beeinflussen, dämpfen auch die Entzündungsreaktionen im Nervensystem oder hemmen die Vermehrung von Immunzellen. Daher werden in der Langzeittherapie der MS vor allem Immunmodulatoren eingesetzt. Dies kann zum Beispiel durch die Gabe von Interferon-beta geschehen. Interferon bedeutet »Einmischer«, und genau dies tut der natürlich im Körper vorkommende Botenstoff. Er hemmt die aktivierten T-Lymphozyten, die den Axonschaden auslösen. Mittlerweile gibt es eine Reihe weiterer sehr wirksamer Immunmodulatoren. Sie sind chemisch unterschiedlich, wirken aber letztlich alle durch eine Dämpfung des überaktiven Immunsystems. All diese Strategien können die Anzahl von Schüben deutlich mindern, die Krankheit aber, wie oben erwähnt, nicht heilen.

**Neurologie als »therapeutisches Fach«**

Dennoch sind die von dir dargestellten Therapien für MS ein echter Durchbruch! Insbesondere Interferon-beta war der Auftakt für neue und wirksamere Medikamente gegen MS. Übrigens ein Durchbruch nicht nur für die Patienten und ihre Familien, sondern auch für die Neurologie und die Neurowissenschaften. Als ich noch Medizin studierte, hieß es: Neurologie ist ein diagnostisches Fach! Damit drückte man aus, dass Neurologen zwar mit Reflexhammer und intensiven Untersuchungen sehr genaue Diagnosen stellen, darüber hinaus aber viel zu wenig für den Patienten tun konnten. Erst die Erfolge der Epilepsietherapie, der Behandlung der Parkinsonschen Erkrankung (davon später) und eben die Therapie der MS haben die Neurologie auch zu einem »therapeutischen Fach« gemacht.

Hochauflösende Bildgebung wie Magnetresonanztomographie machen die Diagnosen heute sogar noch besser als früher, aber jetzt können wir den Patienten auch wirklich helfen. Außerdem ist die MS-Therapie ein Erfolg für die Neurowissenschaften. Man kann daran nachvollziehen, wie – über Grundlagenforschung zu Gehirn und Immunsystem, Studien in Erkrankungsmodellen bis hin zum Patienten – eine Erkenntniskette geschaffen wird, die von erfolgreichen Therapien gekrönt wird. Wir nennen das *bench to bedside translation,* also den Weg vom Labor in die Klinik. Bemerkenswert im Zusammenhang mit MS-Therapie ist, dass das auch umgekehrt funktioniert – von der Klinik ins Labor. Die Wirksamkeit der Medikamente zeigt auf und belegt gleichzeitig Krankheitsmechanismen, die wir weiter erforschen können. Die Medikamente, die Jochen genannt hat, haben eines gemeinsam: Sie alle unterdrücken die Entzündung. Einige wirken noch spezifischer, sie hemmen bestimmte Immunzellen (zum Beispiel T- und B-Zellen) und verhindern, dass sie ins Hirn eindringen oder Antikörper gegen Hirnproteine produzieren. Das belegt, dass man einen guten Teil der Krankheitsmechanismen versteht, auch wenn man die Ursache noch nicht kennt und sie deshalb noch nicht beseitigen kann. Die Forschung geht natürlich weiter, und neue, spannende Ergebnisse kommen überraschenderweise aus dem Darm!

## Exkurs zu einem schwer lösbaren Dilemma

Apropos neue Ergebnisse. Bevor ich auf den Darm eingehe, muss ich kurz etwas anderes loswerden. Die MS ist eine der Krankheiten, die mich auf die Idee zu diesem Buch brachten. Denn allzu oft, wenn in der Presse über Forschungsergebnisse aus einem Labor berichtet wird, heißt es, die Ergebnisse könnten für oder eher gegen MS wichtig sein. Nicht dass dieser Satz falsch wäre, aber er ist sinnlos!

MS ist sehr komplex, es sind viele Prozesse im Nerven- und im Immunsystem beteiligt. Es wäre verwunderlich, wenn ein neues Ergebnis aus Hirn- oder immunologischer Forschung *keine* Auswirkung auf ihre Erkennung oder Behandlung hätte! Doch erstens dauert es meist Jahre bis Jahrzehnte, bis aus Forschungsergebnissen Behandlungen werden. Und zweitens liegt das mit daran, dass zwar alles im Körper irgendwie mit allem zusammenhängt, aber nicht immer eindeutig oder direkt. Nicht jedes Ergebnis lässt sich in eine Pille verwandeln! Und selbst wenn, wird die Pille selten eine Krankheit des Gehirns verschwinden lassen. Das zu erklären braucht Zeit. Und genau die fehlt gerade Redaktionen. Zusammen mit Platz in Texten, weshalb man sich manchmal wünschte, Journalisten sparten sich den Hinweis auf eine Krankheit besser. Er ist sinnlos, inhaltsleer und weckt nur Hoffnungen, die zumeist unerfüllbar sind. Denn natürlich weckt der Hinweis auf eine Krankheit die Hoffnung, dass sich deren Behandlung durch das Ergebnis verbessern wird. Die zwangsläufig enttäuscht wird, wenn es diese Behandlung auch Jahre später noch nicht gibt.
Aber das ist ein schwer lösbares Dilemma, denn Forscher brauchen Aufmerksamkeit, um neue Gelder einzuwerben, die sie benötigen, weil die Etats der Universitäten und Forschungsinstitute selten ausreichen, um die Personalkosten zu decken, von den Forschungskosten ganz zu schweigen.

## Wie beeinflusst die Darmflora das Immunsystem?

In unseren Körpern ist jede Menge Platz. Für allerlei Substanzen, die wir uns zufügen, weil sie lecker sind, uns Energie liefern oder schön duselig machen. Aber auch für einzellige Lebewesen, die wir gemeinsam mit dem Rest zu uns nehmen. Und weil wir aus dem bestehen, was wir zu uns nehmen, wirkt sich das direkt auf uns aus. Womit wir bei der Ernährung wären, der einzigen Langzeittherapie, die jeder von uns betreibt. Allerdings ist diese »Therapie« allzu oft keine gesundheitsfördernde, ganz im Gegenteil, wie ich bereits im Schlaganfall-Kapitel geschrieben habe. Doch ich rede hier nicht von erhöhten Blutfettwerten. Ich rede von Darmbakterien! Wir wissen mittlerweile, dass rein zahlenmäßig in unseren Körpern mehr Fremd- als Körperzellen leben. Das mag schwer zu glauben sein, doch Bakterien sind um ein Vielfaches kleiner als tierische Zellen. Daher sind in den knapp zwei Kilogramm Bakterien, die in unserem Darm leben, mehr Zellen vorhanden, als in den etwa 75 Kilogramm Mensch, zu denen dieser Darm gehört.

Manche dieser Bakterien tun uns gut, andere weniger. Der Punkt ist, dass unsere Ernährung mit bestimmt, was in uns wächst und was nicht. Ich brauche hier nichts zu den Ernährungstipps aus dem Schlaganfall-Kapitel hinzuzufügen, die meisten sind ohnehin bekannt. Spannend im Zusammenhang mit MS ist, dass die Krankheit in den letzten Jahren in asiatischen Ländern stark zugenommen hat. Dass China boomt, ist mittlerweile fast sprichwörtlich, doch auch viele andere Länder Asiens haben einen enormen Wandel durchgemacht. Das wirkt sich auf die Zahl der Infektionskrankheiten aus, doch mindestens ebenso deutlich auf die Essgewohnheiten. Das könnte durchaus mit für die steigenden Patientenzahlen verantwortlich sein. Wieso?

So wie die Gesamtheit unserer Gene als unser Genom bezeichnet wird, nennt man die Gesamtheit dieser Mikroorganismen unser Mikrobiom. Neben ein paar bösen Buben leben viele davon in Symbiose mit uns, das heißt zu beiderseitigem Vorteil. Sie futtern bei uns mit, dafür geben sie uns etwas, was nur sie uns geben können und was wir ohne sie nicht bekämen. Mit einem sterilen Darm könnten wir nicht überleben! Denn das Mikrobiom beeinflusst nicht nur unseren Stoffwechsel, sondern auch unser Immunsystem und so die Wahrscheinlichkeit, eine Autoimmunkrankheit zu entwickeln.

Es gibt Bakterien in unserem Darm, die aktivieren das Immunsystem. Andere hingegen dämpfen es. Wie so oft, kommt es auf die richtige Mischung an. Nun verdichten sich die Hinweise, dass bei MS-Patienten eine ungünstige Mischung aus Darmbakterien besteht. Nicht nur wegen des Einflusses auf das Immunsystem. Manche haben einen direkten Einfluss auf das Nervensystem! Denn einiges von dem, was sie im Austausch für ihren Anteil am Speisebrei zurückgeben, deren Abbauprodukte, ist wichtig für Nerven- und Gliazellen. Wenn diese Bakterien im Darm fehlen, erhöht sich das Risiko, an MS zu erkranken. Die Konsequenz daraus hat enorme Tragweite: Antibiotika sind Risikofaktoren für MS! Und dass diese Mittel gerade in den Industrienationen im Übermaß verwendet werden, ist umso tragischer, als es mittlerweile Allgemeinwissen ist.
Nach den Beobachtungen aus Asien vermutete man einen Einfluss der Essgewohnheiten, doch aus dem Labor kam der Beweis. Es gibt Mäuse, die aufgrund genetischer Veränderung eine der MS ähnliche Krankheit entwickeln. Zieht man diese Mäuse frei von Bakterien auf, dann entwickeln sie keine Krankheit! Bakterien aus der Familie der Clostridien kommen nahezu überall vor, in Böden wie in Därmen. Einige davon zählen definitiv zu den bösen Buben, lösen Tetanus aus, den Wundstarrkrampf. Andere produzieren ein Nervengift, das Botulinumtoxin, das als Botox verkauft wird. Es gibt aber auch relativ harmlose Vertreter dieser Bakterienfamilie. Die Ergebnisse aus den Tierexperimenten führen zu der Annahme, dass bei Menschen, die eine gewisse genetische Anfälligkeit für MS haben, die sonst harmlosen Clostridien dazu führen, dass der Körper eine Autoimmunreaktion gegen Myelin entwickelt. Zurzeit wird in Studien untersucht, inwieweit die menschliche Darmflora die Entwicklung von MS beeinflusst.

## Bazillenhype

Tja, das Mikrobiom! Es gibt ja kaum eine Erkrankung, die in letzter Zeit nicht in Zusammenhang mit Darmbakterien gebracht wurde. Es fing an mit Übergewicht und Diabetes, jetzt sind wir bei Autismus und Depression. Ein gesundes Mikrobiom muss man haben! Es gibt sogar Leute, die sich eigenhändig den Stuhl von Stammesfürsten aus Tansania transplantierten. Mit einer Spritztüte! Weil die in Afrika noch ein von der Zivilisation unverdorbenes Mikrobiom haben.[2] Die Lebensmittelindustrie riecht den Braten, denn nicht jeder ist zu solch extremen Maßnahmen bereit, und verdient Milliarden mit Probiotika, durch deren Verzehr man in den Genuss besserer, gesünderer Darmbakterien kommen soll. Lactobacillus!

Woher plötzlich dieser Hype? Das liegt auch daran, dass man bis vor kurzem Schwierigkeiten hatte, die Zusammensetzung der Darmflora zu untersuchen. Das geschah ausschließlich durch Kultur von Stuhlproben auf Nährmedien. Aber nur ein geringer Teil der Darmbakterien lässt sich kultivieren. Seit kurzem können wir durch eine Sequenzierung der Genome der Bakterien alle Bewohner des Darms dingfest machen. Dabei werden die Bakterien anhand ihrer spezifischen Gene eindeutig erkannt. Und wie groß war die Überraschung: Hunderte, möglicherweise sogar über 1000 verschiedene Bakterienarten finden sich im Darm des Menschen! Auch können wir jetzt Mikrobiome über die Zeit in einzelnen Menschen verfolgen oder untersuchen, ob bestimmte Erkrankungen mit einer bestimmten Zusammensetzung des Mikrobioms einhergehen.

Das ist aber noch eine ganz junge Wissenschaft, und manchmal geht der Enthusiasmus mit den Forschen durch und sie überinterpretieren ihre Ergebnisse. Das wird begeistert von den Medien aufgenommen, weil es spektakulär ist. Bisher unverstandene Volkskrankheiten sollen einfach durch Diät oder Stuhltransplantation geheilt oder aber durch ein paar Löffel probiotischen Joghurt ganz vermieden werden. Fast immer verläuft medizinische Forschung in solchen Zyklen, in denen sich aus neuen Erkenntnissen schnell universelle Heil(ung)sversprechen ergeben. Das geht dann eine Weile so, bis solide Wissenschaft die Sache wieder auf den Boden der Tatsachen holt oder eine andere spektakuläre Theorie für Ablenkung sorgt. Meist bleibt etwas von den Hypothesen zurück, was sich als richtig erwiesen hat. Aber das ist dann in der Regel weit weniger spektakulär, und alles ist viel komplizierter. Einfache, hochwirksame Therapien entstehen daraus in den allerseltensten Fällen. Stammzellen waren so ein hochgejubeltes Thema, jetzt folgt der Darminhalt. Das Mikrobiom ist sogar noch mehr für einen Hype geeignet, weil es einfacher zu verstehen ist und scheinbar mit einfachsten Mitteln beeinflusst werden kann.

Nach dieser kritischen Vorbemerkung bezüglich der derzeit grassierenden Darm-Hysterie: Was ist dran an der Verbindung von Mikrobiom und MS? Zunächst muss man sagen, dass die (Darm-)Bakterien-Theorie der MS schon wesentlich älter ist als die jetzige Aufregung um das Mikrobiom. Aufgestellt von seriösen Wissenschaftlern und untermauert durch solide Experimente. Jochen hat eines davon erwähnt. Auch ist die Theorie deshalb so attraktiv, weil sie alle von dir beschriebenen »Indizien« in einen kohärenten Zusammenhang bringt. Immunzellen, die unter dem Einfluss bestimmter Gene mancher Menschen »überreagieren« und im Darm auf ein Bakterium treffen, das sie in Schach halten oder zerstören wollen. Sie verwechseln aber dieses Bakterium mit Gehirnzellen, den Oligodendrozyten, da die zufällig ähnliche Oberflächeneigenschaften haben. Da passt alles, die Häufung in nördlichen Breitengraden, Zusammenhänge mit Diät und Antibiotika usw.

Ich denke, dass da was dran ist und Darmbakterien ein Teil des Puzzles darstellen. Vermutlich aber nicht bei allen Patienten. Wenn die Theorie richtig ist, bedeutet es ja auch, dass die Lymphozyten beim Auftreten der ersten Symptome schon durch die Bakterien »scharf« gemacht waren. Und Lymphozyten haben ein lebenslanges Gedächtnis, die vergessen nichts. Das ist auch gut so, weil sie dann schneller und besser auf Bedrohung reagieren können, mit der sie schon einmal konfrontiert waren. Damit käme eine Änderung des Mikrobioms aber zu spät. Da würde dann nur noch ein »Austausch des Immunsystems« helfen. Und auch dafür gibt es Hinweise. Transplantation von Blutstammzellen (die sogenannte nonmyeloablative hämatopoietische Stammzelltransplantation) könnte eine effektive MS-Therapie sein. Sozusagen ein Neustart des Immunsystems. Studien hierzu laufen, es bleibt spannend!

## Die Forschung

Natürlich ist das Ziel, durch gleich welche Therapiemethode so früh wie möglich einzugreifen, um Schäden an Axonen und Nervenzellen zu verhindern. Doch selbst wenn Axone beschädigt sind, gibt es Ansätze, sie wieder in die richtige Richtung nachwachsen zu lassen, damit sie ihre alten Kontakte wiederfinden. Dazu werden, neben den Stammzellen, sogenannte Wachstumsfaktoren erforscht, die quasi eine Brotkrumenspur auslegen, an denen Fortsätze entlangwachsen können. Doch das ist Gegenstand von Grundlagenforschung. Gleiches gilt für Strategien, das gestörte Immunsystem zu eliminieren und ein toleranteres zu entwickeln. Eine radikale Strategie. Realistischer sind kleinere Schritte wie die Verbesserung des Anwendungskomforts der Mittel, so dass die Patienten sich nicht mehr selbst spritzen müssen. Oder wenigstens nicht so oft.

Wichtig für Eltern von Heranwachsenden ist, dass das Immunsystem auf natürliche Weise und besonders gut durch möglichst viel Kontakt zu Gleichaltrigen angeregt wird. Auch wenn Schnupfen, Fieber oder Magen-Darm-Infekte nicht angenehm sind, auf lange Sicht können sie sich als segensreich erweisen.

## Die Rückschlüsse auf die Funktion des Gehirns

Die MS lehrt uns Gründe, warum Nervenzellen im Zentralnervensystem nicht oder nur sehr eingeschränkt nachwachsen können. Und warum sich das Gehirn selbst einsperrt. Zum eigenen Schutz abschottet. Es ist ein fragiles Gebilde, jeder seiner Bausteine ist unersetzlich. Die Nervenzellen stehen so verzweigt miteinander in Verbindung, dass es fast zwangsläufig zu Problemen führte, gestattete man es den Zellen nachzuwachsen. Insofern ist das Nervensystem von allen anderen Körpersystemen fundamental verschieden.

Es ergibt sich noch ein Unterschied. Es heißt oft, das Gehirn sei wie eine Art Computer. Das stimmt so nicht. Denn in einem Computer sind Recheneinheit, der Prozessor, und Speicher, die Festplatte, voneinander getrennte Bausteine. Das Gehirn ist alles zugleich!

Verliere ich einen kleinen Teil, geht keine Rechenkapazität verloren, sehr wohl aber Information. Rechenkapazität bedeutet die Möglichkeit der Synapsen, ihre Signalweiterleitung zu modulieren. Verliere ich ein paar Synapsen, können die anderen weiterhin ihre Arbeit machen. Information ist aber an *bestimmte* Synapsen gebunden, weshalb stets Information verlorengehen kann, wenn Synapsen zugrunde gehen. Nicht zuletzt lehrt uns die Multiple Sklerose, dass man das Nervensystem nicht völlig getrennt vom Rest des Körpers verstehen kann. In der Einleitung habe ich Richard Gregory zitiert. Er verglich ein Gehirn mit einem Radio und sagte sinngemäß, dass man nicht so einfach Teile ausbauen kann, um auf deren Funktion zurückzuschließen. Die MS zeigt das ganz deutlich. Wenn das Gehirn erkrankt, dann ist es nicht einfach, von den Schäden auf deren Ursache zurückzuschließen. Weil viele Wege nach Rom führen und viele Ursachen sich bei einem solch komplexen Organ ähnlich auswirken können. Insofern lehrt uns die MS nicht nur etwas über das Gehirn. Sie zeigt auch, wie wichtig interdisziplinäre Forschung ist. Neurobiologen wie ich müssen sich auf einmal mit Immunologie und Genetik beschäftigen, Hygieniker mit Ethnologie und Geographie auseinandersetzen. Und alle müssen die richtige Statistik anwenden. Denn die Lösung für einen Kriminalfall wie die MS kann sich manchmal an den undenkbarsten Stellen verbergen. So kommt es, dass man am Ende des Kriminalstücks statt eines spektakulären Showdowns und der dramatischen Gefangennahme eines Übeltäters nur die Erkenntnis hat, dass es wohl keinen alleinverantwortlichen Täter gibt. MS wird durch eine Mischung von Gründen verursacht, die bei jedem Patienten unterschiedlich sein können.

## Zusammenfassung

Eine spannende Geschichte, bei der der Täter noch nicht gefasst ist! Hier die Story noch mal für Eilige in Kurzform: Bei MS wirken Umweltfaktoren, die wir noch nicht alle genau kennen, zusammen mit Genvarianten der Erkrankten und bringen das Immunsystem dazu, sich gegen Gehirnbestandteile zu richten. MS ist eine klassische Autoimmunerkrankung. Eine Reihe von Umweltfaktoren kommen als Auslöser in Frage, und es gibt gute Hinweise auf eine Beteiligung von Bakterien, insbesondere im Darm. Von den Genvarianten sind einige bekannt, aber vermutlich gibt es eine Menge mehr, die auf komplizierte Weise zusammenspielen. Diese Gen-Umwelt-Theorie der MS erklärt auch einige Besonderheiten, zum Beispiel die geographische Verteilung der Krankheitshäufigkeit, einen Zusammenhang mit Ernährung und das deutlich vermehrte Auftreten bei eineiigen, weniger bei zweieiigen Zwillingen.
Die Immunzellen der MS-Patienten greifen vor allem Zellen an, die Nervenfortsätze in Gehirn und Rückenmark umkleiden. Vermutlich, weil sie die körpereigenen Oberflächeneiweiße dieser Zellen mit körperfremden Eiweißen »verwechseln«, mit welchen sie vielleicht über harmlose Bakterien in Kontakt

gekommen sein könnten. Dieser Angriff der Immunzellen auf das Gehirn geschieht häufig in Schüben, das heißt in zeitlich begrenzten aktiven Phasen der Erkrankung, zwischen denen es zu einer Erholung kommt, wobei die Schädigung und damit die Symptome langsam zunehmen. Warum die Krankheit schubförmig verläuft, ist noch nicht völlig klar. Die Symptome im Schub können sehr vielfältig sein, weil keine bestimmte Hirnregion betroffen ist wie zum Beispiel bei einem Schlaganfall, sondern die Fortleitung von Nervenimpulsen fast überall gestört sein kann. Aufgrund der Erkenntnisse über die entzündliche Natur dieser Erkrankung konnten antientzündliche Therapien entwickelt werden, die die Krankheit nicht heilen, aber ihren Verlauf verlangsamen und die Symptome bei vielen Patienten abmildern können.

# PARKINSON

## Steckbrief

**Bekannt seit:** 1817

**Entdecker:** James Parkinson

**Erste schriftliche Beschreibung:** In altchinesischen Texten, die ungefähr auf das Jahr 1000 datieren, fand man Beschreibungen, die man heute als Parkinsonsche Krankheit interpretiert.[1]

**Lateinische Bezeichnung:** Morbus Parkinson oder Paralysis agitans

**Weltweit betroffen:** über 4 Millionen Menschen

**In Deutschland betroffen:** etwa 300 000 Patienten, jedes Jahr kommen etwa 12 000 neue hinzu

**Genesungsrate:** nach derzeitigem Wissensstand zwar unheilbar, aber behandelbar

**Berühmte Betroffene:** Muhammed Ali, Michael J. Fox, Peter Hofmann

# Es ist ein Kernproblem

Nach vier Kapiteln ist es Zeit, auf die Bewegung zurückzukommen. Immerhin behaupteten wir in der Einleitung, sie sei der Grund dafür, dass sich im Verlauf der Evolution ein Gehirn entwickelt habe. Was wir am Anfang des Buches nicht sagten, war, dass Bewegung auch koordiniert werden muss. Es gibt eine neurologische Krankheit, bei der genau diese Fähigkeit verlorengeht: die Parkinsonsche Krankheit.

Durch die Analyse der Parkinsonschen Krankheit lernen wir viel darüber, wie eine Bewegung eingeleitet, gesteuert oder unterbunden wird. Daneben lehrt eine Betrachtung der beteiligten und gestörten Vorgänge, wieso das Gehirn so viele unterschiedliche Botenstoffe nutzt, warum sie in einem Gleichgewicht stehen müssen und dass dessen Störung mehr Auswirkungen hat als nur gestörte Motorik.

In diesem Kapitel wird einiges, was wir bisher behandelt haben, wieder auftauchen. Gehirnregionen wie Hirnstamm, Thalamus oder Kortex. Die Art und Weise, wie solche Bereiche miteinander zu Ketten verschaltet werden, durch die Signale laufen und auf dem Weg verstärkt oder abgeschwächt werden. Die dazu nötigen Aktionen der Nervenzellen, Erregung und Hemmung. Und, wie die Aktionen durch Botenstoffe entstehen, die von einer Zelle in die Synapse ausgeschüttet werden, wo sie bei einer anderen Zelle Rezeptoren aktivieren und dadurch wieder Signale auslösen können.

Hinzu kommen neue Gehirnregionen, neue Ketten, Neues zu den Funktionsprinzipien Erregung und Hemmung und zu den Botenstoffen, die sie auslösen. Allein die Aufzählung zeigt, wie komplex Bewegung ist. Damit wir uns geplant, willentlich, zielgerichtet und präzise bewegen können, diese Bewegung noch während ihrer Ausführung verändern und alles jederzeit wieder über den Haufen werfen können, wenn wir es uns anders überlegen, ist nahezu das ganze Gehirn vonnöten.

Wir beschäftigen uns in diesem Kapitel vor allem mit Regionen aus den Tiefen des Gehirns: den Kerngebieten oder Basalganglien. Das ist eine Gruppe von Gehirnregionen oder -gebieten, die unterhalb des Kortex liegen, also quasi im Kern des Gehirns. Eines der Kerngebiete kennen Sie bereits: den Thalamus. Er wird als Tor zum Bewusstsein bezeichnet, weil er als Relaisstation zwischen Kortex, dem Sitz des Bewusstseins, und dem Rest des Gehirns fungiert. Es sei verraten, dass seine Kerngebiets-Kollegen ähnliche Aufgaben erledigen. Sie alle sind Relaisstationen! Warum es davon mehr als eine braucht, wird im Verlauf des Kapitels deutlich.
Zu den Kerngebieten zählen neben dem Thalamus hauptsächlich der Globus pallidus und das Striatum. Manche Anatomen zählen noch unterschiedliche andere Bereiche dazu, doch diese drei sind die wesentlichen. Gemeinsam werden sie mit der Steuerung der Willkürmotorik in Verbindung gebracht.
Sie sehen schon, dieses Kapitel ist etwas anders aufgebaut als die vorangegangenen. Hier geht es gleich voll zur Sache. Weil die Parkinsonsche eine sehr komplexe Krankheit ist, die mehrere Gehirnregionen betrifft, werden wir zuerst erklären, wie Bewegung gesteuert und koordiniert wird, bevor wir zu den Ursachen ihrer Störung kommen.
Die Parkinsonsche Krankheit wird oft mit zwei Sätzen erklärt, die zwar richtig sind, aber nur die halbe Wahrheit sagen: Sie wird ausgelöst, weil Nervenzellen in einem der Kerngebiete zugrunde gehen. Dadurch mangelt es an einem Botenstoff, wodurch es zu motorischen Symptomen wie Zittern und anderen kommt. Das ist richtig, sagt aber weder, warum diese Zellen absterben, noch, dass die Parkinsonsche Krankheit mehr verursacht als motorische Symptome.

## Exkurs: Symptom und Syndrom

Gleich zu Beginn ein Exkurs zu den Begriffen. Unter dem Oberbegriff Parkinson-Syndrom werden mehrere Krankheiten zusammengefasst.

Das Wort Syndrom bedeutet, dass bestimmte Anzeichen einer Krankheit, also Symptome, gemeinsam vorliegen. Beim Parkinson-Syndrom treten hauptsächlich motorische Symptome auf, wie gestörte Bewegungskontrolle, Zittern, Muskelsteifigkeit und Probleme, stabil zu stehen. Die Gründe dafür können sehr unterschiedlich sein. Einer davon, und verantwortlich für drei Viertel der Fälle, ist eine degenerative Nervenkrankheit, die Parkinsonsche Krankheit heißt.

Sie führt zum idiopathischen oder primären Parkinson-Syndrom. Idiopathisch heißt übersetzt »eigenes Leiden«. Das bedeutet, dass bei dieser Form keine äußeren Gründe auffindbar sind. Das Prinzip kennen wir vom Kopfschmerz. Mittlerweile sind einige mögliche Ursachen für die Parkinsonsche Krankheit bekannt, allerdings sind nicht alle gleich gesichert. Da die möglichen Ursachen recht kompliziert sind, wird Ulrich im Verlauf des Kapitels auf sie eingehen. Für Interessierte, die es genau wissen wollen.

Im Gegensatz zum primären liegen beim sekundären Parkinson-Syndrom auffindbare Gründe vor, die die Symptome auslösen. Einer der bekanntesten sind Schädel-Hirn-Traumata, also Verletzungen oder Schädigungen von Gehirngewebe. Die Boxlegende Muhammed Ali beispielsweise litt am sekundären Parkinson-Syndrom. Bei ihm wurde die Krankheit durch die fortwährenden Schläge auf den Kopf aufgelöst.

Es gibt das familiäre Parkinson-Syndrom, worunter genetisch vererbbare Formen fallen. Nicht zuletzt gibt es untypische Parkinson-Syndrome, wenn das Krankheitsbild sich durch ein anderes Muster von Symptomen zeigt.

Dieses Kapitel behandelt hauptsächlich die Parkinsonsche Krankheit, das idiopathische Parkinson-Syndrom. Doch wir werden auch auf die anderen Formen eingehen, denn sie verraten uns einiges über die zugrundeliegenden Mechanismen. Da Krankheit auf Latein *morbus* heißt, spricht man auch von Morbus Parkinson, Schüttellähmung oder *Paralysis agitans*. Schließen sich »Schütteln« und »Lähmung« nicht gegenseitig aus? Nicht, wenn die unbewusste Schüttelbewegung der Gliedmaßen die Betroffenen an bewusster, koordinierter Bewegung hindert. Dann sind Betroffene *durch* das Schütteln gelähmt, was den Zustand beschreibt, in dem sich Parkinsonpatienten befinden, bei denen die Krankheit weit fortgeschritten ist.

## Der Unterschied zwischen Lähmung und gestörter Motorkoordination

Lähmung bedeutet, dass die Skelettmuskeln nicht mehr funktionieren. Das ist bei gestörter Koordinationsfähigkeit nicht so. Die Funktion ist noch da, nur besteht ein Problem, sie wie gewünscht auszuführen. Zwei bekannte Gründe für Lähmungen haben wir in diesem Buch bereits angesprochen: ein Schlaganfall kann Gehirnbereiche schädigen, in denen der Entschluss zur Bewegung entsteht. Eine Querschnittslähmung kann verhindern, dass Befehle zur Bewegung an die Muskeln gelangen. Beides funktioniert beim Parkinson-Syndrom noch. Also muss es einen Bereich zwischen Entschluss und Befehl geben, in dem das eine zum anderen koordiniert, also geordnet und in eine bestimmte Folge gebracht wird. Genau um diesen Bereich, die Kerngebiete, geht es in diesem Kapitel. Sie sind zwischen die Planer und das ausführende Organ geschaltet. Da koordinieren sie im Normalfall die Entschlüsse, die sie von höherer Instanz bekommen, bremsen manche Bewegungen aus, verstärken andere und sorgen für den reibungslosen Ablauf unserer Feinmotorik. Das ist der Grund, warum die Parkinsonsche Krankheit nicht dazu führt, dass Patienten ihre Fähigkeit zur Bewegung vollständig

verlieren, sondern die Fähigkeit, ihre Bewegung zu koordinieren. Weil die Zwischeninstanzen beschädigt sind.
Nur wenn die Krankheit unbehandelt bleibt und weit fortgeschritten ist, können Betroffene ihre Fähigkeit zur Bewegung beinahe vollständig einbüßen. Wobei wir am Schluss des Kapitels sehen werden, dass sogar dieser Zustand unter bestimmten Bedingungen therapeutisch verbessert werden kann.
Fällt Ihnen etwas auf? Die Firma, von der ich immer wieder spreche, um die Vorgänge im Nervensystem zu erklären, hat viel von einer Behörde. Nicht nur, weil dort sehr viele Mitarbeiter beschäftigt sind, ohne dass man auf den ersten Blick sagen könnte, womit. Sie sind auf eine verwirrende Weise Abteilungen und Unterabteilungen zugeteilt. Auf den ersten Blick macht wenig ihrer Arbeit Sinn. Sie scheinen sich gegenseitig Anträge hin, her und zurück zu schicken, zu verweisen und abzuweisen, zu kopieren, registrieren und verwalten, bis am Ende irgendetwas dabei herauskommt. Obwohl scheinbar keiner Verantwortung trägt, niemand derjenige ist, der ursprünglich anweist, geschweige denn, dass ein einziger davon jemals etwas ausführt.
Doch genau darin liegt der Schlüssel. Denn erstens wird nicht jeder Gedanke an eine Bewegung in einen Befehl überführt. Zweitens kann der Befehl auch im Nachhinein noch aufgelöst oder verändert werden. Drittens klappt das alles so gut, dass wir auf jedem Terrain stabil aufrecht stehen und gehen können. Dass wir tanzen, jonglieren oder (theoretisch) gar beides gleichzeitig können. Und viertens können wir parallel dazu (wie gesagt, theoretisch) singen, dichten oder logarithmische Funktionen lösen.
Um diesen Grad an Feinmotorik zu erreichen, ohne das Gehirn an die Grenzen seiner Leistungsfähigkeit zu bringen, braucht es mehr als eine befehlende und eine ausführende Station. Es braucht eine komplexe Verwaltung der diversen Signale und Steuerungsbefehle. Während parallel dazu

andere Bereiche der Verwaltung mit ganz anderen Dingen beschäftigt sein können, die nicht minder komplex sind.
Wir alle schimpfen gerne über die undurchsichtigen und teilweise langwierigen Vorgänge in Ämtern und Behörden. Doch wer meint, es ginge auch ohne sie, dem sei Vorsicht geraten. Wie wichtig eine gute Verwaltung ist, wird erst dann klar, wenn sie fehlt oder ausfällt. Dann entsteht je mehr Chaos, umso größer und komplexer das ist, was diese Verwaltung verwaltet. Und da der Körper des Menschen sehr groß und sehr komplex ist, entsteht ein ziemliches Chaos, wenn im Kern dieser Verwaltung etwas ausfällt. Auch wenn es auf den ersten Blick nur eine kleine Unterabteilung ist.

## Werden die Symptome durch hohes Alter ausgelöst?

Die Parkinsonsche Krankheit ist eine neurodegenerative Erkrankung, die Nervenzellen gehen zugrunde. Es ist bekannt, dass und welche Zellen degenerieren. Nur nicht, warum. Allerdings verdichten sich die Hinweise auf die Ursachen.

In Deutschland leben etwa 300 000 Betroffene, weltweit etwa 4 Millionen. Das heißt, es sind 2 Promille aller Menschen am Parkinson-Syndrom erkrankt. Betrachtet man nur die über 75-Jährigen, dann sind es 2 Prozent! *Ist die Hauptursache für das Parkinson-Syndrom hohes Alter?*

In der Regel beginnt das Parkinson-Syndrom sich im Alter zwischen 50 und 80 Jahren zu zeigen. Die meisten erkranken um das 60. Lebensjahr, unter 40-Jährige nur in absoluten Ausnahmefällen. Doch diese Ausnahmen gibt es! Hohes Alter allein löst die Krankheit nicht aus. Es erhöht nur die Wahrscheinlichkeit.

Dass Menschen sich in fortgeschrittenem Alter nicht mehr so flink bewegen wie Jüngere, ist normal und nicht krankhaft. Wenn Bewegungen sich jedoch über das normale Maß erschweren oder ganz ausbleiben, dann schon.

Die Unfähigkeit, sich kontrolliert und koordiniert zu bewegen, heißt Akinese, von *kinesis* (altgriech. für Bewegung) und der Vorsilbe *a-* (für nein oder nicht). Sie ist das sogenannte Haupt- oder Kardinalsymptom des Parkinson-Syndroms. Akinese tritt zu Beginn meist einseitig auf, dann schwingt beispielsweise ein Arm beim Gehen weniger oder gar nicht mit. Verspannte Muskeln können schmerzen, oft in der Schulter, Betroffene sprechen langsamer oder können nicht mehr gut schlucken. Derartige Symptome stammen nicht vom Alter, und sie sind auch nicht »normal«.

Vom Parkinson-Syndrom spricht man, wenn die Akinese mit

mindestens einem weiteren der folgenden Symptome gemeinsam auftritt: Ruhetremor, Rigor und Standstörung.
*Tremere* ist das lateinische Wort für zittern. Wir alle zittern, wenn wir frieren, aufgeregt sind oder uns verausgabt haben. Doch im Ruhezustand zu zittern ist nicht normal und kann ein Anzeichen für eine Störung sein. Das Wort *Rigor* (lat. für steif oder starr) beschreibt gut den Zustand der Muskulatur, die dauerhaft übermäßig angespannt ist. Der gestörte Stand hat damit zu tun, dass wir auf zwei Beinen aufrecht sehr instabile Gebilde sind. Wir müssen fortwährend und fein koordiniert unsere Muskulatur nutzen, um aufrecht stehen bleiben zu können. Das allein ist für Parkinsonpatienten noch relativ gut möglich. Doch zeigt sich das Problem deutlich, wenn sie in einem Bus durch die Stadt fahren. Während die meisten Menschen die Manöver des Busfahrers ausgleichen können, ist dies vom Parkinson-Syndrom Betroffenen nicht möglich.
Es können weitere Symptome auftreten, die nicht die Motorik betreffen. Zum Beispiel kann eine gestörte Blasenfunktion, Schlafstörung, Depression und sogar Demenz auftreten.

## Erste Rückschlüsse aufs Gehirn

Im Kapitel über Epilepsie war von tonischen, atonischen und klonischen Anfällen die Rede, in deren Folge die Muskulatur sich übermäßig stark anspannt, die Anspannung verlorengeht oder sich Spannung und Entspannung zu rhythmischen Zuckungen aufschaukelt. Tremor und Rigor sind etwas anderes!
Das Zittern eines Parkinsonpatienten entsteht eine Hierarchieebene unterhalb des Kortex! In der Hirnrinde, am Ausgangspunkt, sind die Nervenzellen nicht übermäßig synchron oder stark aktiv, sondern das ursprüngliche Signal wird fehlerhaft koordiniert. Auch für einen durch fortwährende Fehlkoordination versteiften Muskel liegt der Grund eine Ebene tiefer als für den massiv angespannten Muskel

während eines tonischen Anfalls. Davon abgesehen ist ein epileptischer Anfall von relativ kurzer Dauer. Der Tremor und der Rigor jedoch sind ein dauerhafter Zustand.
Das heißt, die Ursache für das Parkinson-Syndrom kann nicht wie bei Epilepsie in einer Übererregbarkeit der Nervenzellen liegen. Irgendetwas stört ihr ansonsten fein koordiniertes Miteinander! Das Problem liegt auch nicht in der Synchronizität. Bewegung ist weiterhin möglich, nur verzögert, verlangsamt und fehlerhaft koordiniert.
Aus der Analyse der Epilepsie haben wir gelernt, dass Erregung und Hemmung in einer feinen Balance stehen müssen. Epilepsie und das Parkinson-Syndrom sind sich insofern ähnlich, als beide durch ein gestörtes Gleichgewicht von Erregung und Hemmung hervorgerufen werden. Nur liegt das Problem des Parkinson-Syndroms nicht daran, dass mal die Erregung und mal die Hemmung über das Ziel hinausschießt. Es kommt zu einer dauerhaften Fehleinstellung in dieser Balance. In Richtung zu viel Erregung. Das zeigen die Symptome Zittern und Muskelsteifheit.
Bleiben nur die Fragen: Wo und wie?

## Historie: Warum Schüttellähmung heute Parkinson heißt

Schon in altindischen und altchinesischen Texten, die um das Jahr 1000 entstanden, tauchen Beschreibungen einer Krankheit auf, die wir heute als das Parkinson-Syndrom erkennen. Auch in Europa wurden ähnliche Schriften verfasst, wenn auch knapp 600 Jahre später. Diesen Texten ist gemein, dass sie jeweils nur Teile des Krankheitsbildes beschreiben. Ihren heute gebräuchlichen Namen erhielt das Syndrom durch den Arzt, der es zuerst in Gänze beschrieb.[2] Das war im Jahr 1817 James Parkinson, ein britischer Arzt und Apotheker. Allerdings verwendete er einen anderen Namen. Seine Veröffentlichung betitelte er mit: »Eine Abhandlung über die Schüttellähmung«. Der französische Neurologe Jean-Martin Charcot baute Mitte des 19. Jahrhunderts auf Parkinsons Beschreibungen auf und verfeinerte sie. Es war Charcot, der das Syndrom von anderen Erkrankungen abgrenzte, die sich ebenfalls durch Zittern äußern können, wie etwa Multiple Sklerose. Charcot beschrieb auch, dass nicht alle Patienten Lähmungserscheinungen zeigen oder zittern, daher lehnte er den Namen »Schüttellähmung« ab und verwendete den Namen »Parkinsonsche Krankheit«.

Über die Ursachen konnten alle damaligen Autoren nur spekulieren. Erst Ende des 19. Jahrhunderts formulierte der französische Pathologe Édouard Brissaud seine bis heute gültige Hypothese, dass ein Gehirnbereich namens *Substantia nigra* der Ort ist, an dem der Schaden passiert, der zu den Symptomen führt. Aber die Ursache? James Parkinson führte die Krankheit auf eine Neurodegeneration des extrapyramidal-motorischen Systems zurück, wozu auch die Substantia nigra gehört, es dauerte aber bis weit ins 20. Jahrhundert hinein, bis man den Ursachen auf die Spur kam.

Mit der Nennung des extrapyramidal-motorischen Systems

und der *Substantia nigra* sind wir allerdings in den Kerngebieten angekommen. Sind diese Gebiete geschädigt, löst das bei Betroffenen Probleme aus, sich fein koordiniert zu bewegen. Sie müssen also etwas mit der Steuerung von Bewegung zu tun haben. Nur: Was? Wie? Und wieso braucht es dazu mehrere Gebiete?

## Wo und wie Bewegung entsteht

Die Silbe *extra* in extrapyramidal heißt außerhalb, was darauf hindeutet, dass es auch ein »innerhalb« gibt, das schlicht pyramidal-motorisches System heißt. Dieses verdankt seinen Namen einem Typ von Nervenzellen im Kortex, deren Zellkörper grob dreieckig erscheinen, weshalb man sie Pyramidenzellen nennt. Sie haben lange Fortsätze, über die sie mit anderen Regionen verbunden sind. Die Gesamtheit der Verbindungen wird die Pyramidenbahn genannt, sie zieht vom Kortex bis in das Rückenmark.

Auch das extrapyramidal-motorische System zieht vom Kortex bis ins Rückenmark. Nur startet es an einem anderen Bereich des Kortex, stellt Verbindung zum Kleinhirn her und macht noch einen Umweg über die Kerngebiete. Man spricht vom pyramidalen und vom extrapyramidalen System, weil die Pyramidenzellen in dem einen System enthalten sind und in dem anderen nicht.

Die Trennung anhand ihrer Funktion ist nicht immer ganz klar, aber für das Verständnis mancher Krankheiten hilfreich.

Ist beispielsweise das pyramidale System einer Großhirnhälfte durch einen Schlaganfall ausgefallen, zeigt sich das durch eine Lähmung. Die ist in der Regel nicht vollständig, Betroffene büßen Feinmotorik ein und bewegen meist andere als die bewusst angesteuerten Muskeln mit. Dagegen zeigt sich ein Schaden des extrapyramidalen Systems dadurch, dass Bewegungsabläufe, je nach Schaden, entweder allgemein verstärkt oder allgemein abgeschwächt sind. Was geradezu danach schreit, dass wir es in diesem Kapitel wieder mit Erregung und Hemmung zu tun bekommen.

Einfach gesagt ist das pyramidale System für Fein- und Willkürmotorik zuständig, das extrapyramidale System eher für die grobe und unwillkürliche Motorik.

Die Systeme und ihre Schäden zeigen eindeutig, dass Bewegung durch das komplexe Zusammenspiel mehrerer Gehirnregionen und mehrerer Botenstoffe koordiniert wird, die sich gegenseitig beeinflussen. Und mehr. Dass Störungen des extrapyramidalen Systems dazu führen, dass Bewegungen allgemein verstärkt oder abgeschwächt werden, zeigt, dass es irgendwo zwischen sendender und empfangender Station etwas geben muss, das wie der Lautstärkeregler einer Stereoanlage die ausgehenden Signale in Gänze verstärkt oder abschwächt. Genau das sind die Kerngebiete!

## Warum braucht es mehrere Kerngebiete?

Im Kapitel über Epilepsie schrieb ich, dass das Gehirn, wenn man beispielsweise ein Bein strecken will, zwei Befehle schickt. Ein erregender Befehl geht an den Strecker, der sich durch die Erregung zusammenzieht. Ein hemmender Befehl geht an den Beuger, der folglich lockerlässt, damit er nicht die Arbeit des Streckers behindert. Wie sollen beide Befehle von einer Gehirnregion koordiniert ausgesendet werden? Es braucht mindestens einen Bereich, der den ursprünglichen Befehl »Bein strecken« gibt. Dieser Rohbefehl wird dann von einem anderen Gehirnbereich in jeweils konkrete Befehle für Beuger und Strecker übersetzt. Welcher Muskel wird wann gehemmt? Welcher erregt? Wie stark? Und wie lange?

Störungen im pyramidalen System zeigen dadurch, dass andere Muskeln als die gewünschten unwillkürlich mitbewegt werden, dass das System noch etwas komplizierter ist. Es muss nicht nur der Gegenspieler eines angesteuerten Muskels gehemmt werden. Will ich aufstehen, dann muss ich nicht nur mein Bein strecken. Dann müssen die passenden Muskeln in Hüfte und Rumpf aktiviert werden. Während so ziemlich alles andere unterbunden werden muss, damit die gewünschte Bewegung nicht von anderen Bewegungen behindert wird.

Langer Rede kurzer Sinn: Wenn die Parkinsonsche Krankheit eine neurodegenerative Erkrankung des extrapyramidalen Systems ist, dann wissen wir nun grob, was der Schaden ist und wo er sich ereignet. Irgendwo unterhalb des Kortex, in den Kerngebieten, sterben Nervenzellen ab.
*Warum ich mich auf die Kerngebiete festlegen kann?* Immerhin sagte ich weiter oben, dass das extrapyramidale System auch Verbindung zum Kleinhirn beinhaltet. Und vielleicht hat auch der ein oder andere schon mal davon gehört, dass das Kleinhirn mit Bewegung zu tun hat, was richtig ist. Aber die Aufgabe des Kleinhirns, am hintersten untersten Rand des Kopfes gelegen, ist es weder, eine Bewegung zu initiieren, noch sie zu koordinieren. Sondern fortwährend die initiierte Bewegung mit der gewünschten abzugleichen. Weicht die tatsächliche Bewegung von der gewünschten ab, dann greift das Kleinhirn so lange ein, bis beides wieder zusammenpasst. Das ist sozusagen eine Hierarchieebene unter den Kerngebieten. Erst erfolgt der Befehl, dann wird der Befehl koordiniert, dann wird er ausgeführt, und erst dann wird die Ausführung an den Befehl angepasst. Ich sagte doch, dass der Verwaltungsaufwand hoch ist.

## Veränderbarkeit von Bewegung

Der erste Schritt einer Bewegung ist die Planung. Selbst wenn sie nur einen Sekundenbruchteil dauert. Dies geschieht im Kortex, genauer gesagt in der Stirnregion, im prämotorischen Kortex. Dass der Kortex in funktionelle Unterbereiche aufgeteilt ist, wissen wir mittlerweile. Manche Zentren verarbeiten etwas, was ihnen ein Sensor für die Außenwelt geschickt hat. Daher nennt man diese Bereiche sensorische Areale. Die motorischen Areale kontrollieren die Motorik, also die Bewegung. Doch noch *davor* liegen die *prä*motorischen Areale. Denn nicht jeder Entschluss zu einer Bewegung wird auch in eine solche umgesetzt. Beispiel: Ich sitze am Schreibtisch,

draußen scheint die Sonne. Da entstehen so einige Entschlüsse für Bewegung in meinem Kopf. Doch die einzigen, die ich ausführe, sind die meiner Finger auf der Tastatur. Meine Beine, die ich sehr gerne bewegen würde, bleiben dabei völlig still. Der Rohbefehl »Rausgehen« wird also auf dem Weg zu den Beinen effektiv unterbunden.
Doch selbst wenn eine Bewegung initiiert wird, läuft sie nicht immer gleich ab. Nehmen wir an, ich gehe doch hinaus. Ich kann dies schleichend machen, gehend oder rennend. Ich kann mit den Füßen fest aufstampfen oder versuchen, unhörbar zu bleiben. Meine Muskeln müssen dazu sowohl in der Geschwindigkeit als auch in der Stärke kontrolliert werden.
Und wieder ist das nicht alles. Es muss möglich sein, alles kurzfristig zu ändern oder ganz über den Haufen zu werfen. Das veranschaulicht die Bewegung eines Boxers während eines Kampfes. Sieht er eine Lücke in der Deckung des Gegners, dann wird vielleicht der Entschluss entstehen, in diese Lücke eine rechte Gerade zu plazieren. Geschwindigkeit und Stärke dieser Aktion sind justiert, es kann losgehen. Doch dann merkt der Boxer, dass er einem Trick aufgesessen ist, sein Gegner hat absichtlich die Deckung geöffnet, um ihn in eine Falle zu locken. Mit nur einer direkten Nervenverbindung vom Kortex zu seinen Muskeln hätte niemand eine Chance, aus dieser Falle wieder herauszukommen. Doch wie wir alle wissen, ist das nicht so. So wie wir alle kann der Boxer sich in sprichwörtlich letzter Sekunde umentscheiden, den Entschluss einer rechten Geraden über den Haufen werfen und seinem Gegner dafür ausweichen. Oder ihm statt der rechten Geraden einen linken Schwinger mitgeben.
Alle drei Dinge, also Bewegung in Geschwindigkeit und Stärke zu verändern sowie sie auch in Gänze an die aktuelle Situation anzupassen, sind nur dann möglich, wenn statt einer direkten Verbindung ein regulatives Element hinzukommt. Das Gehirn schickt den Befehl von dem Ort des Kortex, an dem der Entschluss zur Bewegung entwickelt wird,

zuerst in die Tiefen des Gehirns, dort wird er durch verschiedene Schleifen geschickt und kommt dann zurück in den motorischen Kortex, von wo der Befehl durch das Rückenmark zu den Muskeln geht.

## Das regulative Element

Diese »Schleifen« bestehen aus Ketten hintereinandergeschalteter Gehirnregionen, von denen ich den Thalamus bereits erwähnte. Doch der Thalamus kann nur in eine Richtung regulieren. Seine Nervenzellen nutzen den Botenstoff Glutamat, erzeugen also Erregung in den Folgezellen. Etwas anderes als Signale verstärken kann der Thalamus nicht. Wäre der Thalamus ein Angestellter, sein Charakter wäre von Eifrigkeit geprägt.

Um wirklich regulieren zu können, brauchen wir noch ein Element, um den Thalamus zu bremsen. Für diese Aufgabe sind Zellen geeignet, die einen hemmenden Botenstoff nutzen, statt Eifer eher einen zurückhaltenden Charakter haben. Insofern passt es, dass ihre Abteilung Pallidum oder Globus pallidus (»blasse Kugel«) heißt. So stelle ich mir auch die Angestellten in dieser Abteilung vor: rundliche, blasse Typen mit phlegmatischem Gemüt. Wenn sie an den Thalamus signalisieren, reduziert das seinen Eifer, und die Chefetage wird nicht so arg mit Meldungen bombardiert.

Nervenzellen aus dem Pallidum nutzen den hemmenden Botenstoff GABA. Das erzeugt in den Zellen des Thalamus Hemmung, weshalb sie nicht mehr so stark an den motorischen Kortex signalisieren. Dennoch reicht auch das noch nicht.

Die Kette von Gehirnregionen geht noch weiter, ich erspare uns die Details. Das ist wirklich harter Stoff. Der Punkt dabei ist, dass sie auch hundert oder tausend solcher Regionen hintereinanderschalten können, ohne die Möglichkeit zu bekommen, wirklich zu regulieren. Denn gleich wie lang die Kette ist, wenn jedes Glied stets nur eine Möglichkeit hat,

Verstärken oder Abschwächen des Signals durch entweder Hemmung oder Erregung, dann ist das Endergebnis immer vorhersagbar. Dann kann man sich die ganze Mühe auch sparen und statt der komplizierten Kette gleich den ursprünglichen Befehlsgeber richtig justieren. Aber richtig und falsch gibt es hier nicht, wir wollen zu jeder Zeit die Möglichkeit haben, ein Signal verändern zu können. Und zwar mal so und mal so, je nach Gusto. Diese Möglichkeit bekommt man nur, wenn man in die Kette eine Region hinzufügt, die beides kann, hemmen und erregen. Und genau diese Region verursacht beim Parkinson-Syndrom die Hauptsymptome.

Die Mitarbeiter dieser Abteilung der Verwaltung in unseren Köpfen sind wie die »Men in Black«. Einerseits, weil »Angestellte« dieser Abteilung, also die Nervenzellen, dunkel pigmentiert sind. Und da schwarz auf Latein *nigra* heißt, nennt sich der kleine Kern schwarze Substanz oder Substantia nigra. Andererseits, weil die Hauptdarsteller im gleichnamigen Film Spezialagenten sind, die mit so weitreichenden Befugnissen ausgestattet sind, dass sie selbst über die der Regierung hinausgehen.

So sind auch die Nervenzellen der Substantia nigra, wie die Herren mit den schwarzen Anzügen und den Sonnenbrillen im Film, in der Lage, die Entscheidungen zu überstimmen, die von höherer Instanz kommen, also vom Kortex. Andererseits sind sie ebenso in der Lage, Entscheidungen des Kortex noch zu verstärken. Und das, ohne dass sich das von außen vorhersagen ließe. Der Grundvoraussetzung dafür, dass diese Gehirnregion als regulatives Element fungiert. Weil sie quasi eigene Entscheidungen trifft. Und mich gerade daran hindert, den Sonnenschein in der Natur zu genießen.

Für ihre so wandelbare Aufgabe nutzen die Nervenzellen der Substantia nigra einen Botenstoff, der zu Spezialagenten passt, denn er kann erregend *und* hemmend wirken, je nachdem, welcher seiner Empfänger ihn empfängt. Dieser Stoff heißt Dopamin.

Und da die Men in Black aus der Substantia nigra ihre Botschaften in mehrere der Kerngebiete schicken, erlaubt dies, ein Signal in seiner Intensität zu reduzieren oder zu verstärken! In der Summe entsteht so die Möglichkeit, willkürliche Bewegungen in einzelne Teile zu zerlegen, die getrennt voneinander geplant und ausgeführt werden können. Einige Anteile der Bewegung werden betont, andere werden verhindert, und am Ende entsteht eine flüssige, feinmotorisch koordinierte Bewegung.

**Die Kerngebiete**
Der prämotorische Kortex (Boss) entwirft grob eine Bewegung. Er erregt das erste der Kerngebiete (Jury): das Striatum. Das Striatum hemmt den Globus pallidus. Der Globus pallidus hemmt den Thalamus (Vorzimmerdame). Der Thalamus erregt den Motorkortex (Abteilungsleiter). Der Motorkortex steuert die Muskeln. Die Substantia nigra kann hemmend und erregend an Striatum und Globus pallidus signalisieren.

## Der Botenstoff Dopamin vermittelt mehrere Botschaften

Je nachdem, welchen Pfad die Substantia nigra aktiviert und welchen sie hemmt, kann sie zu mehr oder weniger Aktivität im Thalamus führen, zu mehr oder weniger Bewegung. Alles dank Dopamin und seiner so wandelbaren Empfänger.

Die tun auch an anderer Stelle gute Dienste. Im vegetativen Nervensystem ist Dopamin etwa an der Regulation der Durchblutung einiger innerer Organe, unter anderem den Nieren, beteiligt. Und im sogenannten Nucleus accumbens spielt Dopamin eine wichtige Rolle für Motivation und Belohnung. Dieser Kern *(nucleus)* liegt ganz eng an einer anderen Region, wohnt ihr sozusagen bei, was auf Latein übersetzt *accumbens* bedeutet. Dieser Kern gehört ebenfalls zu den Kerngebieten, ist aber von denen abgegrenzt, die für Bewegung zuständig sind. Er ist ein Teil des Belohnungssystems. Hat eine Handlung ein Ziel, das wir erreichen wollen, und wird dieses Ziel erreicht, dann gibt es im Nucleus accumbens einen Happen Dopamin, und wir sagen: »Yeah!« und fühlen uns gut.

Aus den unterschiedlichen Aufgaben von Dopamin folgt auch, dass sich sein Ungleichgewicht vielgestaltig auswirken kann, je nachdem, wo es sich ereignet. Man kann, wenn an einer Stelle Dopamin fehlt, es nicht als Pille einnehmen, denn dann würde es sich im gesamten Gehirn verteilen. Und alle seine Empfänger aktivieren, egal wo. Dopamin ist neben seiner Rolle in Motorik, Motivation und vegetativen Prozessen wie dem Stoffwechsel auch an der Steuerung von Emotionen sowie höheren kognitiven Prozessen beteiligt. Ist der Dopaminspiegel gestört, können daraus, je nachdem, wo und wie der Spiegel gestört ist, Depressionen entstehen, eine gestörte Nierenfunktion, aber auch Schizophrenie, Substanzabhängigkeiten oder eben die Parkinsonsche Krankheit.

Letztere wird ausgelöst, weil Nervenzellen in einem Unterbereich der Substantia nigra, der sogenannten Pars compacta, absterben. Da diese Neurone den Botenstoff Dopamin produzieren, fehlt der nun. Die Substantia nigra reguliert durch Ausschüttung von Dopamin das Gleichgewicht der Gehirnaktivität. Fehlt Dopamin, kann die Aktivität der Zellen nicht mehr richtig reguliert werden, so dass einige Zellen zu stark, andere zu wenig aktiviert werden. Das geschieht nicht von heute auf morgen. Anzeichen, die mit der Erkrankung in Verbindung gebracht werden, zeigen sich erst, wenn über die Hälfte der Zellen der Substantia nigra zugrunde gegangen sind. Sie beginnt also schon lange bevor der Patient oder der Arzt es merkt!

## Wie kommt Dopamin an seinen Einsatzort?

Eine Nervenzelle ist ein extrem langgestrecktes, filigranes Gebilde mit einem Fortsatz von teilweise erstaunlicher Länge. Alles, was die Zelle benötigt, wird in ihrem Zellkörper hergestellt. Dort ist der Zellkern und darin alle genetischen Informationen. Im Zellkörper ist auch die Maschinerie, die benötigt wird, um aus Genen Proteine entstehen zu lassen. Auch Dopamin ist ein Protein, wird also im Zellkern hergestellt. Verwendet wird es aber in der Synapse, ganz am Ende des Axons! Es muss also einen Transportmechanismus geben, der Substanzen durch das Axon transportiert, so wie Waren aus einer Firma durch eine Spedition verteilt werden. Statt in Pakete sind die Produkte in kleine Membrankugeln verpackt, die Vesikel. Und statt von Lkws werden die von Proteinen transportiert, die sich am Zellskelett entlanghangeln. Ich weise darauf hin, weil es bei Parkinsonpatienten zu krankhaften Veränderungen am Zellskelett kommt.

## Die Ursachen des primären Parkinson-Syndroms laut Braak-Hypothese

Das ist alles richtig, allerdings ist die Wissenschaft schon etwas weiter. Trotzdem es kompliziert wird, wage ich den Versuch, davon zu berichten. Wem das zu kniffelig ist, kann diesen Teil überspringen!

Der deutsche Neuroanatom Heiko Braak formulierte vor über zehn Jahren eine Hypothese, nach der bei der Parkinsonschen Krankheit Lewy-Körperchen im Zellkern von Neuronen und Lewy-Neuriten in deren Fortsätzen zu finden sein müssen. Die Körperchen sind relativ große, runde und die Neuriten kleine, langgestreckte Verklumpungen (»Aggregate«) von Proteinen. Ich spreche im weiteren Verlauf der Einfachheit halber nur von Lewy-Körperchen, meine aber auch immer die Lewy-Neuriten. Diese Einschlusskörperchen verursachen die Störung und nachfolgend die Zerstörung der Zellen. Wer Parkinson-typische Symptome, aber keine Lewy-Körperchen hat, der hat auch keine Parkinsonsche Erkrankung.

Man kann sie unter dem Mikroskop sehen und sich als kleine Eiweißmüllhaufen vorstellen, denn sie bestehen aus funktionslosen Eiweißansammlungen, die nicht in eine Zelle gehören. Dort stören sie Abläufe, wie zum Beispiel den Transport von Dopamin durch das Axon zum Zielort.

Der wesentliche Bestandteil der Lewy-Körperchen ist das Eiweiß Alpha-Synuclein. Es kommt auch in gesunden Zellen vor. Allerdings kann es unter noch nicht recht verstandenen Bedingungen seine Struktur verändern. Es sieht dann aus wie ein vielfach gefaltetes Blatt. Dieses sogenannte Beta-Faltblatt ist außerordentlich stabil. Daran können sich noch unveränderte Alpha-Synuclein-Moleküle anlagern und dabei auch die Beta-Faltblattstruktur annehmen. So wächst, Molekül um Molekül, ein Eiweißaggregat heran, in das sich auch andere Eiweiße mit einschließen können. So entsteht der mikroskopisch sichtbare Klumpen des Lewy-Körperchens.

Sie sind nach ihrem Entdecker benannt, dem deutschen Neurologen Friedrich Lewy, und das wesentliche Merkmal aller im Folgenden beschriebenen Braak-Stadien der Erkrankung. Allerdings sind Lewy-Körperchen allein kein hinreichender Grund, von Parkinsonscher Krankheit zu sprechen. Es gibt andere Krankheiten, die mit Lewy-Körperchen einhergehen, wie die Lewy-Körperchen-Demenz oder die Multisystematrophie. Nicht zuletzt weisen auch die Gehirne mancher Menschen Lewy-Körperchen auf, die (noch?) keine Symptome zeigen. Braak studierte Hunderte Parkinsonpatienten, aber auch solche, die Lewy-Körperchen, aber keine Symptome hatten. Er entdeckte, dass manche Nervenzelltypen und Gehirnregionen anfälliger für das Auftreten von und Schäden durch Lewy-Körperchen sind als andere. Der Parkinsonschen Erkrankung liegen laut Braak krankhafte Prozesse zugrunde, die relativ gleichförmig verlaufen. Er unterteilte sie in sechs Stadien, in denen die Erkrankung fortschreitet.

**Exkurs: Infektiöse Proteine**

Doch vor den Stadien ein Exkurs. Wie könnte sich die veränderte Struktur eines bestimmten, falsch gefalteten Eiweißes entlang eines Nervenfortsatzes ausbreiten? Einerseits über den normalen aktiven Transport von Proteinen, wie er in Axonen jederzeit stattfindet. Daneben kann jedes Faltblatt einem noch ungefalteten Eiweiß als Vorlage dienen, sich in dieselbe Konfiguration zu wandeln und sich so dem Faltblatt anzuschließen. Wem dieser Mechanismus bekannt vorkommt: Ja, bei der Creutzfeldt-Jakob-Krankheit und der berühmt-berüchtigten bovinen spongiformen Enzephalopathie (kurz BSE) liegt genau so ein Mechanismus vor.

Für die Theorie der »infektiösen Proteine« hat Stanley Prusiner 1997 den Nobelpreis in Physiologie und Medizin erhalten. Es verdichten sich immer mehr die Hinweise, dass es sich dabei um einen Krankheitsmechanismus handelt, der nicht nur BSE zugrunde liegt. Je nachdem, welches Eiweiß betroffen ist (es muss in eine Faltblattstruktur wandelbar sein), entstehen unterschiedliche, zumeist das Nervensystem betreffende Erkrankungen. Neben BSE (Prionprotein) auch die Parkinsonsche (Alpha-Synuclein) und die Alzheimersche Erkrankung (Beta-Amyloid, Tau), doch davon im nächsten Kapitel. Das heißt nicht, dass letztere Erkrankungen ansteckend wären. Das ist extrem unwahrscheinlich, obzwar die Hypothese kürzlich geäußert wurde.

**Die Parkinsonsche Krankheit verläuft in sechs Stadien**

Die sechs Stadien nach Braak äußern sich durch die Beteiligung jeweils neuer Gehirnregionen, die in immer gleicher Reihenfolge betroffen sind.

1. Stadium: Die Lewy-Körperchen beginnen sich zunächst und noch ohne motorische Symptome im Zentralnervensystem am Übergang zwischen Rückenmark und Gehirn, der sogenannten *Medulla oblongata,* zu zeigen.

Dort hat auch der Vagusnerv seinen Ursprung, einer der Hirnnerven, der bei der Erkrankung oft betroffen ist. Gleiches gilt für den sogenannten *Bulbus olfactorius,* eine Region, in der Geruchsinformationen aus der Nase verarbeitet werden. Interessanterweise ist ein erstes Symptom der Erkrankung häufig das Nachlassen des Geruchssinnes und damit auch der Geschmacksempfindung. Das wird von Ärzten häufig nicht als Hinweis auf die Erkrankung erkannt, weil sie besonders nach motorischen Symptomen suchen.

Zu diesem ersten Stadium zählt auch der wohl umstrittenste Teil der Braak-Hypothese: Auch im Magen-Darm-Trakt finden sich vor dem Auftreten typischer Parkinsonsymptome in manchen Nervenzellen Lewy-Körperchen! Laut Braak könnte die Erkrankung dort ihren Anfang nehmen. Ein unbekannter Faktor, vielleicht ein Bakterium, ein Virus, eine Substanz oder alles zusammen, führt danach zu Alpha-Synuclein-Aggregaten in Nervenzellen des Magen-Darm-Traktes. Von da aus schreitet die Strukturänderung wie bei einem Dominoeffekt entlang der langen, unmyelinisierten Nervenfortsätze fort. Sie erreichen den Vaguskern, denn er innerviert den Magen-Darm-Trakt. Damit erreicht das Unheil das zentrale Nervensystem.

2. Stadium: Die Lewy-Körperchen breiten sich in den Raphe-Kernen und dem *Locus coeruleus* aus, zwei Kernen des Hirnstamms, den wir aus dem Kapitel über Kopfschmerz kennen.

3. Stadium: Erst jetzt beginnen sich die Prozesse in der *Substantia nigra* zu zeigen, und die ersten Parkinson-typischen motorischen Symptome treten auf. Nun sind auch Teile des Mittel- und Frontalgehirns betroffen. Es zeigen sich erste Spuren in der Amygdala, dem »Mandelkern«, die an der Verarbeitung von Emotionen beteiligt ist.

4. Stadium: Die Einschlusskörperchen und Schäden erreichen den Kortex, hauptsächlich in der Schläfenregion. Auch die Amygdala, die zwar unterhalb der Oberfläche liegt, aber dennoch zum Kortex gehört, ist nun massiv betroffen.

5. Stadium: Die Schäden erstrecken sich auch auf die Schläfenregion des Neokortex, also des »neuen« Kortex. Beim Menschen ist das grob gesagt die gesamte Gehirnoberfläche.

6. Stadium: Erst jetzt breiten sich die Schäden über den ganzen Neokortex aus. Betroffene zeigen in der Regel das volle Spektrum klinischer Symptome, das heißt, neben den motorischen treten auch andere Symptome wie emotionale und kognitive auf, sprich Depression und Demenz.

**Warum manche Nervenzellen anfälliger für Lewy-Körperchen sind als andere**

Das bisher zu den Braak-Stadien Gesagte klingt recht akademisch. So als seien sie nur Kategorien von Neuroanatomen oder Pathologen, mit denen sie nach dem Ableben des Patienten zu einer Verfeinerung der Diagnose beitragen können. Für die Patienten hätte das keine Bedeutung mehr. Doch wer sich die Reihenfolge der beteiligten Bereiche genau ansieht, dem fallen einige bemerkenswerte Dinge auf.

Manche Nervenzellen sind anfälliger für das Auftreten von Lewy-Körperchen. Es sind dies vor allem Zellen, die lange

Verbindungen in andere Gehirnregionen entsenden. Sie zeichnen sich durch ihre überproportional langen und vergleichsweise wenig myelinisierten Axone aus. Nicht von Lewy-Körperchen betroffen sind verbindende Nervenzellen mit vergleichsweise kurzen Axonen. Und welche mit langen Axonen, die stark durch Myelin isoliert sind, wie beispielsweise die Pyramidenzellen des Kortex: Die Parkinsonsche Erkrankung ist eben eine Erkrankung des *extra*pyramidalen Systems, also eines Systems ohne Pyramidenzellen. Laut Braak könnten zwei Eigenschaften für die Widerstandsfähigkeit der genannten Neurone verantwortlich sein. Erstens müssen Zellen mit myelinisierten Axonen weniger Energie aufwenden, um ihre Signale weiterzuleiten, als Zellen mit gering oder nicht myelinisierten Axonen. Dadurch entstehen weniger Stoffwechselprodukte, die die Zelle schädigen können, man spricht von oxidativem Stress. Zweitens haben wir im Kapitel über Multiple Sklerose festgestellt, dass Oligodendrozyten, die die Myelinscheide bilden, die Axone auch ernähren. Sie stabilisieren die Axone. Es ist möglich, dass sie dies auch tun, indem sie Substanzen ausschütten, die es verhindern (oder zumindest abmildern), dass sich Proteine auf ihrem langen Weg durch das Axon zu Proteinaggregaten verklumpen.

### Zum Parkinson-Syndrom gehören nicht nur motorische Symptome

Die Parkinsonsche Erkrankung wird in vielen Berichten auf den Verlust an Dopamin reduziert. Das allein ist nicht ausreichend. Denn es sind auch Nervenzellen von den Einschlusskörperchen betroffen, die Noradrenalin als Botenstoff nutzen, oder Acetylcholin, Serotonin und sogar Histamin. Die Fokussierung auf Dopamin und die Substantia nigra greift nach der Braakschen Hypothese zu kurz.

Das erklärt, warum viele Parkinsonpatienten angeben, nichtmotorische Symptome Jahre vor den motorischen bemerkt zu haben. Die sie, und leider häufig auch der Arzt, zum Zeitpunkt des ersten Auftretens nicht mit der Parkinsonschen Erkrankung in Verbindung brachten. In dieser Phase der Erkrankung kann es zu Einschränkungen im Geruchssinn kommen, wie oben bereits erwähnt. Auch Schlafstörungen und Verdauungsstörungen (Magen-Darm-Trakt!) können auftreten. Weil diese nicht-motorischen Symptome Hinweise auf eine Parkinsonsche Erkrankung sein können, konzentriert sich die Forschung vermehrt darauf, sie so früh wie möglich zu entdecken und bereits dafür Behandlungsmöglichkeiten zu entwickeln. So soll die Weiterentwicklung zu motorischen Symptomen verhindert werden.

So weit mein Ausflug in die derzeit noch nicht vollständig akzeptierte, aber sehr plausible und durch viele Befunde unterlegte Braak-Theorie zur Entstehung der Parkinsonschen Erkrankung. Wie fast immer in der medizinischen Wissenschaft: Am Ende ist alles viel komplizierter, und meist kann nicht ein einzelner Faktor, sei es ein Gen oder Umweltfaktor, eine Erkrankung erklären. So ist es auch bei dieser Erkrankung. Deshalb ist es gut, wenn Jochen uns nun weitere Theorien zur Krankheitsursache erläutert. Manche davon passen gut zu der von mir vorgetragenen, andere sind damit weniger vereinbar. Vermutlich gibt es nicht die *eine* Ursache!

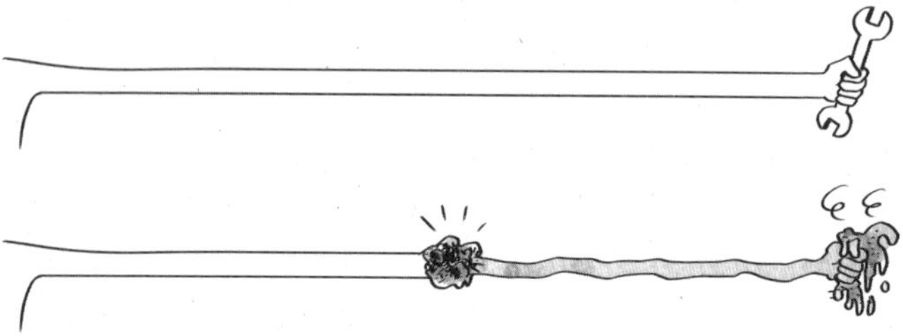

**Neurodegeneration durch Proteinaggregate**
Alles, was am Ende eines Axons (Arm) benötigt wird, muss hindurchtransportiert werden. Verklumpt Protein in den Fortsätzen, kommt der Transport zum Erliegen. Die Folge: Die Synapse (Hand) geht zugrunde und kann die Funktion nicht mehr übernehmen.

## Ursachen für das sekundäre Parkinson-Syndrom

Es gibt verschiedene Proteine, die gesund und normal in uns vorkommen und ihre jeweilige Funktion übernehmen. Ändern sie aus irgendeinem Grund ihre Gestalt, können sie die Funktion nicht mehr übernehmen. Ihre veränderte Gestalt kann andere Proteine anstecken, sich ebenfalls zu verformen. Es entstehen Aggregate, Klumpen aus funktionslosem Protein, die Lewy-Körperchen, die wie Müllhaufen herumliegen und die Abläufe in den Zellen stören.

Die Bildung dieser Müllhaufen schreitet laut Heiko Braak in sechs definierten Stadien über verschiedene Gehirnbereiche fort und ist ursächlich für die Degeneration der Nervenzellen. Das erklärt gut das primäre oder idiopathische Parkinson-Syndrom.

Aber es gibt, wie eingangs erwähnt, neben dem idiopathischen noch das sekundäre oder symptomatische Parkinson-Syndrom. Ein Grund dafür sind Schädel-Hirn-Traumata, wie sie im Boxsport auftreten. Auch Profifußballer sind davon nicht verschont. Sehen Sie sich einen Kopfballstoß in Zeitlupe an, und Sie können sofort nachvollziehen, wodurch die

Hälfte der Profifußballer während ihrer Karriere Schädel-Hirn-Traumata erleiden. Wie und wieso das zur Bildung von Lewy-Körperchen führen kann, ist unbekannt. Allerdings ist es sehr einfach, sie zu vermeiden: keine Vollkontaktsportarten betreiben und beim Fußball weniger Kopfbälle spielen.

**Schläge auf den Kopf erhöhen NICHT das Denkvermögen**

Wir wissen heute, dass multiple Kopftraumen, wie sie beim Boxen oder den Kopfbällen beim Fußball auftreten können, nicht nur zum symptomatischen Parkinson-Syndrom führen können, sondern auch zu einer davon abzugrenzenden Erkrankung, der chronischen traumatischen Enzephalopathie (CTE). Das ist eine recht junge, nicht ganz unumstrittene Diagnose, die vor allem in den USA für großes Medien- und Forschungsinteresse sorgt. Unter anderem wegen des dort sehr populären, aber ruppigen American Football. CTE ist auch deshalb interessant im Zusammenhang mit den Ursachen der Parkinsonschen Erkrankung, weil auch für CTE die Missfaltung von Proteinen und damit deren Verklumpung innerhalb der Zelle ursächlich sein kann. Allerdings wohl nicht das Alpha-Synuclein, sondern ein Protein namens Tau, das uns im nächsten Kapitel über Demenz noch beschäftigen wird. Deshalb können wiederholte Kopftraumen nicht nur für ein Parkinson-Syndrom verantwortlich sein, dann hätten sie zu Einschlusskörperchen aus Alpha-Synuclein geführt. Kommt es in Nervenzellen zu Aggregaten von Tau, dann sind andere Symptome, wie Aufmerksamkeitsverlust, Gedächtnisstörungen bis hin zur Demenz möglich.

## Sekundäre Formen geben Hinweise auf die beteiligten Mechanismen

Nur etwa 5 bis 10 Prozent der Parkinsonfälle haben eine klar identifizierbare Ursache. Da wären einerseits bestimmte Substanzen, zu denen ich gleich komme, andererseits genetische Ursachen.

Wie schon bei anderen Krankheiten tritt die Parkinsonsche Krankheit nur selten familiär gehäuft auf. Es gibt eine genetische Komponente, die den Krankheitsverlauf beeinflusst, doch nur 3 Prozent der Fälle sind vererbbar. Das bedeutet, mutierte Gene lösen die Parkinsonsche Krankheit nicht alleine aus, können allerdings den Verlauf begünstigen. Wieder verraten uns die vererbbaren Fälle einiges über die Krankheitsmechanismen. Denn die familiären Parkinsonfälle kann man auf eine Mutation in einem einzelnen Gen zurückführen. Und genau daraus wird das Protein, das Ulrich als Hauptbestandteil der Lewy-Körperchen identifizierte: Alpha-Synuclein.

Das Wort Synuclein beinhaltet die Wortbestandteile *syn,* zusammen, und *nucleus,* Kern. Das entsprechende Protein kommt in drei Versionen vor, daher die Vornamen Alpha, Beta und Gamma. Diese finden sich in Synapsen, wo sie an der Bildung von Membrankanälen und der Ausschüttung von Dopamin beteiligt sind. Endlich ein Hinweis auf die Ursache für den Niedergang der Zellen!

Das veränderte Gen führt zu einem veränderten Protein, welches auf dem Weg zur Synapse zu Müllhaufen verklumpt, stecken bleibt und die Zelle zerstört. Davon abgesehen kann Alpha-Synuclein, wenn es auf dem Weg zum Einsatzort verklumpt, seine Aufgabe nicht übernehmen. Durch die Kanäle der Zellmembran gelangen die geladenen Teilchen in die Zelle hinein und aus ihr heraus. Von ihnen hängt die elektrische Ladung der Zellen ab. Und ohne Alpha-Synuclein ist sie gestört. Und selbst wenn es ein Impuls bis zur Synapse schafft, kann Dopamin nicht ausgeschüttet werden, weil ohne Alpha-Synuclein der Apparat dafür beschädigt ist. Dann wird das Signal nicht auf die Folgezelle übertragen, und die Funktion der betroffenen Zellen fällt aus.

Interessanterweise können sich Veränderungen im Gen für Alpha-Synuclein nicht nur durch das Parkinson-Syndrom äußern. Auch die Demenz mit Lewy-Körperchen beruht auf verändertem Alpha-Synuclein. Man kann diese Demenzform sowohl als eigenständige Krankheit ansehen als auch als Folge einer fortgeschrittenen Parkinson-Erkrankung.

Die Wissenschaft hat einen großen Schritt getan in Richtung zur Aufklärung der Ursachen von Parkinson. Zuerst wusste man nur, dass Nervenzellen zugrunde gehen. Später verstand man, dass Lewy-Körperchen in diesen Zellen auftreten. Die familiären Parkinsonfälle wiesen darauf hin, dass die Lewy-Körperchen keine Folge, sondern Ursache der Degeneration sind. Biochemie und Genetik erbrachten den Beweis, dass die Klumpen aus Alpha-Synuclein bestehen, welches falsch gefaltet ist, weil das dafür codierende Gen bei Betroffenen mutiert ist.

Proteine sind komplexe dreidimensionale Gebilde, sie alle müssen in einer bestimmten Art und Weise gefaltet sein, um ihre Wirkung erzielen zu können. Wer als Kind mit Legosteinen gespielt hat, weiß, dass die richtigen Bausteine nichts tun, wenn man sie nicht in der richtigen Art und Weise zusammenbaut. Bei Proteinen ist das genauso.

Wie gesagt kann man bei den immerhin 75 Prozent der Parkinsonfälle, die idiopathisch sind, keine einzelne Ursache identifizieren. Dennoch bestehen auch deren Lewy-Körperchen aus falsch gefaltetem Alpha-Synuclein. Ist das Gen für Alpha-Synuclein mutiert, kann man sich das vorstellen, als weise die Bauanleitung für ein Lego-Bauwerk einen Fehler auf. Es ist kein Wunder, dass dadurch ein fehlerhaftes Endprodukt entsteht. Doch das kann auch bei genetisch unveränderten Personen passieren, also bei korrekter Lego-Bauanleitung.

Es kann beispielsweise ein Bauteil verbogen sein. Worauf ich hinauswill, sind die bereits angekündigten »bestimmten Substanzen«, auch als Umweltfaktoren umschrieben, die für die Entwicklung der Krankheit mitverantwortlich sein könnten.

## Wo Gifte krank machen könn(t)en

Wie bei der Multiplen Sklerose analysierte man die regionale Verbreitung der Krankheit und bemerkte, dass tendenziell eher Menschen aus ländlichen Regionen betroffen sind. Doch die Krankheit wird nicht durch die frische Luft ausgelöst, im Gegenteil. Der Verdacht kam auf, es könne am Trinken ungereinigten Brunnenwassers liegen. Doch eine Studie an mehreren hundert Parkinsonpatienten und ihren Verwandten ergab keinen Hinweis auf eine Infektion mit Parasiten oder Keimen. Was gibt es sonst auf dem Land? Die Antwort ist simpel, wenn auch ihre Konsequenzen alles andere als das sind: Landwirtschaft! Denn die konventionelle Landwirtschaft hat trotz aller Unterschiede in den angebauten Feldfrüchten eines gemein: die Verwendung diverser Gifte.

Tatsächlich verdichten sich die Hinweise darauf, dass der Kontakt mit bestimmten Pestiziden die Krankheit auslösen kann. In Frankreich ist der Zusammenhang seit 2012 offiziell anerkannt. Unter Landwirten, die mindestens zehn Jahre Pestizide verwendeten und spätestens ein Jahr später Symptome entwickeln, ist die Parkinsonsche Krankheit als Berufskrankheit anerkannt.

In Deutschland ist das nicht so. Das deutsche Bundesamt für Risikobewertung (BfR) gab bereits im Jahr 2006 eine Stellungnahme heraus, darin heißt es: »Die ausgewerteten epidemiologischen Untersuchungen weisen auf einen Zusammenhang zwischen einer Exposition gegenüber Pestiziden und einer Parkinsonerkrankung hin. Jedoch konnte bisher weder ein einzelnes Pestizid noch eine Kombination verschiedener Pestizide als Auslöser identifiziert werden.«[3]

So weit, so richtig. Was aber, wenn man doch einzelne Pestizide identifiziert? Dann macht das für das BfR keinen Unterschied, wie die folgenden Sätze zeigen: »Selbst wenn einzelne Pestizide den Dopaminhaushalt beeinflussen können, kann eine biologische Plausibilität experimentell nicht hinreichend abgeleitet werden, die das Entstehen von Parkinson erklären könnte. Ein kausaler Zusammenhang zwischen einer Pestizidaufnahme und dem Entstehen der Krankheit beim Menschen kann somit derzeit nicht belegt werden.«[4]

Was lernen wir daraus? Das BfR kann in die Zukunft sehen! Zwar schränkt die Behörde im letzten Satz ein, dass nur »derzeit« kein kausaler Zusammenhang belegt ist. Andererseits versichert sie sich gegen eventuell in der Zukunft auftauchende Zusammenhänge mit der Weissagung, dass, egal was man herausfindet, eine »biologische Plausibilität« nicht abgeleitet werden kann. Potzblitz!

*Was machen Pestizide eigentlich?* Tierische Schädlinge bekämpfen. Im Gegensatz zu Herbiziden, die auf pflanzliche Schädlinge wirken. Eine sichere Methode, tierisches Leben zu bekämpfen, ist die Schädigung des Nervensystems. Kurz gesagt: Die meisten Pestizide sind Nervengifte! Was einen kausalen Zusammenhang mit der Entstehung der Parkinsonschen Krankheit durchaus möglich macht. Auch wenn ein abschließender Beweis tatsächlich noch aussteht.

Trotz aller berechtigter Vorsicht braucht niemand Angst vor gespritztem Obst zu haben. Zwar sollte man es vor dem Verzehr waschen, doch selbst wenn nicht, sind die darauf vorhandenen Mengen an Pestiziden so gering, dass sie uns nichts ausmachen. Für die im Vergleich zu uns winzigen Insekten, Würmer oder ähnliche Schädlinge sieht das anders aus. Da sie kleiner sind, wirken bei ihnen bereits kleine Mengen schädlich.

Warum Landwirte öfter betroffen sind? Sie sind im Vergleich zu Nichtlandwirten ungleich größeren Konzentrationen der Gifte ausgesetzt. Ähnliches gilt für Menschen, die in

Gebieten mit viel konventioneller Landwirtschaft leben, wobei es widersprüchliche Angaben dazu gibt, ob die Parkinsonsche Krankheit in solchen Regionen gehäuft auftritt oder nicht. Allerdings sollte man, wenn man direkt neben einem Acker lebt, auf dem gerade gespritzt wird, besser die Fenster schließen.

## Eine Droge verrät den Mechanismus

Kommen wir noch einmal darauf zurück, wie »biologisch plausibel« es sein kann, dass chemische Substanzen die Parkinsonsche Krankheit auslösen können. Auf die Idee kam man bereits in den achtziger Jahren des 20. Jahrhunderts durch Drogenabhängige, bei denen Symptome festgestellt wurden, die dem Parkinson-Syndrom ähnlich waren. MPPP ist eine Droge, die auch als synthetisches Heroin bezeichnet wird. Wer bei der Herstellung dieser Droge nicht absolut exakt arbeitet, erhält kein reines Endprodukt. Das dürfte in einigen Drogenlaboren der Fall sein, da darin wohl nur in Ausnahmefällen ausgebildete Chemiker arbeiten. Geschieht die Produktion der Droge unter zu viel Hitze, entsteht am Ende statt reinem MPPP ein großer Anteil MPTP. Abhängige, die sich diese Mischung injizierten, entwickelten innerhalb einer Woche die typischen Parkinson-Symptome. Doch diese Menschen waren weder alt noch dement, erfüllten also nicht die normalen Bedingungen für Parkinsonpatienten. Also wurden Untersuchungen gestartet.
In Experimenten fand man heraus, dass MPTP im Körper durch ein Enzym in MPP+ umgewandelt wird. Dieses Molekül ist Dopamin ähnlich genug, um von den Nervenzellen mit Dopamin verwechselt zu werden. Genauer von einem Transporter, der in der Zellmembran sitzt und sonst Dopamin zurück in die Zelle transportiert, nachdem es in der Synapse seinen Job erledigt hat. Doch im Gegensatz zu Dopamin wird MPP+ nicht einfach wieder in Vesikel verpackt

und erneut verwendet. So ähnlich ist es Dopamin dann doch wieder nicht. Im Zellinneren angelangt, beschädigt MPP+ die Zelle auf irreversible Weise und führt damit zum Tod der betroffenen Nervenzelle.

Grob gesagt wirkt MPP+ zerstörend auf den Energiekreislauf. Es verhindert, dass ein Enzym Sauerstoff reduziert, was zum Tod der Zelle führt. Das erinnert an die von Braak formulierte These, warum manche Zellen anfälliger für das Auftauchen von Lewy-Körperchen sind als andere. Genauer: die Zellen, die langgestreckte, wenig myelinisierte Axone haben und folglich mehr Energie aufwenden müssen und dadurch in oxidativen Stress geraten. *Oxi-* deutet auf den Sauerstoff hin, der sehr reaktiv ist und dadurch Zellen schädigen kann, wenn er nicht schnell reduziert wird. Ich erwähne das deshalb so detailliert, weil es chemische Verwandte von MPP+ gibt, die als Unkrautvernichter eingesetzt werden. Die weiter oben erwähnten Herbizide, die den Energiekreislauf der Zellen stören. Auch die werden in der konventionellen Landwirtschaft eingesetzt. Das war im Bundesamt für Risikobewertung anscheinend nicht bekannt.

Da auch die Parkinsonsche Krankheit hauptsächlich durch das Absterben von Neuronen ausgelöst wird, die Dopamin als Botenstoff nutzen, löst MPP+ Symptome aus, die mit denen des Parkinson-Syndroms vergleichbar sind. Nur dass die Schäden so schnell und so massiv auftreten, dass die Symptome innerhalb von nur einer Woche sichtbar werden. Heute wird MPTP in der Forschung verwendet, um in Tierversuchen die Parkinsonsche Krankheit auslösen und untersuchen zu können.

Fassen wir kurz zusammen: Das Parkinson-Syndrom wird ausgelöst, weil Nervenzellen degenerieren. Je nach Stadium in verschiedenen Bereichen des Gehirns, was zu verschiedenen Symptomen führt. Die typischen motorischen Symptome zeigen sich recht spät im Verlauf und werden durch degenerierte Nervenzellen in der Substantia nigra ausgelöst. Die

Degeneration geschieht vorwiegend in Nervenzellen, die lange, wenig isolierte Fortsätze haben und leichter in oxidativen Stress geraten. Ausgelöst wird der Zelluntergang durch verklumptes Protein, die Lewy-Körperchen. Proteine sind dreidimensionale Gebilde, die ihre Funktion nur dann übernehmen können, wenn sie die korrekte Gestalt haben. Die Lewy-Körperchen bestehen aus Alpha-Synuclein, dessen Funktion mit der Bildung von Membrankanälen und der Ausschüttung von Dopamin zusammenhängt.

Daraus folgen einige Dinge. Erstens ist es absolut biologisch plausibel, dass Pestizide die Parkinsonsche Krankheit auslösen. Zweitens gilt dasselbe für Herbizide. Drittens ist der Verlust von Dopamin nicht die Ursache, sondern die Folge der krankhaften Prozesse. Viertens könnte der aus dem erhöhten Energiebedarf wenig isolierter Axone resultierende oxidative Stress der Stein des Anstoßes sein, der das erste Protein dazu bringt, sich zu verformen, was andere Proteine ansteckt, dies ebenso zu tun. Ich sage »könnte«, denn vollständig bewiesen ist das noch nicht.

## Behandlung und Forschung

### Vorwiegend medikamentöse Behandlung

Bei degenerativen Erkrankungen kann insofern keine Heilung eintreten, da sich Nervenzellen, die einmal zugrunde gegangen sind, nicht ersetzen lassen. Wir können auch nicht den Energiehaushalt der Zellen manipulieren, denn das würde alle Körperzellen gleichermaßen betreffen und heftige Nebenwirkungen auslösen. Was wir ebenfalls nach heutigem Wissensstand nicht können, ist einmal falsch gefaltete Proteine wieder richtig zu falten. Wir können das Rad also nicht zurückdrehen.

Das Ziel der Behandlung des Parkinson-Syndroms ist es daher, den Verlauf der Krankheit aufzuhalten, zu verhindern, dass die Prozesse weiter voranschreiten und sich die Symptome verschlimmern. Dabei erzielte die Forschung in den letzten Jahren große Fortschritte. Noch Mitte der 1980er Jahre war es sehr wahrscheinlich, dass ein Patient zehn Jahre nach der Diagnose im Rollstuhl saß. Heute ist die Situation eine ganz andere. Die Krankheit ist heute zehn Jahre nach der Diagnose von Außenstehenden häufig nicht erkennbar. Ein eindeutiger Erfolg!

Die Behandlung erfolgt dabei auf mehreren Ebenen, kausal wie symptomatisch. Die medikamentöse Behandlung zielt darauf ab, das fehlende Dopamin zu ersetzen. Aufmerksame Leser werden es ahnen: Das ist nicht so einfach, denn Dopamin kommt nicht durch die Blut-Hirn-Schranke, wir hatten das schon im Kapitel über die Multiple Sklerose erwähnt. Glücklicherweise gilt das nicht für eine Vorstufe des Dopamins, das L-Dopa.

Neben Dopamin-Vorstufen gibt es auch andere Mittel, die eingesetzt werden können und die Wirkung von Dopamin an den Botenstoffempfängern nachahmen. Man spricht von Dopaminagonisten. *Agonist* heißt auf Griechisch »der

Handelnde«, das heißt, die Mittel handeln an den Botenstoffempfängern genauso wie Dopamin.
Das Gegenteil eines Agonisten ist ein Antagonist. Da es durch das Fehlen von Dopamin zu einem funktionellen Überschuss des erregend wirkenden Botenstoffs Glutamat kommt, können bestimmte Formen von Glutamatantagonisten eingesetzt werden. Ein Beispiel dafür wäre Amantadin. Diese Substanz wirkt antagonistisch auf einen bestimmten Typ von Glutamat-Empfängern. Allerdings hat diese Substanz weitere Effekte. Unter anderem steigert es die Freisetzung von Dopamin und hemmt gleichzeitig dessen Wiederaufnahme in die Zelle, wodurch es länger wirken kann.
Doch nichts lebt ewig. Auch Dopamin kann nicht ewig wiederverwendet werden, weshalb die Zellen Möglichkeiten haben, Substanzen abzubauen. Dafür gibt es in den Zellen eine Substanz, die den eingängigen Namen Catechol-O-Methyltransferase (COMT) trägt. COMT bastelt an Dopamin einen Methylrest, was dazu führt, dass der Botenstoff seine Wirkung nicht mehr entfalten kann. Dadurch ist Dopamin inaktiviert und hat durch den Methylrest eine Art Etikett erhalten, auf dem »Entsorgen« steht. Man kann sich die Behandlung von COMT als ersten Schritt in Richtung Abbau der betroffenen Substanz vorstellen. Interessant ist das deshalb, weil wiederum andere Substanzen, die COMT hemmen, dafür sorgen, dass Dopamin eben nicht inaktiviert und nicht abgebaut wird. Es ist mehr vorhanden, was die Symptome verringert.
Den gleichen Effekt haben auch die Monoaminoxigenasen. Diese Enzyme spalten verschiedene Botenstoffe, auch Dopamin, weshalb Substanzen, die diese Enzyme hemmen, für eine erhöhte Konzentration von Dopamin sorgen. Ob man Dopamin durch eine Vorstufe oder gleich handelnde Substanzen ersetzt, ob man verhindert, dass seine Gegenspieler handeln, oder ob man verhindert, dass Dopamin wieder in die Zelle aufgenommen, inaktiviert oder abgebaut wird – alle

Ansätze haben letztlich insofern vergleichbare Effekte, als sie zu mehr Dopamin führen, womit sie für die Behandlung des Parkinson-Syndroms geeignet sind. Allerdings haben alle denselben Nachteil: Sie wirken nur dann, wenn zumindest noch eine funktionelle Restmenge an Nervenzellen in der Substantia nigra vorhanden ist. Wenn zu viele Zellen zugrunde gegangen sind, dann kommt auch eine medikamentöse Behandlung an ihre Grenzen.

Mal davon abgesehen, dass alle Therapien nach der Braakschen Hypothese zu kurz greifen, wenn sie sich »nur« auf Dopamin konzentrieren. Doch die Hypothese ist noch zu jung, um bereits Konsequenzen für die Behandlung zeigen zu können. Allerdings werden neue medikamentöse Therapien intensiv erforscht.

**Die Honeymoon-Phase**

Die Vielfalt der verschiedenen Medikamente, die dem Arzt heute zur Behandlung der Parkinsonschen Erkrankung zur Verfügung stehen, ist der Hauptgrund, warum, wie von dir erwähnt, diese Erkrankung so viel besser zu behandeln ist als noch vor 20 oder 30 Jahren. Nach der Diagnose werden Patienten meist nur mit einem Medikament behandelt, häufig ist das L-Dopa. Das wirkt sehr gut in diesem Stadium, in dem noch viele Dopamin produzierende Zellen in der Substantia nigra überleben. Man nennt das auch die »Honeymoon-Phase« der Behandlung, weil sie so gut wirkt, dass der Patient gar nichts oder kaum mehr etwas von seiner Erkrankung merkt. Leider wird das Fortschreiten des Nervenzelluntergangs durch diese Medikamente nicht aufgehalten. Weshalb nach einigen Jahren, bei manchen früher, bei anderen später, L-Dopa alleine nicht mehr reicht. Der Arzt setzt dann zunehmend kompliziertere Mischungen von Medikamenten ein, die in die gestörte Neurochemie des Patienten eingreifen. Es beginnt dann eine Art Schlingerkurs, bei dem mal die sogenannten Plussymptome, also zum Beispiel der Tremor das Problem sind und bald darauf die Minussymptome, wie Schwäche oder Trippelgang. Die Patienten müssen dann oft viermal am Tag wechselnde Kombinationen von Tabletten einnehmen, manchmal fünf verschiedene oder mehr! Trotz ständig neuem Einstellen der verschiedenen Medikamente auf die jeweils im Vordergrund stehenden Symptome wird es dann häufig für die Patienten (und deren Angehörige!) immer schwerer, im Alltag zurechtzukommen. Dann ist die Krankheit »austherapiert«, in diesem Stadium würde man kaum noch dopaminerge Nervenzellen in der Pars compacta der Substantia nigra finden. Aber selbst in diesem Stadium gibt es, zumindest für manche Patienten, noch therapeutische Möglichkeiten.

## Die Behandlung durch tiefe Hirnstimulation bringt kaum vorstellbare Erfolge

Wir haben ja bereits angedeutet, dass das Ende der Fahnenstange noch nicht erreicht ist, wenn die motorischen Probleme trotz der Medikamente zunehmen. Auch auf die neue therapeutische Möglichkeit haben wir bereits mehrfach hingewiesen. Die tiefe Hirnstimulation ist zur Behandlung des Parkinson-Syndroms entwickelt worden und hat kaum vorstellbare Erfolge gebracht. Im deutschen Magazin *GEO* wurde darüber eindrücklich berichtet. Ein Redakteur des Magazins leidet am Parkinson-Syndrom und hat sich der Operation unterzogen, worüber im Magazin in der Juni-Ausgabe 2015 berichtet wurde. Der Fotograf fand eine besonders anschauliche Methode, den Erfolg der Behandlung darzustellen. Vor und nach der Operation wurde der Redakteur fotografiert. Dazu nutzte der Fotograf eine lange Belichtungszeit, und der Redakteur schrieb mit einer Taschenlampe je ein Wort in die Luft: »vorher« und »nachher«. Während das »vorher« durch das starke Zittern kaum leserlich war und nur deshalb entziffert werden

konnte, weil es in der Bildunterschrift verraten wurde, war das »nachher« klar und deutlich zu lesen. Der Redakteur gab im Artikel an, er freue sich besonders, dass er nun wieder Musikinstrumente spielen könne. Ich erwähne das Klavierspiel als Symbol für Feinmotorik. Vor der Operation war dies unmöglich geworden. Jetzt bringt der Redakteur sogar eine eigene CD heraus. Ein derartig durchschlagender Erfolg ist mit Medikamenten nicht zu erzielen.
Bei der tiefen Hirnstimulation oder THS wird eine feine Stimulationselektrode in das Gehirn abgesenkt. Nebenbei bemerkt ist dies eine der Operationen, die ich in der Einleitung erwähnte, während der ein Patient wach bleibt. Dennoch spürt der Patient keinen Schmerz, weil das Gehirn zwar dafür verantwortlich ist, Schmerzen wahrzunehmen, aber selbst nicht schmerzempfindlich ist. Der Patient muss wach bleiben, weil der Operateur anhand seiner Reaktion auf Testimpulse merkt, ob er den richtigen Ort für die Elektrode bereits erreicht hat. Genauer gesagt entweder den subthalamischen Kern oder den Globus pallidus.
Vielleicht wundert sich nun der eine oder andere Leser, warum die Elektrode nicht direkt in der Substantia nigra plaziert wird. Erinnern Sie sich bitte daran, was ich weiter oben sagte: Die Operation wird nicht als erstes Mittel angewandt. Selbst bei einem routinierten Chirurgen birgt eine Operation immer Gefahren, und es ist ein fundamentales Prinzip der Medizin, dem Patienten nicht zu schaden und alles zu tun, um einen möglichen Schaden, der durch eine Behandlung entstehen könnte, zu minimieren. Allein mit einem Skalpell in die Haut zu schneiden ist definitionsgemäß ein »Schaden«. Weshalb man stets zuerst medikamentös behandeln wird, bevor man operiert. Beinahe egal, um welche Krankheit es sich handelt, solange es kein akuter Notfall ist.
Die THS kommt also erst zum Einsatz, wenn der Schaden an der Substantia nigra schon sehr groß ist, wenn also nur noch so wenige Neurone dort intakt sind, dass ihre Stimulation

mit Dopamin keinen ausreichenden Effekt mehr hätte. Wieder ist es von entscheidender Bedeutung, die Schaltkreise genau zu kennen, um zu wissen, wo man die Elektrode plazieren muss, damit sie den gewünschten Effekt erzielen kann. So kann man durch die elektrische Stimulation eine Hemmung der betroffenen Region erzielen! Wodurch die Schaltkreise funktionell zumindest tendenziell normalisiert werden. Ich sage das so eingeschränkt, weil die THS nicht in der Lage ist, Wunder zu bewirken. Sie wird aus einem Patienten, der am Parkinson-Syndrom im fortgeschrittenen Stadium leidet, keinen völlig symptomfreien Menschen machen. Die THS heilt auch im Sinne des Wortes nicht, und sie hält auch die Degeneration der Neurone und damit die Krankheit nicht auf. Aber sie dreht die Uhr um einige Jahre zurück. Der Effekt ist absolut erstaunlich und ein Segen für die Patienten.

## Skurrile Nebenwirkungen mancher Medikamente

Bei Medikamenten gilt immer: Keine Wirkung ohne Nebenwirkung! Dass sich Nebenwirkungen auf skurrilste Art zeigen können, haben gerade Medikamente zur Behandlung des Parkinson-Syndroms eindrücklich bewiesen. Zwar gelangt Dopamin nicht über die Blut-Hirn-Schranke, doch dies gilt nicht für alle Substanzen, die als Dopaminagonist wirken. Als man bestimmte dieser Substanzen am Menschen testete, kam es zu Nebenwirkungen, die man zuerst nicht mal als solche erkannte.

Stellen Sie sich vor, ein Bekannter leidet am Parkinson-Syndrom und nimmt an einer Medikamentenstudie teil. Sie drücken die Daumen, hoffen, dass das neue Medikament eine positive Wirkung erzielen wird. Nach ein paar Tagen oder Wochen zeichnet sich genau das ab, Ihrem Bekannten geht es besser. Die wichtigsten Parameter sind in Ordnung, die Blutwerte nicht verändert, er verträgt das Mittel. Am wichtigsten: Die motorischen Symptome nehmen ab. Wer wird es dem Bekannten verübeln, dass er dies feiert? Sich nach langer Zeit wieder besser und koordinierter bewegen zu können, muss sich anfühlen, als habe man ein zweites Leben geschenkt bekommen. Doch statt sich, wie der *GEO*-Redakteur, dem Klavierspiel zuzuwenden, zeigten die Probanden einer amerikanischen Medikamentenstudie Verhaltensweisen, die bald über das normale Maß hinausgingen. Laut Zeitungsberichten begann ein Amerikaner im Rentenalter, der vor der neuen Behandlung noch nie in seinem Leben im Casino gewesen war, zwanghaft zu spielen. Innerhalb kurzer Zeit verspielte er das gesamte Vermögen, das er sich zeit seines Arbeitslebens zur Alterssicherung erarbeitet hatte. Eine Dame vergleichbaren Alters entwickelte eine für ihre Familie verstörende Sexsucht. Hätten Sie das als Nebenwirkung eines Medikaments erkannt? Ich wage zu vermuten, dass nein. Oder zumindest nicht zu Beginn. Erst als die Verhaltensweisen extremer wurden und sich die Fälle häuften, wurde die Studie abgebrochen, und die Zwangsstörungen verschwanden wieder. Wie waren sie entstanden?

Zu Beginn dieses Kapitels erwähnte ich, dass Dopamin neben der Substantia nigra auch im Nucleus accumbens verwendet wird, der zum sogenannten Belohnungssystem gehört. Der Nucleus accumbens ist auch an der Entwicklung von Süchten beteiligt. Steigt der Dopaminspiegel im Nucleus accumbens, dann fühlen wir uns gut. Deshalb sind der Botenstoff und die Gehirnregion stark an emotionalen Lernprozessen beteiligt. Die Aktivität des Nucleus accumbens fördert bestimmte Verhaltensmuster, die mit einer Belohnung verbunden werden. Und diese Belohnung ist die Ausschüttung von Dopamin im Nucleus accumbens. Das können nicht nur Drogen. Dopamin wird in dieser Region auch bei Sex ausgeschüttet. Oder bei allen Handlungen, die nach einer Phase der Unsicherheit einen gewissen »Kick« verursachen. Wie Extremsport. Oder Glücksspiel.

Die Nebenwirkungen der Dopaminagonisten bewiesen, was ich ebenfalls weiter oben schon andeutete: dass man Botenstoffe nicht einfach dem Gehirn »hinzufügen« kann.

Spannend daran sind vor allem die Auswirkungen auf unser Bild von Sucht. Und auf die Behandlung davon. Suchtverhalten wird oft als eine Charakterschwäche interpretiert. Doch das kann alleine so nicht stimmen, wenn auch nach 60 Jahren, in denen ein Charakter gefestigt wurde, ein Medikament diesen in kürzester Zeit so massiv verändern kann. Auswirkungen auf die Behandlung von Süchten hat das insofern, als heute in der Tat Dopamin*anta*gonisten als Mittel gegen Suchtverhalten erforscht werden. Noch vor ein paar Jahren hätten die meisten Forscher darüber wohl den Kopf geschüttelt. Sucht galt als ein Problem, mit dem Betroffene vielleicht zum Psychiater gingen, aber nicht zum Neurologen.

Doch wieder haben wir etwas dazugelernt. Dieses diffuse Etwas, das wir Seele nennen, betrachten wir seit René Descartes als getrennt von unserem stofflichen Körper existierend. Doch so getrennt von ihm scheint es nicht zu sein, im Gegenteil. Sonst würden nicht stoffliche Dinge wie Botenstoffe oder deren Vorstufen geistige Dinge wie Seele oder den Charakter beeinflussen. Das soll nicht heißen, dass die Arbeit von Psychologen und Psychiatern für die Katz ist, auf keinen Fall. Aber dass es Probleme gibt, wie Suchtverhalten, wo es allein mit Entgiftung und einer Behandlung der Psyche nicht getan ist. Ein Ungleichgewicht in den Konzentrationen einzelner Botenstoffe im Gehirn kann aus einem ausgeglichenen Menschen auch nach Jahrzehnten noch einen »Suchtcharakter« machen, der fortan seine Stellung, Sicherheit, Geld, Familie und mehr aufs Spiel setzt, um sich eine Belohnung zu verschaffen. Die Floskel: »Der Geist befiehlt dem Fleisch und nicht umgekehrt« scheint genau das zu sein: eine Floskel.

Glücklicherweise wirken neue Medikamente nicht mehr so grob wie die damals getesteten Dopaminagonisten. Sie sind spezifischer und entfalten daher nicht so massive Nebenwirkungen. Wobei es dennoch ein guter Rat an Betroffene ist, ihre Medikamentendosis nicht selbständig zu erhöhen.

Wir lernen fortwährend dazu. In den 1990er Jahren wurde die »Dekade des Gehirns« ausgerufen, und die Neurowissenschaften wurden massiv gefördert. Man musste schnell erkennen, dass es mit einer Dekade nicht getan ist. Es ist eine Situation, die wohl jeder Wissenschaftler kennt. Man formuliert im Geiste eine Theorie und macht Experimente, um sie zu überprüfen. Man sammelt Fakten und denkt sich, dass die Theorie so stimmen wird. Und dann hauen einem die Ergebnisse die Theorie in Stücke, und alles ist noch viel komplizierter, als man sich das vorgestellt hat. Wobei das nicht schlimm ist, denn genau dadurch entstehen meist die besten, spannendsten und aussagekräftigsten Ergebnisse. Nur dass sie eben nicht immer so sind wie vorher ausgedacht. Man nennt das Grundlagenforschung, bei der man nie weiß, was herauskommt. Leider gerät die zunehmend außer Mode, da diejenigen, die Forschung finanzieren, das oft nur dann tun, wenn man ihnen vorab garantiert, wann welches Ergebnis wie bei den geplanten Experimenten entsteht. Das führt so weit, dass der Nobelpreisträger Erwin Neher auf einer Tagung sagte, er bezweifle, dass er es unter den heutigen Bedingungen noch einmal zum Nobelpreis gebracht hätte, da er in den ersten Jahren seiner Forschung keine Ergebnisse erzielen konnte. Forschung braucht Zeit und beinhaltet auch oft Versuch und Irrtum. Wobei genau dieser Irrtum oft die größten Überraschungen erbringt.

Innerhalb der Neurowissenschaften kann man sagen, dass sich etwa die Hälfte der Wissenschaftler weltweit mit der Erforschung von Krankheiten und Therapien beschäftigen. Mit gutem Grund. So unglaublich komplex das Gehirn ist, so komplex sind auch seine Krankheiten. Hinzu kommt der demographische Wandel. Unsere Gesellschaft wird älter. Dadurch nehmen auch die Zahlen von Patienten zu, die an degenerativen Erkrankungen leiden. Das hat nicht nur die

Wissenschaft, sondern auch die Politik erkannt. Glücklicherweise, denn so kam es dazu, dass in Deutschland ein Zentrum zur Erforschung neurodegenerativer Krankheiten gegründet wurde. Im Jahr 2009 eröffnete das »Deutsche Zentrum für Neurodegenerative Erkrankungen«, kurz DZNE. Die heute neun Institute in verschiedenen deutschen Städten haben das gemeinsame Ziel, die Ursachen und Mechanismen neurodegenerativer Krankheiten aufzuklären, zu denen auch die Parkinsonsche Krankheit gehört. Hinzu kommen die vielen Universitäten und anderen außeruniversitären Forschungseinrichtungen, in deren Laboren auch an verschiedenen Aspekten dieser Leiden geforscht wird. Man kann also guten Gewissens sagen, dass die Parkinsonsche eine sehr intensiv beforschte Krankheit ist. Die bisher erreichten Erfolge in der Behandlung beweisen, dass wir auf dem richtigen Weg sind. Und erlauben es uns, positiv in die Zukunft zu sehen, weshalb ich mir den Satz erlaube, dass man in den nächsten Jahren einen weiteren Durchbruch in der Behandlung erwarten kann.

Die Parkinsonforschung zielt dabei vor allem auf zwei Dinge: die Degeneration in ihren molekularen Mechanismen und die gestörten Schaltkreise im Gehirn besser zu verstehen. Besonders Letzteres dürfte zu neuen Therapien führen. Ich sage absichtlich »dürfte« und nicht »wird«. Denn Forschung ist die Suche nach Wissen. Wüssten wir jetzt schon, welches Wissen dabei entsteht, wir bräuchten ja nicht mehr zu forschen!

## Musik hilft!

Dass neue Therapien nicht immer in Form von Pillen daherkommen, habe ich bereits mehrfach in diesem Buch beschrieben. So hat es sich gezeigt, dass etwas ganz Simples die Symptome von Parkinsonpatienten zumindest zeitweise lindern kann: Musik! Allerdings nur, wenn sie rhythmisch ist. Die gestörte motorische Koordination von Menschen, die unter dem Parkinson-Syndrom leiden, zeigt sich unter anderem dadurch, dass sie langsamer gehen und die Länge ihrer Schritte schlechter kontrollieren können als Gesunde. Diese Symptome verbessern sich unter rhythmischer Musik! Sie scheint wie eine Art Taktgeber für die Patienten zu wirken. So fand man heraus, dass musikalische Rhythmen nicht nur Regionen des Gehirns aktivieren, die Informationen aus dem Gehör verarbeiten, sondern auch solche, die an der Steuerung der Motorik beteiligt sind: die Kerngebiete! Und auch, wenn der Effekt nur anhält, solange die Musik spielt, bleibt ein positiver Effekt bestehen. An der Universität in Hannover machte man dazu Untersuchungen, während der Parkinsonpatienten mit ihren Partnern zu rhythmischer Musik tanzten. Der Rhythmus half bei der Bewegung, die Konzentration ließ sie für einen Moment ihre Krankheit vergessen, und daraus entstand schlicht Freude sowohl bei den Betroffenen wie bei ihren Partnern. Und diese positiven Erlebnisse wirkten über die Dauer der Musik hinaus.

## Zusammenfassung

Die Parkinsonsche Krankheit ist eine langsam fortschreitende degenerative Erkrankung des Nervensystems und des Gehirns, gekennzeichnet durch den kontinuierlichen Verlust bestimmter Nervenzellen. Dem zugrunde liegt die Fehlfaltung eines Eiweißes (Alpha-Synuclein), was zur Anhäufung von Einschlusskörperchen in ganz bestimmten Nervenzellen führt. Das stört die Funktion dieser Zellen, sie können absterben. Dies führt zur Abnahme von wichtigen Botenstoffen im Gehirn, vor allem des Dopamins. Was sich in den typischen motorischen Störungen äußert, wie Steifheit der Muskulatur (Rigor), Zittern (Tremor) und Verlangsamung der Bewegung (Akinese).

Heute wissen wir, dass der Erkrankung eine lange symptomfreie Phase vorausgeht, in der sich bereits Einschlusskörperchen in den Nervenzellen bilden. Auch können Symptome wie zum Beispiel Störungen des Geruchssinns vor den motorischen Störungen auftreten. All dies deutet auf einen stadienhaften, von Hirnstruktur zu Hirnstruktur regelhaft fortschreitenden Prozess hin, dessen eigentliche Ursache wir in den meisten Fällen nicht kennen. Auf Basis der Kenntnis der neurochemischen Störungen ist es heute möglich, mit verschiedenen Medikamenten, die auf eine Wiederherstellung des normalen Neurotransmitterhaushaltes zielen, sehr gute therapeutische Erfolge zu erzielen. Die Wirksamkeit dieser Therapien nimmt jedoch mit dem Fortschreiten des Zelluntergangs ab, den wir noch nicht aufhalten können. Neue Verfahren wie die tiefe Hirnstimulation können bei manchen Patienten auch dann noch zu deutlichen Verbesserungen führen.

Die Parkinsonsche Krankheit zeigt, wie komplex die Aufgabe der Koordination von Bewegungen für das Gehirn ist. Am Prozess vom Entschluss zu einer Bewegung bis zu deren Ausführung sind viele Hirnregionen beteiligt, die in einem komplizierten Zusammenspiel von gleichzeitiger Erregung und Hemmung funktionieren. Bei der Parkinsonschen Erkrankung ist vor allem das extrapyramidal-motorische System betroffen, weshalb es zu den oben genannten charakteristischen Bewegungsstörungen kommt. Außerdem stößt uns die Parkinsonsche Krankheit darauf, dass im Gehirn bestimmte Botenstoffe und Hirnregionen praktisch immer viele Funktionen haben. Das beim Parkinson-Syndrom im Vordergrund stehende Dopamin ist nicht nur an der Koordination von Bewegung beteiligt, sondern auch einer der wichtigsten Botenstoffe des Belohnungssystems. Das hat Auswirkungen auf die Therapie, da wegen der mannigfaltigen Funktionen des Zielmoleküls häufig mit unerwünschten Wirkungen zu rechnen ist. Auch haben wir gesehen, dass Hirnerkrankungen durch Strukturänderungen ganz bestimmter Eiweiße ausgelöst werden können. Bei der Parkinsonschen Erkrankung ist es das Alpha-Synuclein, aber dieser Mechanismus existiert unter anderem auch beim Prionprotein (Mad Cow Disease oder BSE) und bei einem Protein namens Tau (Alzheimersche Erkrankung). Wir lernen bei immer mehr Erkrankungen des Nervensystems, dass ihnen die Fehlfaltung eines Proteins zugrunde liegt. Aus »gesunden« Proteinen werden Ketten oder Aggregate, die sich selbst vermehren können und durch ihre Ansammlung die betroffenen Zellen schädigen und damit die Krankheitssymptome auslösen.

# DEMENZ UND ALZHEIMER

**Steckbrief**

**Bekannt seit:** Geistiger Verfall im Alter ist seit je bekannt. Als medizinischer Fachbegriff taucht Demenz Mitte des 19. Jahrhunderts auf, im Jahr 1906 veröffentlicht Alois Alzheimer seine Schrift über »eine seltsame Erkrankung der Hirnrinde«.

**In Deutschland betroffen:** Etwa 1,4 Millionen Menschen leiden an Demenz, davon etwa 850 000 an der Alzheimerschen Form.

**Sterblichkeitsrate:** Viele Patienten sterben nicht an der Demenz, sondern an Begleiterkrankungen wie Lungenentzündungen. Schätzungen schwanken daher beträchtlich, zum Beispiel für die USA zwischen 85 000 und 400 000 Todesopfern von Alzheimer pro Jahr.

**Ursache von Demenz:** Verlust von Nervenzellen

**Ursache der Alzheimerschen Krankheit:** Bildung von giftigen Proteinaggregaten inner- und außerhalb der Nervenzellen

**Behandlung:** Medikamentös kann der Verlauf teilweise aufgehalten werden.

**Betroffene Prominente:** Ronald Reagan, Peter Falk, Terry Pratchett, Ernst Albrecht, Gunter Sachs, Rudi Assauer, Gerd Müller

# Von Fliegen und Menschen

Wir haben dieses Buch mit der Frage eröffnet, wozu das Gehirn gut ist, und beantworteten sie mit der Fähigkeit zur Bewegung. Nur wenn sich ein Lebewesen bewegt, braucht es ein Organ, das schnell Informationen über die Umwelt erhält und daraus Handlungsanweisungen ableitet. Wir waren sogar so frech zu behaupten, dass die Frage, was das Gehirn tut, damit beantwortet sei. Daraufhin beschäftigten wir uns fünf Kapitel lang damit, wie dieses Organ seine Aufgabe erledigt. Aus Kapitel eins folgte, dass Nervenzellen Informationen über die Umwelt aufnehmen. Und dass das Gehirn in Abteilungen aufgebaut ist, die man funktionell unterscheiden kann. Kapitel zwei erläuterte, wieso das Gehirn so viel Energie verbraucht und was es damit macht, nämlich elektrische Impulse. Kapitel drei zeigte, dass es zwei Arten von Nervenimpulsen gibt, hemmende und erregende, und dass diese in einem präzisen Gleichgewicht stehen müssen. Wir haben auch bewiesen, dass das Gehirn neben der Fähigkeit zur Bewegung auch unser Bewusstsein verantwortet. Aus Kapitel vier folgte, wie die elektrischen Impulse voneinander isoliert werden und wieso das Gehirn vom Rest des Körpers durch eine Schranke getrennt ist. In Kapitel fünf kamen wir auf die Bewegungsfähigkeit zurück. Wir erläuterten das dafür nötige komplexe Zusammenspiel mehrerer, in Schleifen hintereinandergeschalteter Regionen. Ist damit nicht alles gesagt?
Mitnichten! Denn unser Gehirn tut mehr, als nur für unsere Bewegungsfähigkeit zu sorgen. Es ist richtig, dass dies die allen sich bewegenden Tieren gemeinsame Hauptaufgabe des Gehirns ist. Aber das ist noch nicht alles! Informationen aufnehmen und darauf reagieren kann jede Schmeißfliege. Doch im Gegensatz zu Fliegen sind wir nicht dazu verdammt, unzählige Male mit dem Kopf an die Glasscheibe zu stoßen, bloß weil sie durchsichtig ist und wir auf die andere Seite wollen.

## Was ist der Unterschied zwischen Mensch und Fliege?

Lassen wir Dinge wie Größe, Fähigkeit zu fliegen, Anzahl der Beine und den Appetit auf seltsame Speisen mal außen vor und konzentrieren uns auf das Nervensystem. Offensichtlich gibt es, über die Motorik hinaus, Leistungsunterschiede im Tierreich. Zwischen Fliege und Mensch fallen zwei wesentliche Unterschiede auf: Erstens begreifen Menschen, dass man nicht überall, wo man hindurchblicken auch -laufen kann, dass also ein Fenster ein Fenster ist. Ist das nicht gleich klar, müssen wir zweitens nur ein einziges Mal davorlaufen, und die Erkenntnis sitzt. Anders ausgedrückt: Wir sind intelligenter als Fliegen und haben ein besseres Erinnerungsvermögen. Und genau um diese zwei Hauptaufgaben des Gehirns, um Lernen und Gedächtnis, geht es im letzten Kapitel.
Deshalb behandeln wir nun die Demenz, denn diese Krankheit zeichnet sich unter anderem dadurch aus, dass das Gedächtnis abnimmt. Durch die Betrachtung der Demenz lernen wir, wie es das Gehirn schafft, Informationen miteinander zu verknüpfen, diese Verknüpfung abzuspeichern und später wieder abzurufen.

## Hat die Fliege kein Gedächtnis?

Doch, hat sie. Nur zeigt die Glasscheibe, dass es weniger leistungsfähig ist als das des Menschen. Und es ist ein wichtiger Unterschied, ob man etwas verliert oder es gar nicht erst hatte. Genau das ist der Unterschied zwischen Demenz und Minderbegabung. Als Demenz bezeichnen wir den krankhaften Prozess, bei dem Erinnerungen und Erinnerungsfähigkeit verlorengehen. Das lateinische Wort *mens* heißt Verstand und die Vorsilbe *de-* weist auf einen Prozess hin, der von etwas wegführt. Es geht also um den Verlust des Verstandes, von dem wir annehmen, dass die Fliege ihn gar nicht hat.

Zwar zeigt die Fliege, dass man auch ohne ein menschliches Gehirn gut über die Runden kommt, allerdings verbraucht ihr Gehirn auch nicht annähernd so viel Energie wie unseres. Ohne die Fähigkeit zu lernen und ohne Gedächtnis wäre all die Energie, die das menschliche Gehirn verbraucht, nur eine kolossale Verschwendung.

Doch die Natur verschwendet nichts, schon gar nicht Energie. Wir lernen, was eine Glasscheibe ist, wo sie sich befindet. Und dank des Gedächtnisses weichen wir ihr beim nächsten Mal aus. Interessanterweise ist genau die Gehirnregion, die für Lernen und Gedächtnis unerlässlich ist, auch für die Orientierung im Raum entscheidend. Der Hippocampus. Das macht Sinn, denn für ein sich bewegendes Tier ist der Anblick von Futter ebenso wichtig wie dessen Ort. Nur gemeinsam mit dem Ort, an dem sie zu finden ist, macht der Anblick der Futterquelle Sinn. Der Schlüssel dazu, wie sich ein Tier den Ort des Futters merkt, liegt im Wort »gemeinsam«. Die Information »Futterquelle« und die Information »Ort« werden zusammengefügt. Lernen heißt zu assoziieren. Wenn ein System das kann, dann hat es alle Fähigkeiten, auch andere Dinge miteinander zu assoziieren. Anderes zu lernen als nur die Stellen, an denen es etwas zu fressen gibt.

Zwar können sich Insekten wie Bienen ganz ohne Hippocampus sehr gut im Raum orientieren. Allerdings bleiben auch Bienen ohne die Assoziationshilfe an der Scheibe hängen, weil auch sie einfach nicht begreifen, dass es so etwas überhaupt gibt.

## Heißt das, dass alle Informationen im Hippocampus abgespeichert werden?

Nein, der Hippocampus ist keine Entsprechung eines Speichers oder Archivs. Mehr noch, es gibt so etwas in Gehirnen nicht! Das ist das Genialste überhaupt am Gehirn. Denn ein Speicher kann irgendwann voll sein. Unser Gedächtnis hat aber keine Obergrenze für Datenspeicherkapazität. Die Speicherung von Information geschieht im Gehirn durch eben die Vorgänge, die Informationen miteinander assoziieren. Der Schlüssel dazu liegt in den Verbindungsstellen der Nervenzellen, den Synapsen, und ihrer Veränderbarkeit, der Plastizität. Wie das funktioniert und was passiert, wenn die Plastizität abnimmt oder ganze Synapsen verlorengehen, darum geht es in diesem Kapitel.

Doch der Reihe nach.

## Die Definition: historisch und heute

### Historie: Am Anfang war die Definition. Und siehe, sie war falsch

Wer Dinge untersuchen will, muss sie zuerst definieren. Das tat im Falle des Geistes beispielweise der Philosoph René Descartes im 17. Jahrhundert. Ihm verdanken wir nicht nur den weltberühmten Satz »Ich denke, also bin ich«, sondern auch die bis heute vorherrschende Idee, wie sich das »Ich« zusammensetzt. Descartes trennte strikt zwischen einem denkenden und einem materiellen Teil des Menschen. Der denkende Teil, den er *res cogitans* nannte, sei ihm zufolge das, was wir auch als Geist oder Seele bezeichnen. Der materielle Teil, die *res extensa,* sei der Körper, in dem der Geist wohnt. Und so, wie zwischen Haus und Bewohner keine Verbindung besteht, stellte man sich lange alles Geistige als strikt von allem Körperlichen getrennt vor.
*Wenn dem so ist, wieso gehen dann Menschen mit psychischen Problemen zum Arzt? Und wieso kann er ihnen helfen, indem er Medikamente verschreibt, die eindeutig »nur« auf den Körper wirken?* Weil da eben doch eine Verbindung ist, und zwar eine sehr direkte, wie wir noch sehen werden.
Der Begriff »Demenz« stammt aus der Rechtsprechung und wurde auch im allgemeinen Sprachgebrauch bis Mitte des 19. Jahrhunderts für alle Arten geistiger Störungen verwendet. Es war der französische Psychiater Jean-Étienne Esquirol, der zu Beginn des 19. Jahrhunderts das erste Mal zwischen Formen des »Schwachsinns« unterschied, genauer zwischen angeborener und erworbener Form. Für letztere führte er den Begriff *démence* als medizinische Bezeichnung ein. Doch auch wenn Esquirol damit Pionierarbeit leistete und noch weitere Unterscheidungen psychischer Störungen einführte, blieb das Dogma von getrenntem Körper und Geist lange weit verbreitet.

So führte man seelische Krankheiten selbst Anfang des 20. Jahrhunderts zumeist auf sündhaftes Verhalten zurück, nicht auf organische Störungen. Daher galten seelische Leiden per se als nicht heilbar, was dazu führte, dass Betroffene eher weggesperrt als behandelt wurden. Schließlich stellten sie eine Bedrohung dar, für sich selbst wie für ihr Umfeld, das es zu schützen galt. Wer in dieser Zeit öffentlich behauptete, Geisteskrankheiten seien heilbar, indem man ihre körperlichen Ursachen therapierte, der setzte sich Spott und Hohn aus und schadete seiner Karriere nachhaltig.

Davon abgesehen wusste man, dass die geistigen Funktionen der Menschen mit dem Alter abnehmen. Die Lebenserwartung betrug in Mitteleuropa zu der Zeit im Durchschnitt knappe 50 Jahre. War eine Person 70 Jahre alt und verwirrt, dann war sie schlicht alt, ihren Zustand nannte und nennt man »senil«. War jemand 50 und verwirrt, dann war das zwar ungewöhnlich, aber kein Grund, organische Störungen als Ursache anzunehmen.

## Alois Alzheimer, der Irrenarzt mit dem Mikroskop

Es gibt immer wieder Wissenschaftler, die in einem Umfeld von Dogmen den Mut aufbringen, die etablierte Sichtweise in Frage zu stellen. So auch im Jahre 1901, als der Bahnbeamte Karl Deter aus Frankfurt am Main seine Frau Auguste zum Arzt brachte, wegen Wahnvorstellungen, krankhafter Eifersucht, Vergesslichkeit und weil sie die einfachsten Alltagstätigkeiten nicht mehr ausführen konnte. Der Hausarzt überwies die Frau in die »Anstalt für Irre und Epileptische«. Zum Glück, denn dort arbeitete ein mutiger Oberarzt, der bald mit einem Dogma brach und trotz des Spotts, den er dafür erntete, bei seiner Einschätzung blieb, Frau Deters psychischer Zustand habe organische Ursachen.

Er glaubte nicht, dass es sich bei Frau Deter um Altersdemenz oder Senilität handeln konnte, dafür war sie mit 51 Jahren schlicht zu jung. Er trug als vorläufige Diagnose »präseniles Irresein« ein. Doch der Zustand seiner Patientin ließ ihn nicht los. Es war ihr Zustand, auf dem er seine Theorie aufbaute, dass es sich um eine neue Form geistigen Verfalls handeln könnte, die heute den Namen dieses Arztes trägt: Alois Alzheimer.

Während Deter in der Anstalt blieb, verließ Alzheimer Frankfurt 1903, um in Heidelberg unter dem damals berühmtesten Psychiater des Landes zu arbeiten: Emil Kraepelin, der als Gründungsvater der wissenschaftlichen Psychiatrie gilt. Ihm folgte Alzheimer nach München an die »Königlich Psychiatrische Klinik«, von wo aus er sich weiterhin über Deters Zustand informieren ließ. Als Deter 1905 starb, notierte Alzheimer, sie sei »völlig verblödet« gewesen. Die ganze Tragik ihres Zustands enthüllte sich erst, als zum 80. Todestag von Alois Alzheimer die Originaldokumente gesucht und gefunden wurden. Sie zeigen, dass Deter zwischendurch klare Momente hatte, in denen sie sich selbst beschrieb: »Ich habe mich sozusagen selbst verloren.« Doch sie kann sich nicht völlig verloren haben, wenn sie in einigen Situationen in die Lage geriet, diese Erkenntnis erlangen zu können. Ein wichtiger Punkt, auf den wir noch zurückkommen werden.

Dass die Wissenschaft Auguste Deter so spät wiedergefunden hat, ist auch der Beharrlichkeit Alzheimers zu verdanken. Denn er ließ sich ihr Gehirn nach München schicken, um es zu untersuchen. Alleine dafür haben ihn einige seiner Zeitgenossen ausgelacht. Doch bei der Untersuchung fielen Alzheimer einige wesentliche Dinge auf. Deters Gehirn war unnatürlich klein, was Alzheimer vermuten ließ, ihr Leiden hatte organische Ursachen. Um diese aufzudecken, fertigte er histologische Schnitte an, die er unter dem Mikroskop untersuchte. Das war zur damaligen Zeit so ungewöhnlich, dass Alzheimer fortan seinen Spitznamen weghatte: »der Irrenarzt mit dem Mikroskop«.

Unter dem Mikroskop fand Alzheimer drei Dinge. Erstens

fand er viele abgestorbene Nervenzellen. Das erklärte die drastische Abnahme an Gehirnmasse, worin Alzheimer die Ursache des psychischen Leidens vermutete. Zweitens fand er in und drittens an zugrunde gegangenen Zellen seltsame Strukturen. In den Zellen entdeckte er fadenförmige Bündel, die er »Fibrillen« nannte. Außerhalb der Zellen, verteilt über das gesamte Gehirn, fand er Ablagerungen, Klumpen einer ihm unbekannten Substanz, denen er den Namen »Plaques« gab. Alzheimers Idee, dass Fibrillen und Plaques zum Tode der Zellen und dies zu den Symptomen führte, stellte er 1906 auf der »jährlichen Versammlung der südwestdeutschen Irrenärzte« vor. Der Vortrag ging unter.

Doch Alzheimer gab nicht auf, er untersuchte in seiner Zeit in München weitere Gehirne von Patienten mit vergleichbaren Symptomen und fand auch dort Ähnliches wie bei Deter. Den Durchbruch erzielte Alzheimer, weil er seinen Chef von seiner Theorie überzeugen konnte. Emil Kraepelin war Autor des damaligen weltweiten Standardwerks der Zunft, dem »Lehrbuch der Psychiatrie«. In die neue Ausgabe, die 1910 erschien, nahm Kraepelin die neue Krankheit auf und gab ihr den Namen ihres Entdeckers: »Alzheimersche Krankheit«. Erst dann folgte die Würdigung der Fachwelt und Alzheimers Berufung zum Professor 1912. Für ihn selbst hatte das kaum noch berufliche Konsequenzen. Er starb drei Jahre später an Nierenversagen. Seine 1906 vorgestellte Theorie jedoch hat bis heute ihre Gültigkeit behalten.

## Demenz ist keine Krankheit

Seit 1906 ist viel passiert. Heute wissen wir: Demenz ist ein Syndrom mit sehr wohl organischen Ursachen. Anders ausgedrückt ist Demenz keine Krankheit, sondern ihr Ergebnis. Es gibt viele Gründe, warum wir unser Erinnerungsvermögen verlieren können. Der bekannteste und zugleich der häufigste Grund ist eine neurodegenerative Erkrankung: die Alzheimersche Krankheit. Sie wird oft mit dem Wort Demenz synonym verwendet, was streng genommen falsch ist.

Das Wort Demenz ist ein Schreckgespenst. Man nennt das heute »Unwort«, aber es bedeutet dasselbe. Der Klang löst Ängste aus. Medien berichten im Wochenrhythmus von Erfolgen und Misserfolgen in Forschung und Behandlung, die Quellen zum Thema sind kaum zählbar. Mal heißt es, Demenz, wahlweise Alzheimer, sei geheilt, sei bald geheilt, sei doch nicht heilbar, nehme in Zukunft zu oder eher doch nicht. Mal ist es ansteckend, nein, übertragbar, nein, nicht übertragbar, entwickle sich Jahre vor der Diagnose, nein, Jahrzehnte. Dann heißt es, der Verlauf könne abgemildert werden, ein wenig, doch etwas mehr, nein, gar nicht. Das klappe wahlweise mit starken Medikamenten oder sanft mit rituellen Waschungen, Spaziergängen oder Jogging, mal mit Beinen oder Gehirn, Ginkgokapseln, Grüntee, frischer Luft, dem Verzicht auf Deodorants, Pusteblumen, Mikado oder der pseudowissenschaftlichen Alternative von Mikado: Homöopathie. Der Nichtmediziner sitzt vor der Zeitung, wahlweise dem Fernseher oder dem Computer und denkt sich schlicht, aber wahrheitsgemäß: Wat denn nu?

Daher die Warnung: In diesem letzten Kapitel kommt es richtig dicke. Es hat einen guten Grund, warum auch nach 110 Jahren Forschung die Demenz noch nicht völlig verstanden oder heilbar ist: Sie ist verdammt kompliziert. Fast alle

Zellen des Nervensystems sind mit beinahe allen Vorgängen daran beteiligt. Wir wollen daher in diesem Kapitel auch zeigen, warum die Forschung sich seit so langer Zeit mit Demenz beschäftigt.

Das Hauptproblem aller Demenzformen ist, dass Nervenzellen absterben. Parallel mit der Zahl abgestorbener Nervenzellen gehen Erinnerungen verloren und nimmt die Gedächtnisleistung ab. In einer Zelle muss viel schiefgehen, bis sie stirbt. Das ist das Dilemma, in dem die Forschung steckt. Was geht wann wo schief? Ist ein Prozess wichtiger als ein anderer? Welcher? Wieso? Kann man überhaupt einen einzelnen Prozess als Hauptursache ausmachen? Sind es mehrere? Vielleicht alle gleichermaßen? Wir werden einige der beteiligten zellulären Vorgänge ansprechen. Dennoch ist keiner davon DIE Ursache für Demenz. Bei manchen ist nicht mal genau klar, ob sie eher Auslöser oder Folge der Krankheit sind. Was klar ist: Es gibt einen direkten Zusammenhang zwischen Verlust an Nervenzellen und Verlust an Verstandesleistung. Zwar heißt es, wir treffen eine Entscheidung aus dem Bauch oder wir sehen mit dem Herzen. Doch das sind Sprachmittel. Gedanken und Gefühle entstehen im Gehirn. Dort werden Entscheidungen getroffen, dort sitzen unsere Persönlichkeit und unser Verstand. Man kann sowohl das Herz wie den gesamten Darm einer Person in eine andere transplantieren, ohne dass sich Persönlichkeit oder Identität des Empfängers verändern. Die Demenz kann jedoch die Persönlichkeit Betroffener verändern. Und da sie nur das Gehirn betrifft, muss die Persönlichkeit dort entstehen.

## Wann spricht man von Demenz?

Erst wenn die Symptome mindestens ein halbes Jahr bestehen. Wer sich bis zum Verlust der Muttersprache betrinkt, zeigt alle Symptome einer Demenz, doch das ist spätestens nach zwei Tagen wieder vorbei. Auch Hirntraumata und einige andere Krankheiten führen zu ähnlichen Symptomen. Doch die klingen wieder ab, wenn die Krankheit verheilt. Das ist bei Demenz nicht so.

## Welche Symptome zählen zur Demenz?

Das Leitsymptom der Demenz ist die Störung des Gedächtnisses, vor allem des Kurzzeitgedächtnisses. Hinzu kommt mindestens eines der folgenden Symptome: eine Aphasie oder Störung der Sprache, eine Apraxie oder Beeinträchtigung der Motorik, eine Agnosie oder die Unfähigkeit, Gegenstände zu identifizieren, sowie eine gestörte Fähigkeit, zu planen, zu organisieren und eine Reihenfolge von Handlungen einzuhalten, was man als dysexekutive Störung zusammenfasst. Hinzu kommt bei manchen Formen eine Veränderung der Persönlichkeitsstruktur.

## Was heißt Persönlichkeit?

Dem Lexikon der Neurowissenschaft zufolge »werden unter Persönlichkeit alle Eigenschaften eines Menschen verstanden, in denen er sich von anderen Menschen unterscheidet«. Dazu gehören sowohl körperliche Merkmale wie »mittel- oder langfristige Verhaltensdispositionen«. Auf Deutsch heißt das, unsere Persönlichkeit liegt in den Arten und Weisen, wie wir auf alle Situationen, denen wir begegnen, reagieren. Auf den Duft frisch gebackener Weihnachtsplätzchen reagiert die eine Person mit melancholischen Gedanken, eine zweite mit Ekel, die dritte schlicht mit Heißhunger. Eine vierte reagiert vielleicht gar nicht, weil sie den Duft nicht kennt. Fakt ist, dass alle Reaktionsweisen nur deshalb erfolgen, weil wir sie gelernt haben. Nur weil wir den Duft in irgendeiner Situation mal erlebt haben, kann er heute eine Erinnerung auslösen. Und auch wenn sie uns in dem Moment nicht bewusst wird, bestimmt sie die Art, wie wir akut darauf

reagieren. Und genau in dieser Reaktionsweise liegt unsere Persönlichkeit.
Deshalb geht die Persönlichkeit zunehmend verloren, wenn Erinnerungen verlorengehen. Weil das Erste auf dem Zweiten aufbaut. Die Emotion, mit der wir eine Situation bewerten, ist also erlernt. Solche kurzen Gefühlsregungen bezeichnet man als Affekt. Auch die Affektlage ist bei Demenzpatienten gestört, emotionale Reaktionen werden flacher, bleiben aus oder sind der Situation unangemessen. Sozialverhalten und Motivation können sich verändern und abnehmen. In der Summe beeinträchtigen die Defizite ab einem gewissen Punkt soziale und berufliche Funktionen. Allerdings geschieht all dies bei weitgehend ungetrübtem Bewusstsein, wodurch sich die Demenz vom Delir unterscheidet. Auch die Sinne funktionieren für Betroffene normal.

## Rückschlüsse auf die Funktionsweise des Gehirns

Diese Umstände verraten uns etwas. Um beispielsweise eine Blume sehen zu können, müssen die Augen funktionieren. Um die Blume wahrzunehmen, müssen die visuellen Regionen des Kortex funktionieren. Das sind jeweils gut lokalisierbare Orte. Um mich jedoch daran zu erinnern, dass ich diese Blume schon einmal gesehen habe, muss eine Verbindung zwischen zwei Regionen hergestellt werden. Den visuellen Kortexregionen, die die Blume jetzt wahrnehmen, und anderen. Woher will ich sonst wissen, dass ich sie schon einmal gesehen habe, wenn keine zweite Region mir die Informationen darüber liefert, was dieses »einmal« war? Auch um die Blume benennen zu können, muss die Verbindung zu einer weiteren Region hergestellt werden. Die liefert den Namen: Gänseblümchen.

Im vorangegangenen Kapitel haben wir gesehen, wie viele Verbindungen zwischen Regionen nötig sind, um uns bewegen zu können. Und da auch Sprache durch Bewegung entsteht, allem voran durch eine Bewegung der Lippen und der Zunge, brauchen wir auch dafür Verbindungen zwischen den Gehirnregionen. Auch um Handlungen zu planen und durchzuführen, muss alles miteinander verbunden werden, was für diese Handlung wichtig ist. Die Schlussfolgerung ist eindeutig: Das hauptsächliche Problem bei der Demenz liegt eben nicht in einer bestimmten Region des Gehirns. Es liegt an den Verbindungen zwischen den Regionen.

Ich habe schon einmal in diesem Buch von »funktioneller Konnektivität« gesprochen. Der Art, wie Nervenzellen untereinander verbunden sind, und der Leichtigkeit oder Schwere, mit der die Aktivität einer Region eine andere mitaktiviert. Diese funktionelle Konnektivität muss unweigerlich abnehmen, wenn die Zahl der Verbindungen zwischen den Zellen

abnimmt. Wie soll die Assoziationsmaschine Kortex assoziieren können, wenn sie von der Aktivität in der Umgebung nichts mitbekommt?
Daraus ergibt sich auch direkt, was »denken« bedeutet. Assoziieren. Verbinden. Eins und eins zusammenzählen. Und zwar auf weit mehr Arten als nur mathematisch.

## Wie verbindet das Gehirn zwei Informationen miteinander?

Über Synapsen. Die Nervenzellen schicken aus den Regionen ihre langen Fortsätze, die Axone, über teilweise erstaunlich lange Strecken quer durch das Gehirn. Die Verbindungsstellen von zwei Nervenzellen sind die berühmten Synapsen. Doch an diesen Verbindungsstellen kann mehr passieren, als dass nur ein Impuls auf eine Folgezelle übertragen wird. Die Tatsache, dass es eine direkte Korrelation gibt zwischen der Zahl der Synapsen, die zugrunde gehen, und dem Ausmaß, in dem die kognitiven Leistungen abnehmen, führt uns zum wichtigsten Rückschluss des ganzen Kapitels: Die Verstandesleistung, unser Intellekt, steckt in der Zahl der Synapsen.
Warum nicht in der Zahl der Nervenzellen an sich? Weil dann sowohl Elefanten wie Wale um einiges intelligenter sein müssten als Menschen. Ihre Gehirne sind deutlich größer als unsere, sie beinhalten viel mehr Zellen. Selbst die Gehirne von Neandertalern waren größer als das des heutigen Menschen. Trotzdem zeigt die Tatsache, dass wir überlebt haben, während die Neandertaler ausstarben, dass wir allem Anschein nach schlauer sind als sie.

### *Was heißt es, intelligent zu sein?*

Die Intelligenz ist ein Grad für die Leistungsfähigkeit des Gehirns. Die Leistung des Gehirns besteht darin, Reize aufzunehmen und miteinander zu verknüpfen. Intelligenz bedeutet, wie leicht oder schwer diese Verknüpfungen entstehen und wie viele Parameter miteinander verknüpft werden können. Das führt uns direkt zum zweiten Schluss: Die Verknüpfung von Information und die Verknüpfung von Nervenzellen durch Synapsen ist nicht zu trennen. Anders gesagt: Die Information steckt IN den Synapsen. Denn sie sind deutlich mehr als schnöde Lücken zwischen zwei Zellen.

## So funktioniert Lernen auf zellulärer Ebene

Im Lexikon der Neurowissenschaft findet sich folgende Definition: »Lernen zeigt sich in verändertem Verhalten, abhängig von Erfahrungen; und Gedächtnis ist das Behalten solcher Änderungen, d.h. die Fähigkeit, individuell erworbene Informationen abrufbar zu speichern.« Lernvermögen ist also kein Ding an sich, sondern die Fähigkeit, etwas zu verändern. Und das ist das Schöne an Synapsen. Sie sind veränderbar. Dadurch, dass sie benutzt werden, und dadurch, wie stark und in Kombination mit welchen anderen sie benutzt werden. Man kann tatsächlich sagen, dass jede Erinnerung unser Gehirn verändert.

Wie wir in diesem Buch beschrieben haben, empfangen unsere Sinnesorgane Informationen aus der Umwelt. Dies führt dazu, dass Nervenzellen elektrische Impulse feuern, die Aktionspotenziale. Ein solcher Impuls breitet sich entlang des Fortsatzes der Nervenzelle aus, bis er dessen Ende erreicht. Dort führt der Impuls dazu, dass Botenstoffe in die Lücke zwischen den Nervenzellen freigesetzt werden. Ich habe das im Epilepsie-Kapitel mit einem Rohr voller Kugeln verglichen. Haut man auf das eine Ende des Rohrs, dann wandert der Impuls durch das Rohr, und am anderen Ende fliegt eine Kugel heraus. Die Kugel, die am Ende herausgeflogen kommt, stand für die Botenstoffe, die auf der einen Seite in die Synapse entlassen werden. Sie binden auf der anderen Seite des Spaltes an Rezeptoren der nächsten Nervenzelle. Das kann

dazu führen, dass diese Nervenzelle ebenfalls ein Aktionspotenzial feuert. Wichtig: *kann,* nicht muss!
Auch eine Kugel, die aus einem Rohr geflogen kommt, kann auf einen Schalter schießen und diesen umlegen. Oder eben nicht, je nachdem, wie fest man auf das andere Ende des Rohrs haut. So wie in einem Büro nicht jeder Antrag sofort bearbeitet wird, manche sogar gar nicht, wird nicht jeder Nervenimpuls immer weitergeleitet. Wenn ein Angestellter den anderen bittet, etwas zu erledigen, kann dieser »Jaja« sagen. Wir wissen alle, was das heißt. Wenn aber drei Angestellte gleichzeitig auf einen einreden oder ein Angestellter mehrfach kurz hintereinander nachhakt, dann steigt die Wahrscheinlichkeit, dass es vorangeht. So ist das auch bei den Nervenzellen. Ein Lernvorgang bedeutet, dass die Effektivität einer Synapse erhöht wird. Wenn nach einem Lernvorgang ein Aktionspotenzial an einer Synapse ankommt, dann wird es die nächste Zelle leichter dazu bringen, selbst eines zu feuern, als vorher. Die Synapse ist gestärkt, wir sagen auch, sie ist potenziert.
Dazu hat der kanadische Physiologe Donald Hebb 1949 in seinem Buch »The Organization of Behavior« eine Regel aufgestellt, die bis heute als »Hebb-Regel« bekannt ist: »Wenn ein Axon der Zelle A [...] Zelle B erregt und wiederholt und dauerhaft zur Erzeugung von Aktionspotentialen in Zelle B beiträgt, so resultiert dies in Wachstumsprozessen oder metabolischen Veränderungen in einer oder in beiden Zellen, die bewirken, dass die Effizienz von Zelle A in Bezug auf die Erzeugung eines Aktionspotentials in B größer wird.«
Kurz gesagt: Gemeinsame Aktivität schweißt zusammen und macht stärker.

**Synaptische Plastizität**
Oben: Signalisiert ein Neuron (linker Angestellte) einem anderen (rechter Angestellter), löst dies im Empfänger nicht immer ein Signal aus. Mitte: Signalisieren drei Neurone (linke Angestellte) einem anderen, führt dies zu mehr Aktivität im Empfänger, die Wahrscheinlichkeit für die Weiterleitung des Signals ist erhöht. Unten: Die erhöhte Aktivität führte zu strukturellen Änderungen (größere Ohren), der Empfänger reagiert nun bereits auf Signale aus nur einem Neuron.

So ist es! Die Idee, dass Änderungen in der Effizienz von Synapsen die Basis für die Speicherung von Information in Nervensystemen sind, hat eine lange Geschichte. Schon der Spanier Santiago Ramón y Cajal, einer der Väter der modernen Neurowissenschaften, vermutete lange vor Hebb, nämlich bereits Ende des 19. Jahrhunderts, dass sich Gedächtnis durch die Verbesserung der Übertragungseffektivität von Neuronen formiert, und zwar indem die Verbindung zwischen Neuronen gestärkt wird. Cajal war es übrigens auch, der mittels einer von Camillo Golgi entwickelten Färbemethode herausfand, dass das Nervensystem nicht nur aus einem simplen Netzwerk von Neuronen besteht. Vielmehr erkannte er, dass die Neuronen über Synapsen verbunden sind, und quasi eine »Richtung« haben, also so was wie einen Fortsatz als Eingang und einen als Ausgang. Er erkannte also, dass sie »polarisiert« sind. Damit war die Grundlage für die Neuronenlehre gelegt, nach der die kleinste Funktionseinheit des Nervensystems das einzelne Neuron ist. Auch hierfür erhielt er 1906 den Nobelpreis für Physiologie oder Medizin.

Ein historisch wichtiger Befund, den wir hier unbedingt erwähnen sollten, weil er die Grundlage für so etwas wie das zentrale Dogma der Gedächtnis-Grundlagenforschung ist: Die Entdeckung der sogenannten Langzeitpotenzierung (LTP). Ich möchte sie deshalb an dieser Stelle kurz erwähnen. LTP wurde 1966 von Terje Lømo im Hippocampus des Kaninchens entdeckt. Er stimulierte ein Nervenfaserbündel am Eingang des Hippocampus elektrisch und stellte fest, dass nach der Stimulation die Erregungsübertragung von diesen Nervenfasern zu den mit ihnen synaptisch verbundenen Zellen für Stunden deutlich verstärkt war. Zu dieser Zeit wusste man schon, vor allem aus klinischen Beobachtungen von Patienten mit Amnesie, dass der Hippocampus irgendetwas mit dem Gedächtnis zu tun haben muss. Daher war es naheliegend, diese langdauernde Verstärkung der synaptischen Effektivität als eine Form von aktivitätsabhängiger Veränderung von neuronalen Verschaltungsmustern und Funktionsabläufen zu verstehen. Und genau das ist, in seiner abstraktesten Form, Lernen. Insofern die Wirkung von LTP einige Zeit anhält, könnte sie nicht nur Lernen, sondern auch bestimmte Formen von Gedächtnis erklären. Auch heute noch dient LTP vielen Neurowissenschaftlern als einfaches Modellsystem, um zelluläre und molekulare Mechanismen von Lernen und Gedächtnis zu studieren. Die Forschung an LTP konnte über die letzten Jahrzehnte so die Beteiligung von Botenstoffen und Rezeptoren, Veränderungen in der Expression von bestimmten Genen sowie epigenetische Mechanismen identifizieren, die für Lernen und Gedächtnis wichtig sind und in ihrer Gesamtheit das ausmachen, was heute als »synaptische Plastizität« bezeichnet wird.

Um die Effektivität einer Synapse zu steigern oder sie zu senken, muss die Synapse, genauer gesagt: müssen die beiden Membranen, die zur Synapse gehören, umgebaut werden. Die einfachste Methode, die Effektivität der Synapse zu steigern, ist, mehr Rezeptoren in die Membran der Zelle einzubauen, die auf den ausgeschütteten Botenstoff reagieren soll. Dann kann mehr Botenstoff gleichzeitig an Rezeptoren binden, es öffnen sich gleichzeitig mehr Kanäle, es flitzen gleichzeitig mehr Ionen in die Zelle, die Spannungsänderung wird größer und dadurch die Wahrscheinlichkeit höher, dass die Zelle ebenfalls einen Impuls feuert. Dann ist es, als würde die Meldung eines Kollegen beim zweiten so viel bewirken wie zuvor die Meldungen mehrerer Kollegen. Das gilt aber nur für den einzelnen Kollegen, der die Meldung empfängt!
Es ist, als würden in der Verwaltung, mit der ich unser Gehirn vergleiche, Angestellte sitzen, die fortwährend miteinander telefonieren. Keiner schreibt sich jemals etwas auf! Es gibt im ganzen Gehirn keinen Ort, an dem Erinnerungen abgelegt werden wie Akten in einem Archiv! Dass dieses System

dennoch Information speichern kann, liegt daran, dass jeder Anruf einer jeden Zelle immer nur einen Zweck hat. Ruft Zelle eins bei Zelle zwei an, dann immer aus demselben Grund. Für einen anderen Grund ist Zelle drei zuständig. Daher brauchen die sich nichts aufschreiben! Sobald Zelle zwei eine Meldung von Zelle eins erhält, ist klar, worum es geht. Das Gleiche gilt, wenn Zelle drei dran ist.

Jede Zelle liefert einen winzigen Puzzlestein zum Gesamtbild einer Erinnerung. Die uns dann bewusst wird, wenn genau die Zellen miteinander aktiv sind, die es waren, als diese Erinnerung geformt wurde. Ich komme darauf gleich zurück. Doch vorher möchte ich noch den Rückschluss aus diesem Umstand ziehen: Geht eine Zelle verloren, dann geht auch dieser kleine Puzzlestein einer Erinnerung verloren! Wenn die Angestellten eines Büros sich nichts aufschreiben, kein Archiv in der Firma existiert, dann geht mit jedem Angestellten, der ausfällt, auch eine Information verloren. Was es bedeutet, wenn das Telefon klingelt und Zelle eins ist dran. Oder Zelle drei. Nur Zelle zwei hatte diese Information. Ist sie weg, ist die Information weg.

Kommen wir aber zurück auf den sich unlogisch anhörenden Satz, dass uns eine Erinnerung bewusst wird, wenn bestimmte Zellen aktiv werden. Wir haben in unseren Gehirnen knappe 100 Milliarden Nervenzellen mit jeweils knapp 1000 Synapsen, macht also etwa 100 Billionen Synapsen.

## Steckt in jeder Synapse eine Erinnerung?

Nein. Und ja. Die Antwort macht auf den ersten Blick wenig Sinn, ist aber ernst gemeint und das Geniale an dem System. Klarer ausgedrückt steckt die Information darin, welche Synapsen jeweils aktiv waren, als eine Erinnerung gemacht wurde.

Nehmen wir beispielsweise eine Erinnerung aus der Kindheit. Das Backen von Keksen mit der Großmutter. Das Bild der

Großmutter wird durch die Augen aufgenommen, der Hinterhauptslappen des Kortex verarbeitet die Informationen aus den Augen in den visuellen Regionen. Gleichzeitig liefert Ihre Nase Geruchsinformationen, die von Kortexregionen verarbeitet werden, die relativ weit vorne auf der Innenseite der Großhirnhälften liegen, den sogenannten olfaktorischen Regionen. Beide Informationen, Geruch und Bild, haben Sie zu einer Erinnerung verknüpft: das gemeinsame Erlebnis mit ihrer Großmutter. Heute, Jahrzehnte später, riechen Sie von irgendwoher den Duft frisch gebackener Kekse. Dieselben Zellen der olfaktorischen Region, die damals aktiv waren, sind es nun wieder. Und weil diese Zellen damals im Verbund mit Zellen aus visuellen Regionen aktiv waren und weil alle Zellen im Gehirn miteinander über Synapsen verbunden sind, die veränderbar sind, hat die damalige gemeinsame Aktivität deren Effizienz gestärkt.

So kommt es, dass heute allein die Aktivierung ganz bestimmter Zellen der Geruchsregion zur Aktivierung ganz bestimmter Zellen in der Bildregion führt. Und zwar exakt der Zellen, die damals aktiv waren, weshalb Sie prompt das Bild der Großmutter vor dem inneren Auge haben. Sie erinnern sich an die Situation, aber ohne dass die Situation als Ganzes jemals irgendwo aufgezeichnet worden war. Die Erinnerung ergibt sich, wenn alle Teilaspekte, aus denen die Erinnerung aufgebaut ist, wieder gemeinsam aktiviert werden.

Wobei ich das vereinfacht dargestellt habe, denn auch Bilder und Gerüche sind aus Teilaspekten aufgebaut. Jeder Teilaspekt ist ein Puzzlestein, und jede Region liefert einen zum Gesamtbild. Um das zu verdeutlichen, nehmen wir ein einfacheres Bild. Die Erinnerung an einen Baum, der vor Großmutters Küchenfenster stand. In den Büros unseres Oberstübchens gibt es jede Menge Sachbearbeiter, die für sehr spezielle Aspekte unserer Wahrnehmung zuständig sind. Sachbearbeiter eins, also Nervenzelle eins, reagiert nur auf senkrechte Strukturen. Zusammen mit Sachbearbeiter zwei, der auf die Farbe Braun anspringt, identifiziert das den Stamm. Sachbearbeiter drei reagiert auf annähernd runde Strukturen, und zusammen mit dem vierten, der auf Grün reagiert, identifiziert ihre Aktivität die Krone. Nur wenn alle vier Sachbearbeiter in diesem Büro gleichzeitig aktiv sind, ergibt sich das Bild eines Baumes. Bleiben die Sachbearbeiter für Grün und Braun inaktiv und stattdessen reagieren die für Grau und »Riesig«, könnte das, was sie sehen, eher der Berliner Fernsehturm sein.

**Informationsspeicherung ohne Speicher**
Wahrgenommenes setzt sich aus Konzepten zusammen. Im Fall eines Baums identifizieren die Konzepte »senkrecht« und »braun« den Stamm, »rund« und »grün« die Krone. Alle vier Konzepte gleichzeitig identifizieren einen Baum. Sind die Konzepte »senkrecht« und »rund« aber gemeinsam mit »grau« und »groß« aktiv, identifiziert das eher den Berliner Fernsehturm.

**Wo steckt die Info: im Netz oder in einzelnen Zellen?**

Spätestens jetzt dürften einige Leser unruhig werden! Denn sie haben womöglich von sogenannten *Jennifer-Aniston-Neuronen* gelesen. Vor etwas mehr als 10 Jahren hat der Neurochirurg Rodrigo Quiroga mit seinen Untersuchungen am Gehirn von wachen Patienten Aufsehen erregt. Bei Hirnoperationen an Epilepsiepatienten zeigte er diesen Porträts von Prominenten und zur Kontrolle solche von unbekannten Personen. Dabei hat er die Aktivität einzelner Nervenzellen gemessen. Dazu hatte er natürlich die Genehmigung der Patienten. Wir erinnern uns aus früheren Kapiteln: Das Hirn ist nicht schmerzempfindlich, und bei manchen Patienten mit medikamentös nicht behandelbarer Epilepsie hilft ein neurochirurgischer Eingriff. Dabei fand Quiroga bei einigen »Versuchspersonen«, dass ein ganz bestimmtes Neuron aktiv wurde, wenn er ein Bild von Jennifer Aniston zeigte. Während Nachbarzellen nicht reagierten. Und die Sache war wiederholbar! Auch feuerte die Zelle nicht, wenn andere Gesichter gezeigt wurden. Und dann waren da natürlich auch noch *Halle-Berry-Neurone* …

Das Ganze ist sogar in der renommierten Fachzeitschrift *Nature* publiziert worden. Funktioniert Gedächtnis so? Für jede Person, die wir kennen, ein Neuron? Für jede Automarke, jedes Lebensmittel, jede Telefonnummer … Ich kann mich nur wundern über Fachkollegen, die so etwas ernsthaft diskutiert haben. Und dass *Nature* die Arbeit nicht in der Ausgabe vom 1. April als Scherz veröffentlicht hat. Das Ganze ist natürlich Blödsinn. Dabei glaube ich nicht, dass der Neurochirurg das erfunden hat. Vermutlich waren da Zellen reproduzierbar aktiv, wenn bestimmte Gesichter gezeigt wurden. Aber daneben feuerten auch noch Millionen anderer Zellen komplexe Muster, und zwar nicht nur räumlich, sondern auch zeitlich. Aber die hat er nicht gemessen. Die Erinnerung an das Gesicht von Jennifer Aniston war in einem räumlichen und zeitlichen Muster der Netzwerkaktivität codiert, nicht in einer einzigen für sie reservierten Nervenzelle! Viele Gesichter, Gefühle, Konzepte können so im selben Netzwerk gespeichert sein. Eben mit einer etwas anderen räumlichen und zeitlichen Codierung.

Die besonders informierten Leser werden sich vielleicht erinnern, dass es 2014 einen Nobelpreis für das Ehepaar Edvard und Maybritt Moser gab (zusammen mit John O'Keefe), für deren Arbeiten zur räumlichen Orientierung und zum räumlichen Gedächtnis, insbesondere der Rolle der *place cells* (also »Platz-Zellen«). Sind diese Zellen doch ein Beleg dafür, dass Gedächtnis in bestimmten Zellen dauerhaft verortet ist? Kommt eine Ratte in eine für sie unbekannte Umgebung, schwingen eine umschriebene Gruppe von Zellen im Hippocampus gemeinsam in einer bestimmten Frequenz im gleichen Takt. Ist das nicht wie bei Jennifer Aniston: ganz bestimmte Neurone für einen ganz bestimmten Ort? Ein Wohnzimmer-Neuron? Ein »Ich sitze auf dem Sofa«-Neuron? Nein, aber es gibt uns einen Hinweis darauf, wie Gedächtnis wirklich funktioniert: als komplexe synchrone Aktivität eines Netzwerks von vielen Nervenzellen in Raum und Zeit. Die Place Cells erwerben das Muster sehr schnell in einer neuen Umgebung. Sie »lernen«. Läuft das Tier aus dem Bereich, für den die Place Cells codieren, verstummen sie. Kommt das Tier wieder an die Stelle, werden sie abermals aktiv. Solange das Tier keine neue Umgebung erkundet, bleiben die Muster stabil. Aber: In einer neuen Umgebung verlieren sie sich wieder, und neue Muster werden gebildet. Außerdem überlappen sich die Netzwerke stark, das heißt, individuelle Neurone feuern bei verschiedenen räumlichen Situationen. Also doch keine »Wohnzimmer«-Neurone!

## Der Hippocampus als Relais zwischen Kurz- und Langzeitgedächtnis

Genial ist das deshalb, weil Sie so mit einem relativ kleinen Gehirn nahezu unbegrenzte Speicherkapazität erreichen können. Wollten Sie die Erlebnisse mit Ihrer Großmutter wie in einem Archiv ablegen, könnte es sein, dass dies irgendwann voll ist. Das Gehirn ist aber nie »voll«, denn es kommt nie etwas hinzu! Das Konzept »Großmutter« muss nur einmal erfasst werden. Zusammen mit Keksduft macht es Erinnerung eins, zusammen mit Rosenduft Erinnerung zwei, in Verbindung mit dem Gefühl von Regen auf der Haut Erinnerung drei, Oma plus Klaviermusik macht Erinnerung vier, und so weiter und so fort.

Das, was die Teilaspekte zu einem Gesamtbild zusammenschweißt, ist die Region, durch die alle Informationen durch müssen, wenn sie von den Sinnesorganen zum Kortex kommen, um verarbeitet zu werden: der Hippocampus. Das wissen wir seit Henry Molaison, dem Epilepsiepatienten, von dem ich in Kapitel drei berichtete. Ohne Hippocampi konnte er keine neuen Informationen länger als eine Minute abspeichern. Allerdings sind die Hippocampi kein Speicherort, denn die Erinnerungen von vor der Operation hatte Molaison behalten. Henry Molaison war nicht dement, er litt unter einer Form von Amnesie. Sein Kurzzeitgedächtnis war nicht gestört, es war schlicht nicht mehr vorhanden. Während sein Langzeitgedächtnis intakt war.

Der Hippocampus ist das Relais zwischen Kurz- und Langzeitgedächtnis. Er hilft, zwei Informationen miteinander zu verknüpfen. Die Informationen selbst sind allem Anschein nach im Kortex abgelegt, in jeweils den Regionen, die sie ursprünglich verarbeiteten. Das erklärt, warum Henry Molaison ohne Hippocampus keine neuen Informationen mehr abspeichern konnte, sehr wohl aber seine alten Informationen behalten hatte. Denn als er mit seiner Großmutter Kekse buk, hatte er ja noch seine Hippocampi. Und wenn der einmal Duft und Bild verknüpft hat, ist seine Aufgabe erledigt. Somit können wir uns den Hippocampus wie die Telefonvermittlung aus früherer Zeit vorstellen. Die sensorischen Eingänge wären in diesem Bild die Anrufe, die in der Vermittlung miteinander verbunden werden. Dann »sprechen« im Fall der Kekse backenden Großmutter Auge und Nase miteinander. Genau das stärkt die Verbindung zwischen ihnen, die Synapsen zwischen ihnen werden in der Effizienz gesteigert. Wenn dann Jahre später die Kekszelle die Omazelle anruft, erkennt sozusagen die Omazelle die Stimme am anderen Ende der Leitung. Im Ergebnis führt das dazu, dass wenn derselbe Keksduft wie damals Ihre Nase kitzelt, Ihnen das Erinnerungen an die Kindheit beschert.

### Wie funktioniert Vergessen?

Etwas zu vergessen heißt per se nicht, dass die Information aus dem Netz genommen wird. Im Fall gesunder Menschen wird beim Vergessen Information nur stillgelegt. Für Interessierte: Dieser Vorgang heißt Extinktion und ist für sich genommen wieder ein Lernvorgang. Deshalb kann man sich an Vergessenes wieder erinnern, weil die stillgelegte Verbindung wieder aktiviert werden kann.

Das ist bei Demenz fundamental anders. Denn bei der Demenz gehen Zellen zugrunde oder Kabel zwischen den Zellen. Das heißt, es werden Teile des Netzes entfernt. Deshalb ist der Erinnerungsverlust von Demenzpatienten unumkehrbar. Was einmal weg ist, kann nicht wieder aktiviert werden. Es ist und bleibt verschwunden.

Glücklicherweise braucht das ziemlich lange. Im Nervennetz ist nicht eine Synapse für eine Erinnerung zuständig, das wäre viel zu störungsanfällig. Schätzungen zufolge braucht es bis zu einer Million Synapsen, um einen Teilaspekt zu codieren, also etwa eine Farbe, etwas Senkrechtes oder Rundes.

Dementsprechend braucht es ein Vielfaches davon, um eine bestimmte Erinnerung auszulöschen. Die ist erst dann restlos ausgelöscht, wenn alle daran beteiligten Synapsen zugrunde gegangen sind. Einerseits kommt es so, dass Jahrzehnte vergehen können, bis sich eine Demenz zu zeigen beginnt. Selbst wenn Hunderttausende Synapsen zugrunde gegangen sind, sind immer noch Hunderttausende übrig, die dieselben Pfade bilden. Andererseits sorgt das auch dafür, dass Demenzpatienten lichte Momente haben können. Weil doch hier und da noch Fäden im Netz übrig sind. Bis alle Verbindungen zu einer Erinnerung verschwunden sind, dauert es lange. Doch so weit muss es gar nicht kommen. Es geht ja nicht darum, dass das Konzept »Keks« völlig verschwindet. Es führen nur weniger Wege dorthin.

Man spricht auch von Redundanz. Und wegen dieser Redundanz erkranken Menschen mit höherem Bildungsgrad seltener an Demenz, bzw. sie sind vor den Auswirkungen länger geschützt als solche mit geringerem Bildungsgrad. Weil jede neue Information zu mehr Redundanz führt. Und diese vor dem Verlust der Information schützt. Deshalb zeigen sich die Symptome erst so spät, nämlich Jahrzehnte nachdem die Krankheitsprozesse im Gehirn begannen. Weil sehr viel Schaden passieren muss, bis alle möglichen Wege zur Erinnerung zerstört sind. Dann riecht ein Mensch, der unter Demenz leidet, noch den Keksduft. Aber die Region, die den Duft verarbeitet, hat weniger Verbindungen zu den Regionen, die das Bild der Großmutter verarbeitet haben. Weniger Verbindungen heißt, dass im Büro der Sachbearbeiter »Großmutter« weniger Meldungen eingehen. Nicht genug, um sie dazu zu bringen, aktiv zu werden. Daher löst der Duft von Keksen alleine keine Erinnerung mehr an die Großmutter aus. Wenn es nach Keksen duftet *und* vor dem Fenster steht ein Baum, wird es schon wahrscheinlicher, dass die Erinnerung hochkommen kann. Wieder gilt auch hier: kann, nicht muss.

## Warum gehen manche Erinnerungen eher verloren als andere?

Nach dem heutigen Wissensstand bestimmt der Zufall, welche Zellen vom Untergang betroffen sind. Das hieße, dass auch der Verlust von Erinnerungen zufällig sein müsste. Dennoch zeigt sich Demenz zuerst in einer gewissen Schusseligkeit, bevor sich im Kurzzeitgedächtnis Schäden zeigen. Erst dann werden die Beeinträchtigungen des Langzeitgedächtnisses sichtbar, wobei es unlogisch erscheint, dass für Demenzpatienten alte Erinnerungen manchmal präsenter sind als jüngere. Doch das erscheint nur unlogisch, wenn man sich eine Erinnerung als ein physisches Etwas wie ein Buch oder einen Film vorstellt, das im Gehirn abgelegt ist. Denn die können altern, kaputtgehen oder verblassen. Im Gehirn sind ältere Erinnerungen aber tendenziell stabiler als jüngere. Weil ältere Erinnerungen öfter abgerufen wurden! Jedes Abrufen bedeutet, dass die Nervenzellen aktiv waren. Jede Aktivität stärkt die Verbindung, festigt also die Erinnerung. Wir alle wissen, dass Wiederholung dazu führt, dass sich etwas einprägt. Somit haben ältere Erinnerungen schlicht mehr Gelegenheit gehabt, sich zu festigen. Hinzu kommt, dass die Erinnerung mit jedem Abrufen mit einer neuen Information verknüpft wurde. Nämlich der Erinnerung an die Situation, in der die Erinnerung abgerufen wurde. Dadurch sind ältere Erinnerungen mit ungleich mehr anderen Dingen verknüpft als neuere Informationen. Es bilden sich quasi Umleitungen, durch die verlorengegangene Verbindungen überbrückt werden können. Wenn das Kind, welches mit der Großmutter Kekse buk, zum Erwachsenen gereift ist, dann backt dieser vielleicht ebenfalls mit seinen Kindern Kekse. Dann steht vielleicht kein Baum vor dem Fenster, sondern ein Spielplatz. Und schon gibt es zusätzliche Assoziationen mit dem Keksduft, weshalb die Erinnerung schwerer aus dem Netzwerk zu entfernen ist.

### Warum geht die emotionale Reaktion verloren?

Für die emotionale Bewertung einer Situation ist die Amygdala zuständig, im Deutschen oft als Mandelkern bezeichnet. Soll der Duft von Backwerk eine Emotion auslösen, dann geht das nur, wenn die Verbindung zwischen Amygdala und dem Kortex funktioniert. Sonst klingelt im Kortex kein Telefon mit der Meldung »Lecker!«.

Gehen unsere Erinnerungen verloren, dann haben wir keine Basis, auf der wir entscheiden können. Das war es, was Auguste Deter meinte, als sie sagte, sie habe sich selbst verloren. Wer nur den Duft frisch gebackener Kekse riecht, sich aber nicht mehr erinnert, dass er sie mit der Großmutter buk, kann auf den Duft mal so und mal so reagieren. Für Umstehende ist das dann unmöglich vorherzusagen. Sie erkennen die Person somit nicht mehr durch ihre Art und Weise wieder. Im schlimmsten Fall weiß der demente Patient vielleicht nicht mal mehr, was ein Keks ist und ob er sie mag. Wie soll diese Person auf die Frage antworten: »Willst du einen Keks?«

Die geschilderten Ereignisse erläutern, was Demenz ist und wie sie sich äußert. Allerdings erklärt das nicht, wieso es zu Demenz kommt. Kommen wir also zu den Ursachen.

## Ursachen für den Niedergang von Nervenzellen

Die deutsche neurologische Gesellschaft unterteilt Demenzen in gefäßbedingte Formen und solche, die durch Degeneration von Nervenzellen entstehen. Das internationale System zur Klassifizierung von Krankheiten ICD unterteilt in vaskuläre Formen, gibt der Alzheimerschen Form eine eigene Klasse und sortiert alle anderen in eine gemeinsame Gruppe »Demenzen bei anderorts klassifizierten Krankheiten«, was betont, dass Demenz immer die Folge anderer Krankheiten und keine eigenständige Krankheit ist.
Die Demenz auslösenden Krankheiten sind zu zahlreich, um sie hier alle nennen zu können. Ein paar haben wir in diesem Buch bereits erwähnt. Schlaganfall, Epilepsie, Multiple Sklerose und Parkinson können alle in weit fortgeschrittenen Stadien zur Abnahme der Gedächtnisleistung führen und somit definitionsgemäß Demenz auslösen.
Eine weitverbreitete Ursache für geistigen Verfall kennen wir alle: Alkohol. Auch andere Gifte schädigen die Nervenzellen, nicht nur Rauschmittel. Manche Viren können zum Zelluntergang führen. Fehlen dem Körper Substanzen, die er braucht, aber nicht oder nicht genug selbst herstellen kann, also Vitamine, dann hat der Körper ein ähnliches Problem wie ein Maurer ohne Mörtel. Die Mauer wird nicht halten und kann einstürzen.
Es kann aber auch sein, dass der Körper alles hat, was er braucht, es jedoch nicht an den Bestimmungsort gelangt. Es wird Zeit, sich wieder mit Blutgefäßen zu beschäftigen.

### Was hat Demenz mit den Gefäßen zu tun?

In beiden genannten Systemen zur Klassifizierung von Demenzen nimmt die vaskuläre Demenz eine eigene Gruppe ein. Vaskulär deutet auf das Gefäßsystem hin. Wir wissen aus dem Schlaganfall-Kapitel, was passieren kann, wird das Gehirn nicht ausreichend mit Blut versorgt. Doch meist fallen diese Ereignisse auf. Was kann dazu führen, dass Nervenzellen untergehen, über Jahre hinweg, ohne dass Betroffene davon etwas spüren?

Es müssen feine, subtile Prozesse sein. Wenn sich Gefäßverschlüsse zwar an vielen Orten im Gehirn, aber nur in kleinen Gefäßen ereignen. Die jeweils so kleine Gebiete versorgen, dass diese von der Umgebung mitversorgt werden können. Dennoch ist da ein Schaden entstanden. Er ist klein, das Gehirn gleicht das aus. Der Patient spürt nichts davon. Doch dann kommt noch einer hinzu. Und noch einer. So wie der Krankheitsfall eines Angestellten in einer Firma kein Problem ist, kann das Gehirn den Verlust weniger Nervenzellen ausgleichen. Gehen zu viele verloren, kommt es zu Funktionsausfällen, so wie eine Grippeepidemie eine Firma lahmlegen kann. Dabei sind zwei Dinge entscheidend. Erstens ereignen sich solche Verluste nicht schlagartig. Auch eine Grippewelle entwickelt sich über einen Zeitraum hinweg. Erst meldet sich ein Angestellter krank, dann noch zwei, dann zehn. Es tauchen erste Probleme auf. Die anderen Angestellten schieben Doppelschichten. Trudeln weitere Krankmeldungen ein, wird es schwerer, die Verluste auszugleichen. Die Arbeit verzögert sich. Und irgendwann kommt sie ganz zum Erliegen. Zweitens ist die Zahl der Ausfälle, die es braucht, bis sie die Funktion beeinträchtigen, abhängig davon, wo sie geschehen. Das verdeutlicht der Bahnverkehr. Es müssen viele Zugbegleiter, Ticketverkäufer und Servicekräfte der Arbeit fernbleiben, bis dies den Betrieb behindert. Anders sieht es bei den Angestellten aus, die für die Zulassung der Zugfahrten zuständig sind, die Fahrdienstleiter.

Im Jahr 2013 kam es zu massiven Verspätungen und Zugausfällen im Bahnverkehr des Rhein-Main-Gebiets. Der Grund: Von 15 Fahrdienstleitern waren wegen Krankheit und Urlaub nur acht im Dienst. Der kurzfristige Verlust von nur sieben Angestellten löste große Probleme in einer ganzen Region aus. Glücklicherweise gibt es im Gehirn keine Berater, die durch Kürzungsmaßnahmen die »Betriebsabläufe optimieren« und so lange kürzen, bis die jährliche Grippewelle den Betrieb lahmlegt.

Eine Gehirnregion mit einer ähnlich zentralen Rolle wie die Fahrdienstleiter für den Bahnverkehr führten wir im ersten Kapitel ein: der Thalamus, das Tor zum Bewusstsein. Fällt er aus, bleiben viele Dinge unbewusst, selbst wenn die Erinnerung noch »da« ist.

Für eine vaskuläre Demenz gibt es ein paar Risikofaktoren. Wenig überraschend gehören Bluthochdruck und Arteriosklerose dazu. Die Wechselwirkungen zwischen beiden haben wir im Kapitel »Schlaganfall« aufgeführt, darauf will ich hier nicht wieder eingehen. Es erklärt sich relativ leicht, warum beschädigte Gefäßwände entweder zu kleinen Blutungen oder kleinen Gefäßverschlüssen führen können. Im selben Kapitel haben wir ebenfalls erklärt, warum und wie beides zelluläre Schäden im Nervengewebe, das durch diese Gefäße versorgt wird, nach sich zieht, wenn die Zellen keine Energie mehr über das Blut erhalten.

**Es gibt Mischformen von Ursachen**

Man schätzt, das mindestens 20 Prozent aller Demenzen rein vaskulären Ursprungs sind. Interessanterweise glaubte man zu Alois Alzheimers Zeiten, also am Anfang des 20. Jahrhunderts, dass alle Demenzen auf dem Boden einer »Arterienverkalkung« entstehen, also Gefäßerkrankungen des Gehirns sind. Dem gegenüber steht das heutige Verständnis, dass sich vaskuläre Demenzen zwar nicht von den Symptomen her, aber bezüglich der krankhaften Veränderungen des Gehirns klar abgrenzen lassen: und zwar von einer nichtvaskulären Demenz, mit ganz typischen Eiweißablagerungen im Gehirn – ebender Alzheimerschen Erkrankung.

In der Tat ist die Alzheimersche Erkrankung vermutlich die häufigste Ursache für eine Demenz. Es häufen sich aber Hinweise, dass die Trennung keineswegs so scharf ist wie bisher angenommen. So gibt es zum einen vermutlich Patienten, die beide Formen gleichzeitig entwickeln können. Außerdem kann manche Ursache der vaskulären Demenz wohl zu Alzheimer-ähnlicher Pathologie im Gehirn führen und umgekehrt die Alzheimer-Erkrankung mit gestörter Gefäßfunktion einhergehen. Es gibt also wohl Mischformen, eine Art Kontinuum. Historisch pendelt die Demenzforschung zwischen beiden Extremen. Wie bereits erwähnt, vor 100 Jahren war die Sichtweise rein vaskulär, ab den 1980er Jahren fast ausschließlich auf »Alzheimer« fokussiert, momentan schlägt das Pendel gerade wieder stark in Richtung vaskulärer Ursachen.

## Die Alzheimersche Demenzform

Neben vaskulären gibt es die degenerativen Demenzen. Im vorangegangenen Kapitel über Parkinson haben wir bereits eine davon erwähnt, die sogenannte »Demenz mit Lewy-Körperchen«. Und dass man diese sowohl als Folge der Parkinson-Erkrankung ansehen kann wie als eigenständige Krankheit. Auch die beteiligten Prozesse haben wir in dem Kapitel behandelt, es verklumpen Proteine zu Lewy-Körperchen. Wir gehen daher an dieser Stelle nicht wieder darauf ein. Allerdings werden wir wieder über verklumpte Proteine sprechen, denn sie gelten als die Hauptursache für die bekannteste und am weitesten verbreitete Demenzform: die Alzheimersche Demenz.

Der Unterschied zwischen der Parkinsonschen Erkrankung, die sich motorisch äußert, und der Demenz, die sich kognitiv äußert, liegt einzig im Ort, an dem sich Proteine verklumpen. Die Kerngebiete sind bei Parkinson betroffen, bei Demenzen eher Kortex und Hippocampus. Die verschiedenen Formen degenerativer Demenz entstehen durch die Art an Protein, das verklumpt. Die Alzheimersche Krankheit bildet insofern einen Sonderfall, als bei ihr zwei unterschiedliche Arten von Klumpen entstehen. Die Tau-Fibrillen bilden sich innerhalb, die Beta-Amyloid-Plaques entstehen außerhalb der Zellen.

Sie sehen das Problem bei Alzheimer? Es gibt (mindestens) zwei! Verklumptes Protein hier und da. Wen wundert es, dass dies zum Streit führte? Auch Forscher sind nur Menschen, die dazu neigen, sich und andere in Lager einzuteilen, um dann zu streiten, welches das bessere, wahlweise richtigere ist. Im vorliegenden Fall standen sich die Lager lange unversöhnlich gegenüber. Man gab sich Namen, die »Tauisten« sind vom Tau als Ursache überzeugt, die »Baptisten« von Beta-Amyloid-Plaques. Ich möchte mich nicht zu dem Streit äußern, welcher Proteinklumpen Henne und welcher Ei für die Entstehung der Alzheimerschen Krankheit ist. Das ist für Laien und Betroffene so unwichtig, wie ob ein Forscher meint, einer von beiden sei der Hauptschuldige, weil er daran forscht, oder ob er daran forscht, weil er meint, er sei der Hauptschuldige. Fakt ist: Beide Klumpen schaden den Zellen, also bleibt es sich für Betroffene so gleich wie knall oder peng.

Aber um eine Lanze für die Forscher zu brechen, sei hier betont, dass die Frage nach Henne und Ei für uns Neurowissenschaftler sehr wohl entscheidend ist. Immerhin versuchen wir, die Krankheitsprozesse zu verstehen, um sie im besten Falle aufhalten zu können. Was bringt es, die Verklumpung von Beta-Amyloid aufzuhalten, wenn die Ursache dafür in Tau liegt? Oder umgekehrt? Das Problem ist, dass es Hinweise auf beides gibt.

Allerdings verdichten sich die Hinweise darauf, dass die Prozesse, die Beta-Amyloid verklumpen lassen, doch entscheidender sind. Wobei es jetzt bestimmt einige Neurowissenschaftler gibt, die bei diesem Satz anfangen zu hyperventilieren, aber da müssen sie durch.

Davon abgesehen ist es nicht unmöglich, dass beide, Tauisten wie Baptisten, danebenliegen. Wer weiß das schon? Kein Mensch *weiß*, was die Hauptursache für die Alzheimersche Krankheit ist. Alles, was wir haben, sind Korrelationen. Indizien. Seit 110 Jahren gelten Tau und Beta-Amyloid als Hauptbösewichte. Womit Alois Alzheimer einst gegen ein Dogma verstieß, ist selbst zum Dogma geworden.

Spricht man in dieser Stimmung laut aus, dass es sein kann, dass weder das eine noch das andere die Hauptursache ist, dass es zumindest theoretisch möglich ist, dass beides Folge eines ganz anderen Prozesses ist, den wir vielleicht noch gar nicht kennen, dann passiert dasselbe, was Alois Alzheimer vor so langer Zeit passierte. Man wird nicht ernst genommen, im schlimmsten Fall sogar ausgelacht.

Aber so funktioniert Wissenschaft. Es braucht lange Zeit, bis sich eine Sichtweise durchsetzt. Hat sie sich etabliert, braucht es nur wenig Zeit und sie wird zum Dogma. Vielleicht ist es an der Zeit für einen neuen Alois Alzheimer, der kompetent, mutig und kreativ genug ist, um die heutigen Dogmen über Bord zu werfen und ganz neue Modelle zu entwickeln. Doch genug der Vorrede. Kommen wir zu den Modellen. Und packen sie beide in das gleiche Unterkapitel. Das gibt sonst nur Streit ...

## Wie entstehen Beta-Amyloid-Plaques und Tau-Fibrillen?

Beginnen wir mit Beta-Amyloid. Aus einem Gen namens APP entsteht ein Vorläufer für Amyloid, das Amyloid-Precursor-Protein. Dieser Vorläufer wird in die Zellmembran eingebaut, wo er durch ein Enzym zu »fertigem« Amyloid weiterverarbeitet wird.

Beides erfolgt in der Nähe des Bestimmungsorts, der Synapse. APP muss also durch den gesamten Nervenzellfortsatz transportiert und in die Membran eingebaut werden. Das ist die

Stelle, an der, noch bevor APP zu Amyloid werden kann, das erste Mal Tau ins Spiel kommt. Denn der sagenhaft lange und dünne Fortsatz will stabilisiert werden.

Dazu tragen Axone sogenannte Mikrotubuli, »kleine Röhrchen«, die das stabile Skelett der Zelle bilden. Und gleichzeitig Transport in und durch die Zellen ermöglichen, denn die Mikrotubuli fungieren wie Schienen für den Güterverkehr. Das klappt aber nur, wenn die Schienen von Schwellen zusammengehalten werden. Und genau diese Funktion übernimmt das Protein Tau. Aber nur, wenn alles durch Bolzen miteinander verbunden ist. Beziehungsweise im Gehirn durch ein Phosphoratom. Sonst verbiegen sich die Schienen, der Zug entgleist, und aller Transport kommt zum Erliegen.

Das Anbringen eines Phosphoratoms nennt man Phosphorylierung, das macht ein Enzym. Doch so wie ein Gleisarbeiter durchdrehen und Bolzen überall und doppelt reinschießen kann, kann auch das Enzym durchdrehen. Dann ist so ziemlich alles mit allem verbunden, nur nicht ordnungsgemäß Schienen und Schwellen. Für die Zelle heißt das, eine übermäßige Phosphorylierung von Tau lässt es mit anderen Tau verkleben. Als Tau-Klumpen können sie nicht mehr an die Mikrotubuli binden, fallen ab, und es entstehen die neurofibrillären Tangles oder Alzheimer-Fibrillen, die neben der Alzheimerschen Krankheit auch bei anderen Krankheiten vorkommen, die durch Tau ausgelöst werden. Und so wie man einen Klumpen miteinander verbolzter Schienenbolzen nicht mehr auseinanderbekommt, ist das auch mit Tau-Fibrillen. Sie sind unlöslich, im Weg und stören die Abläufe in der Zelle. Das führt uns zurück zu APP.

Ohne die durch Tau stabilisierten Mikrotubuli gelangt APP nicht an den Bestimmungsort. Und an der Synapse fehlt seine (unklare) Funktion. Lustigerweise macht das Fehlen von APP da nicht viel aus. Umgekehrt macht es sehr wohl etwas aus, wenn das Gen mehrfach vorhanden ist, dann ist das Risiko, an Alzheimer zu erkranken, deutlich erhöht.

Ist APP in die Membran eingebaut, dann ragt es nach innen wie nach außen heraus, denn APP ist viel größer, als die Membran dick ist. Bis ein Enzym des Weges kommt, das ungefähr wie ein Rasierapparat funktioniert. Es schneidet an der Membranoberfläche ab, was aus der Zelle herausragt, und lässt den Rest in der Membran. Der Teil, der durch die »Rasur« frei wird, ist das fertige Amyloid. Und da »absondern« oder »ausscheiden« auf Latein *secretio* heißt, nennt man die Rasierapparat-Enzyme Sekretasen.

Die abgesonderten Amyloide übernehmen Funktionen, die noch nicht alle verstanden sind. Allerdings nur, wenn sie die richtige Gestalt haben. Manche Sekretasen können quasi Stoppeln produzieren. Die Amyloid-Stoppeln nennt man Beta-Amyloid, auch A-beta oder Aβ. Ungünstig an ihnen ist ihre relativ instabile Gestalt. Sie neigen dazu umzuklappen, wie eine Mausefalle, die zuschnappt. In dieser Gestalt sind sie ungleich stabiler. Und unlöslich. Und giftig für umgebende Zellen.

Mehr noch: Einmal umgeklappt, führt Beta-Amyloid dazu, dass sich andere Amyloid-Fragmente anlagern und ebenfalls umklappen. Durch den Dominoeffekt bilden sich Klumpen, die Alzheimer-typischen Plaques, die zwischen den Zellen liegen und sie schädigen.

## Amyloid und Tau, was ist Henne und was Ei?

Zwei verschiedene Vorgänge sind jeweils ursächlich für die Alzheimersche Demenz. Die entscheidende Frage ist: Welcher Vorgang steht an erster Stelle? Beides ist möglich. Immerhin transportieren durch Tau stabilisierte Mikrotubuli nicht nur APP, sondern alles, was in den Fortsätzen benötigt wird. Auch die Werkzeuge, um APP einzubauen, und die Energie dafür.

Doch auch Beta-Amyloid kann die Lawine ins Rollen bringen! Denn es braucht nicht immer Enzyme, damit ein Protein verklumpt. Der Dominoeffekt kommt ja gerade daher, dass ein

Tau ein anderes Tau mitreißen kann, oder ein Beta-Amyloid ein anderes. Doch zwischen den Prozessen besteht ein Zusammenhang. Allem Anschein nach kann falsch gefaltetes Beta-Amyloid auch Tau anstecken!

**Probleme der Amyloid-Hypothese**

Es passt, dass wir über Baptisten und Tauisten reden, denn 2016 feiert die Amyloid-Hypothese der Alzheimer-Erkrankung ihr 25-jähriges Jubiläum! Und es ist eine tolle Hypothese. Vor allem die Genetik passt.

1. Patienten mit Down-Syndrom, das durch eine zusätzliche Kopie des Chromosoms 21 ausgelöst wird, entwickeln im Laufe ihres Lebens Alzheimer-typische Veränderungen im Gehirn und auch Symptome. Grund: Sie haben drei Kopien des Genes, das für das Eiweiß codiert, aus welchem Beta-Amyloid entsteht (das APP-Gen), denn das befindet sich auf Chromosom 21.

2. Auch Familien mit Mutationen in den Genen, die zu krankhaftem Stoffwechsel von Beta-Amyloid führen, entwickeln die Alzheimersche Erkrankung, und zwar schon viel früher, als sie normalerweise auftritt.

Für Spezialisten: Es handelt sich um das Gen für das Amyloid-Precursor-Protein (APP) sowie die Presenilin-Gene PSEN1 und PSEN2 für die Sekretasen.

3. Tragen Mäuse diese veränderten Gene der erblichen Formen der Alzheimer-Erkrankung, dann entwickeln sie im Gehirn Alzheimer-typische Veränderungen und werden »vergesslicher«.

4. Werden Amyloid-Fragemente, die sich in den Plaques finden, experimentell auf gesundes Hirngewebe von Versuchstieren gebracht, führt das zur Veränderung von Synapsen und zu Gedächtnisstörungen.

5. Ist eine körpereigene Substanz namens APO zur sogenannten E4-Variante verändert, dann behindert das den Abtransport von Beta-Amyloid. Menschen mit der entsprechenden Variante des APO-Genes auf beiden DNA-Strängen (man

nennt sie »homozygot«) haben ein 50-prozentiges Risiko, in ihrem Leben an Alzheimer zu erkranken.

Und Mutationen im Tau-Gen führen nicht zur Alzheimerschen, sondern zur sogenannten frontotemporalen Demenz.

Passt also alles! Fast zu gut, aber es gibt ein paar Schönheitsfehler der Amyloid-Hypothese. Am wichtigsten: Alle Therapien, die sich auf sie stützten, sind gescheitert! Außerdem: Es gibt Menschen ohne Alzheimer, bei denen man nach deren Tod im hohen Alter viele Plaques aus Beta-Amyloid findet. Deshalb sind viele Forscher heute etwas vorsichtiger und denken, dass es zusätzliche Faktoren gibt, die im Zusammenspiel mit Amyloid und Tau die Erkrankung auslösen. Bei den seltenen genetischen Formen der Erkrankung, die in der Regel zum frühen Auftreten von Alzheimer führen, kennen wir wohl die Ursache: eine Mutation. Was aber bei der Mehrzahl der Fälle, die erst im höheren Alter zur Demenz führen, ursächlich dahintersteckt und wie das zur Störung im Stoffwechsel von Beta-Amyloid führt, ist unbekannt.

## Was hat Alzheimer mit Acetylcholin zu tun?

Dazu kommt eine weitere Erkenntnis, die dafür spricht, dass Tau an den kognitiven Symptomen ursächlich beteiligt ist. So wie sich Parkinson hauptsächlich dadurch auszeichnet, dass Nervenzellen zugrunde gehen, die den Botenstoff Dopamin nutzen, betrifft die Alzheimersche Krankheit überwiegend Neurone, die ihre Impulse mit Acetylcholin übertragen. Der Verlust dieser Neurone galt lange als Hauptursache für Alzheimer, und heute werden Medikamente, die auf dieses Problem abzielen, in der Therapie eingesetzt. Sie helfen auch, insofern bestätigen sie die Richtigkeit der Maßnahme. Allerdings bewirken sie, so wie die Dopaminagonisten bei Parkinson, lediglich, dass die Krankheitsprozesse sich verlangsamen. Das ist im Wortsinn keine Heilung. Und der Effekt ist nicht so dramatisch wie erhofft. Der Verlust von Acetylcholin kann also nicht der Hauptgrund für Alzheimer sein.

*Wie hängt Acetylcholin mit Tau zusammen?*

Fast alle Arbeiten an und in den Zellen werden von Enzymen erledigt. Und auch deren Aktivität wird dadurch bestimmt, wie stark oder schwach sie phosphoryliert sind. Was wiederum Enzyme machen. So können molekulare Prozesse zusammenhängen, die an sich nichts miteinander zu tun haben. Aber die Mechanismen werden quasi vom selben Mechaniker erledigt. Im Fall des Acetylcholins gilt: Je höher die Aktivität des Enzyms ist, welches dazu führt, dass Tau verklumpt, umso geringer ist die Aktivität des Enzyms, welches mit daran beteiligt ist, dass der Botenstoff Acetylcholin entsteht.

Der Mangel an Acetylcholin ist also nicht Auslöser der Krankheit. Er ist deren Folge.

## Die Risikofaktoren

### *1. Alterung und oxidativer Stress*

Der größte Risikofaktor für die Alzheimersche Krankheit und andere degenerative Erkrankungen ist hohes Alter. Das Risiko eines 40-Jährigen, an Alzheimer zu erkranken, beträgt etwa 2 Prozent. Das Risiko eines 80-Jährigen liegen bei immerhin 20 Prozent!

Dafür gibt es viele mögliche Gründe. Doch letztlich gilt die simple Regel: Je länger ein Betrieb läuft, umso höher sind die Chancen, dass in der Zeit etwas kaputtgeht. Je früher eine degenerative Erkrankung auftritt, umso größer ist die Wahrscheinlichkeit, dass keine rein natürliche Degeneration, also nicht Alter alleine die Ursache ist, sondern genetische Faktoren mit reinspielen, die die Degeneration auslösen oder beschleunigen.

*2. Energiehaushalt und Diabetes*

Die Zuckerkrankheit Diabetes gilt als Risikofaktor für die Entstehung der Alzheimerschen Krankheit. Damit hören die gesicherten Erkenntnisse auch auf. An dieser Stelle sei gesagt, was »Risikofaktor« bedeutet: Man stellte fest, dass unter Alzheimerpatienten mehr Diabetiker sind als in der Normalbevölkerung. Das Wort weist auf einen möglichen Zusammenhang hin, sagt aber nichts über dessen Art aus. Man kann Theorien aufstellen, wie ein gestörter Energiestoffwechsel zur Bildung von Tau-Fibrillen oder Beta-Amyloid-Plaques führen könnte. Oder hält sich vor Augen, dass bei der Alzheimerschen Krankheit viel an und in Zellen kaputtgeht. Auch die Maschinerie kann in Mitleidenschaft gezogen werden, die für Energie sorgt! Wieder so ein Henne-und-Ei-Problem, weshalb wir hier nicht näher darauf eingehen. Die Zusammenhänge sind zu unverstanden.

*3. Cholesterin*

Gleiches gilt für Cholesterin, den wichtigen Membranstabilisator aller Körperzellen. Auch in diesem Fall gibt es nur statistische Auffälligkeiten, weshalb man einen krankhaft erhöhten Cholesterinspiegel als Risikofaktor einstuft. Doch es gibt mehrere Arten Cholesterin. Ist der Spiegel des einen zu hoch, ist das auch ein Risikofaktor für Herz- und Gefäßkrankheiten. Ist der andere zu niedrig, kann das zu depressiven Symptomen führen. Ursächlicher Zusammenhang mit der Entstehung von Proteinklumpen? Unbekannt.

## Der Mechanismus, mit dem zellulärer Müll entsorgt wird

Es gibt mehrere Gründe, warum Proteine in uns verklumpen können. Sei es durch Alter, Mutationen oder noch unverstandene andere Prozesse. Das ist keine Krankheitsursache, sondern passiert in allen von uns, jederzeit. Unter ebenfalls unverstandenen Umständen kann es aber zu einem Dominoeffekt kommen, die Klumpen stecken sich an, es verklumpen mehr, und das führt zu Krankheiten wie Demenz. Bleibt die Frage: *Warum wird der zelluläre Müll nicht weggeräumt, wenn er schädlich ist?* Wird er doch!

Das Nervenwasser, in dem das Gehirn »schwimmt«, zirkuliert zwischen den Zellen und kann dort liegenden Müll fortwaschen. Das System wird glymphatisch genannt[1], da es im Gehirn, das kein eigenes lymphatisches System hat, dessen Funktion übernimmt. Dieses Abwassernetz wird durch Astrozyten gebildet, die Helferzellen, die damit eine weitere essenzielle Funktion im Gehirn übernehmen. Das könnte zur Klärung des Gehirns von Beta-Amyloid beitragen. Doch auch wenn die neuen Ergebnisse erst bestätigt und ihre Auswirkungen besser verstanden werden müssen, soll hier erwähnt sein, dass die Natur Wege kennt, zellulären Müll abzutransportieren. Ob sich dies auf mögliche Therapien auswirken wird, ist noch nicht abzusehen.

**Ein alternativer Mechanismus und warum er bei der Alzheimerschen Krankheit versagt**

Das ist ja eine tolle Story mit der Waschmaschine im Gehirn, aber ich bin noch nicht überzeugt, dass das für Alzheimer wichtig ist. Da erscheinen mir andere Forschungsergebnisse plausibler, die etwas mit »Müllabfuhr« und Alzheimer zu tun haben. Die Mikroglia können nicht nur Bakterien auffressen, sondern auch kaputte Zellen und andere Dinge, die sich ansammeln und nicht ins Gehirn gehören. Eine Art zelluläre Müllabfuhr. Frank Heppner von der Charité in Berlin hat sich gefragt, warum die Mikroglia nicht die Plaques, also die extrazellulär sich anhäufenden Aggregate von Beta-Amyloid beseitigen. In Gehirnen von Alzheimerpatienten finden sich eine Menge aktivierter Mikroglia um die Plaques herum. Ist das gut? Ist das schlecht? Das wäre wichtig zu wissen, denn man könnte versuchen, auf die Mikroglia einzuwirken, sie zu dämpfen oder stärker zu aktivieren. Für beides gäbe es Substanzen. Die Gruppe um Heppner fand, dass das Beta-Amyloid der Plaques die Mikroglia hemmt! So entsteht ein Teufelskreis: Mikroglia versucht, Plaques zu beseitigen, Plaques hemmen Mikroglia, mehr Plaques entstehen, mehr Mikroglia wird angelockt, aber gleichzeitig gehemmt usw. Demnach ist es sinnvoll, Strategien zu entwickeln, die die Funktion der Mikroglia wiederherstellt, besonders ihre Fähigkeit, extrazellulären »Müll« abzuräumen.

## Die Stadien der Demenz

Es ist nicht so eindeutig bei der Forschung. Es gibt für fast jedes Problem mindestens zwei mögliche Lösungen. Denen gilt es auf die Schliche zu kommen. Am Ende ist es meist noch komplexer als vorgestellt, und nicht selten stimmen von zwei Möglichkeiten beide ein bisschen. Oder zusammen als Mischform. Skepsis ist also immer angebracht, wenn man brandneue Ergebnisse hört. Man muss nicht die gesamte Veröffentlichung abtun. Aber man kann ihr mit umso mehr Skepsis begegnen, je lauter die Behauptung tönt, nun sei DIE Lösung gefunden, man habe DIE Erklärung DER Probleme, und die führte schnurgerade zu DER Heilung.

Vorsicht bei großen Versprechen und allgemeingültigen Formulierungen!

Gleich um welche Demenzform es sich handelt, alle zugrunde liegenden Prozesse beginnen, lange bevor sich Symptome bemerkbar machen. Schätzungen zufolge können dazwischen bis zu 20 Jahre liegen, in denen die Prozesse langsam voranschreiten. Je nachdem, welche Prozesse bei einem Patienten beteiligt sind oder ob es mehrere sind, geht das schneller oder langsamer. Das bestimmt, wann die Krankheit ausbricht.

Doch gleich in welchem Alter sie auftritt und gleich welcher

Krankheitsprozess der Demenzform zugrunde liegt: Zumeist bringt eine gewisse Schusseligkeit Patienten und Angehörige dazu, einen Arzt aufzusuchen. Der Fachbegriff lautet *leichte kognitive Beeinträchtigung*. Darunter versteht man eine Beeinträchtigung der Denkleistung, die für die betroffene Person über das normale Maß hinausgeht. Und zwar entsprechend ihres Alters und des Bildungsgrads. Allerdings stellt diese Beeinträchtigung noch keine wesentliche Behinderung im Alltag dar. Diese Definition mag sich schwammig anhören. Das liegt daran, dass jeder von uns seine individuelle Denkleistung mit sich bringt. Wer von klein auf Schwierigkeiten hat, sich etwas zu merken, kann genauso unter leichter kognitiver Beeinträchtigung leiden wie ein Gedächtniskünstler. Nur machte es keinen Sinn, beide Personen direkt miteinander zu vergleichen.

Im mittleren Stadium verlieren Patienten zunehmend die Orientierung, In mehrerlei Hinsicht und bestimmter Reihenfolge. Zuerst ist in der Regel die zeitliche Orientierung betroffen, dann die örtliche. Es folgt die Orientierung der Situation und zuletzt die der Person. Zeitliche und örtliche Desorientierung lassen sich leicht erklären. Betroffene wissen nicht mehr genau, wann und wo sie sich befinden. Da der Hippocampus für die Orientierung im Raum zuständig ist, weist Letzteres auf seine Beteiligung hin.

Dass es so etwas wie eine situative Orientierung gibt, mag sich seltsam anhören. Doch jeder von uns weiß, dass man sich einer Situation entsprechend verhält. Wir lachen nicht leicht bei Beerdigungen, weil das der Situation nicht angemessen wäre. Dafür sind frontotemporale Regionen des Kortex verantwortlich. Sie bilden eine Art innere Kontrollinstanz, die geplante Handlungen überwachen und an die Umgebungssituation anpassen. Wenn diese Kontrollinstanz Schaden genommen hat, dann geht diese situative Orientierung verloren. Die Amygdala bewertet eine Situation emotional. Dies bestimmt das Verhalten, indem von der Amygdala aus Impulse an den Kortex gehen, der für die Planung unserer Handlungen zuständig ist. Doch Patienten im mittleren Demenzstadium haben bereits Verbindungen zwischen Amygdala und Kortex eingebüßt. Selbst wenn die Amygdala noch intakt ist, weil das Endstadium noch nicht erreicht ist, kann ohne die Verbindung die Aktivität im Kortex nicht gehemmt werden. Dadurch können Situationen und zuletzt Personen immer weniger in einen Kontext eingeordnet werden.

Doch es ist nicht nur die Amygdala, nicht nur die emotionale Bewertung. Es braucht auch einiges an Faktenwissen, um eine Situation verstehen zu können, sie einzuordnen und sich dieser Einordnung entsprechend zu verhalten. Dementsprechend braucht es einigen Schaden, bis alle Verbindungen zu den Fakten zugrunde gegangen sind.

Um die personelle Orientierung zu verlieren, braucht es ebenfalls einigen Schaden. Eine Situation mag eine gewisse emotionelle Relevanz haben, eine Person, zumindest wenn sie uns bekannt ist, hat sie bestimmt. Nicht nur das. Sobald wir eine Person sehen, löst ihr Anblick, der Klang ihrer Stimme oder ihr Geruch Erinnerungen aus. Selbst wenn sie unbewusst bleiben. Die Enkel erkennen die Großmutter und umgekehrt diese ihre Enkel nicht, weil die entsprechende Information wie in einer Karteikarte irgendwo im Gehirn abgelegt wäre. Alles setzt sich aus Teilaspekten zusammen. Die Nasenform plus Haarfarbe, plus Körpergröße, plus Bewegung, plus Geruch, plus Klang, plus, plus, plus.

Alle Aspekte sind in verschiedenen Bereichen des Gehirns abgelegt und müssen gleichzeitig abgerufen werden. Die Verbindungen sind durch die ebenfalls beschriebenen Schadensprozesse aber nicht mehr oder nicht mehr ausreichend funktionstüchtig. Kaum auszurechnen, wie viele Verbindungen geschädigt sein müssen, dass die Teile nicht mehr zusammenfinden. Dann erlebt der Enkel im Ergebnis die traurige Erfahrung, von der Großmutter nicht mehr erkannt zu werden. Das ist zu einem traurigen Sinnbild geworden für das, was Demenz anrichten kann.

Für Betroffene ist dieses Endstadium mit der Gnade verbunden, dass sie es selbst nicht mehr realisieren. Bis auf die lichten Momente, in denen sie, wie Auguste Deter, für kurze Augenblicke ihre Situation begreifen.

Im weiteren Verlauf der Krankheit verschwimmt durch die zunehmend fehlende Fähigkeit, Informationen miteinander zu verknüpfen, zunehmend der Unterschied zwischen Vergangenheit und Gegenwart, zwischen Traum und Realität. Es kommt im Endstadium zu Halluzinationen und Wahnvorstellungen, die nicht mehr selbst und schlussendlich auch nicht mehr mit Hilfe Dritter aufgelöst werden können. Dann fühlen sich Betroffene falsch verstanden oder herumkommandiert. Sie können die Worte der Personen nicht mehr verstehen, ihre Beweggründe bleiben verborgen, was zu Angst- und Abwehrreaktionen führen kann. Schlussendlich geht die Fähigkeit, emotionalen Kontakt herzustellen, vollständig verloren, und es stellt sich ein Zustand ein, den man als emotional flach bezeichnet. Die scheinbare Gleichgültigkeit allem und jedem gegenüber ist ebenfalls für Angehörige sehr belastend, zumal dieser Zustand unterbrochen werden kann von erratischen Gefühlsausbrüchen in positive wie negative Richtung.

Hier sei gesagt, dass Demenz zwar die Lebenserwartung einschränkt, aber nicht Todesursache ist, sondern die durch die Demenz begünstigten Erkrankungen wie Stürze, Lungenentzündungen oder andere Infektionen. Ist der finale Zustand einmal erreicht, ist er unumkehrbar, so viel dürfte klargeworden sein. Doch Betroffene gehen viel früher zum Arzt. Wie sieht es da aus? Was kann man da tun? Kann man überhaupt etwas tun?

**Warum so früh diagnostizieren?**

Bevor wir zur Diagnose kommen, muss ich unterstreichen, wie wichtig das war, was Jochen zum Verlauf der Erkrankung erklärt hat. Die krankhaften Prozesse, die zur Demenz führen, beginnen vermutlich viele Jahre, wahrscheinlich sogar Jahrzehnte vor den ersten milden Symptomen. Das ist deshalb problematisch, weil es vermutlich bedeutet, dass bei Auftreten der Demenz oder sogar ihrem Frühstadium, der milden kognitiven Einschränkung, es für eine Therapie schon zu spät ist, die Synapsen und Nervenzellen schon unwiederbringlich geschädigt sind. Deshalb arbeiten Forscher auf der ganzen Welt fieberhaft daran, Methoden zu entwickeln, die Erkrankung bereits in ihrem frühen, asymptomatischen Stadium zu diagnostizieren.

## Die Diagnose muss so früh wie möglich erfolgen

Das hört sich so einfach an, die Erkrankung in ihrem asymptomatischen Stadium zu diagnostizieren. Doch das bedeutet nichts anderes, als den Schaden festzustellen, bevor er sich zeigt. *Wie soll ein Arzt eine Krankheit diagnostizieren, ohne Symptome dieser Krankheit feststellen zu können?* Mehr noch: Wieso soll überhaupt ein Patient wegen einer Krankheit zum Arzt gehen, wenn er keine Symptome dieser Krankheit bemerkt?

Haben Menschen ein gewisses Alter erreicht, dann haben sie nicht selten gute Gründe, hin und wieder schlecht drauf zu sein. Es zieht hier, es zwackt da. Man wird täglich mit der Nase darauf gestoßen, dass man seinen Zenit überschritten hat. Wer will einem eine gewisse depressive Grundstimmung verübeln? Auch Demenzpatienten im Frühstadium zeigen ähnliche Symptome. Sie verlieren Interessen und Eigeninitiative, sind leicht reizbar und fühlen sich leicht überfordert. Das kann als depressive Verstimmung interpretiert werden, die noch hinzukommen kann, aber eben nicht das eigentliche Problem darstellt.

Es ist nicht leicht, eine depressive Verstimmung von einer Demenz im Frühstadium zu unterscheiden. Erst recht nicht, indem man nur die Patienten befragt. Um die Demenz und die ihr zugrundeliegende Krankheit korrekt zu diagnostizieren, sind die Ärzte daher auch auf Angaben der Bezugspersonen angewiesen. Einerseits, weil Betroffenen ihre emotionalen und Gedächtnisstörungen oft nicht auffallen. Andererseits, weil sie alleine durch die Aufregung bei einem Arzttermin in Hochform sein können, was die Symptome verdeckt. Glücklicherweise sind Ärzte heute nicht mehr wie zu Alois Alzheimers Zeiten einzig auf Gespräche und Gedächtnistests angewiesen, auch wenn diese immer noch einen wesentlichen Anteil an der Diagnose haben.

Die oben aufgeführten Prozesse, die bei der einen Person mal mehr und mal weniger das Risiko einer Demenz erhöhen, sind immer besser verstanden. Eigentlich haben wir alles beisammen, was wir brauchen. Doch kann man den Leuten bekanntlich nicht in den Kopf gucken. Obwohl. Das stimmt nicht. Man kann! Hier kommen die bereits mehrfach genannten bildgebenden Verfahren ins Spiel. Allen voran die Magnetresonanz- oder Kernspintomographie, durch die eine Atrophie, also Schrumpfung, des mittleren Schläfenlappens, in dem sich der Hippocampus befindet, festgestellt werden kann. Mit nuklearmedizinischen Verfahren kann man die Defizite des Stoffwechsels im Kortex nachweisen. Dazu wird die Positronen-Emissions-Tomographie oder PET eingesetzt, bei der die $^{18}$F-FDG genannte Variante der Glukose gespritzt wird, um dann zu schauen, wie stark sie in welchen Gehirnregionen verdaut wird. Mittlerweile ist es sogar möglich, Tau und Amyloid direkt mittels PET zu identifizieren, also ohne dass dabei der Schädel geöffnet wird, sondern lediglich durch Aufnahme von Bildern nach einer kleinen Spritze Kontrastmittel. So wird die Diagnose immer besser, und die Zahl der Fehldiagnosen nimmt immer weiter ab. Im Ergebnis ist es durch verbesserte diagnostische Methoden heute möglich, die Alzheimersche Krankheit bereits im Stadium einer leichten kognitiven Beeinträchtigung verlässlich zu diagnostizieren.

## Therapie(n) und Prävention

Wird die Diagnose nicht korrekt gestellt, werden Patienten mit einer Demenz im Frühstadium nicht selten wegen einer Depression behandelt. Ironisch daran ist, dass die dann verschriebenen Antidepressiva sogar helfen. Allerdings nur kurzfristig. Doch zeigen die Patienten dann mehr Energie und Initiative, sind nicht mehr so leicht reizbar und erscheinen weniger depressiv, täuscht das darüber hinweg, dass das zunehmende Leitsymptom der Demenz, die Gedächtnisstörung, vor allem des Kurzzeitgedächtnisses, davon unberührt bleibt und weiter voranschreitet, derweil es durch die medikamentös angehobene Stimmungslage kaschiert wird.

Es ist ähnlich dem Kopfschmerz, den die Schmerzmittel ausschalten, während die beteiligten Prozesse stumm voranschreiten, bis sie chronisch geworden sind.

Besonders tragisch ist das bei der Demenz, weil dadurch vielleicht die Zeit verpasst wird, in der die versteckt voranschreitenden Schadensprozesse noch aufgehalten werden können, bevor sie so viel Schaden angerichtet haben, dass die Situation unumkehrbar ist. Das ist ein Unterschied zu chronischen Schmerzen, die man wieder loswerden kann, wenn man es schafft, alte Verhaltensmuster zu durchbrechen und neue zu erlernen.

Im späteren Verlauf einer Demenz, wenn die richtige Diagnose gestellt wurde, werden oft Cholinesterasehemmer verschrieben. Sie *hemmen* das Enzym, das Acetylcholin spaltet. Das Prinzip kennen wir. Es fehlt an einem bestimmten Botenstoff, also verhindert man, dass er abgebaut wird, wodurch sich seine Konzentration erhöht. Doch wir haben auch gezeigt, dass das Fehlen von Acetylcholin nicht die Hauptursache ist. Die Medikamente, die seine Konzentration erhöhen, heilen Demenz nicht, halten aber den Verlauf um ein bis zwei Jahre auf, was ein Segen für die Patienten ist.

Dennoch kann, was einmal verloren ist, nicht wiederhergestellt werden. Daher ist Demenz dem Wortsinn nach unheilbar. Ganz gleich, was manche Heilsversprecher behaupten mögen. Die gute Nachricht ist, dass das nicht im gleichen Maße für die Prozesse gilt, die zu dem Schaden führen. Also die Krankheiten, die Demenz auslösen. Allem Anschein nach kann dadurch verhindert werden, dass die Demenz weiter voranschreitet. Die noch bessere Nachricht ist, dass sich die Hinweise dahingehend verdichten, dass es bald möglich sein könnte, zu verhindern, dass sie überhaupt erst entsteht. Kommen wir also von der Therapie zur Prävention.

**Vier Medikamente gegen Alzheimer-Demenz**

Als Ergänzung zur Therapie ein paar Sätze aus ärztlicher Sicht. Derzeit sind vier verschiedene Medikamente zur Behandlung der Alzheimer-Demenz zugelassen: Drei davon sind Acetylcholinesterase-Inhibitoren: Donepezil, Rivastigmin und Galantamin. Für eine gewisse Zeit (etwa ein Jahr) können sie bei manchen Patienten kognitive Leistung und Lebensqualität stabilisieren. Die vierte Substanz ist der Glutamatrezeptorantagonist Memantin. Memantin kann mit Cholinesterase-Inhibitoren kombiniert werden. Leider haben diese Medikamente oder Kombinationen relativ geringe Effekte, und der Krankheitsverlauf wird durch sie allenfalls verzögert, nicht aufgehalten.

## Impfen gegen Demenz?

Die Erkenntnisse, dass man einerseits Demenz nur eingeschränkt behandeln, sie aber andererseits mittlerweile schon im Frühstadium korrekt diagnostizieren kann, führt zwangsläufig zu der Frage, ob und wenn ja, wie man verhindern kann, dass sich Demenz weiterentwickelt. Allem Anschein nach kann man das wirklich.

Mehrere Ansätze gehen in Richtung von Impfungen. Die Idee entstand, als man feststellte, dass es hochbetagte Menschen gibt, die nicht gerade wenig Beta-Amyloid im Gehirn tragen, jedoch keine Symptome einer Demenz zeigen. Es zeigte sich, dass diese Menschen einen körpereigenen Mechanismus haben, der sie vor den Auswirkungen von Beta-Amyloid schützt. Und genau den macht sich die Forschung zunutze.
Es wurde eine Art Impfstoff entwickelt, der den Namen Aducanumab trägt. Wie alle Medikamente mit der Endung -mab handelt es sich dabei um einen Antikörper, denn die Abkürzung steht für *monoclonal antibody*. Wie im Kapitel über MS beschrieben, fungieren Antikörper wie eine Art Marker. Sie heften sich spezifisch an das, was sie markieren sollen. Seien das nun Merkmale von Bakterien, Viren oder gleichermaßen schädlichen Molekülen wie eben Beta-Amyloid. Dadurch wird nichts verändert, nichts löst sich auf oder ist weniger schädlich. Aber sobald ein Antikörper an sein Antigen gebunden ist, weckt das die Immunpolizei auf, die nun herbeieilt, um beides gemeinsam, Antikörper und Antigen, aufzufressen und zu verdauen.
Aducanumab klingt nach einer tollen Sache. Noch toller ist, dass es tatsächlich zu funktionieren scheint. In einer klinischen Studie an Patienten, bei welchen schon Alzheimer diagnostiziert worden war, konnte gezeigt werden, dass sich bei denjenigen, die den Wirkstoff bekamen, die Menge an Beta-Amyloid-Plaques reduzierte. Das geschah abhängig von der Dosis, was darauf hinweist, dass das kein Zufall war. Mehr noch: Die Gedächtnisleistung blieb konstant, während sie sich bei den Patienten, die ein Scheinmedikament bekamen und bei denen die Plaques weiter zunahmen, weiter verschlechterte. Zum ersten Mal konnte mit einem Medikament eine Stabilisierung der Gedächtnisleistung erzielt werden! 110 Jahre nach dem Tod von Auguste Deter war es das erste Mal, dass Demenzforscher laut »Heureka!« rufen konnten.
Mit einem kleinen, aber erklärbaren Wermutstropfen. Der

Verlust von Gedächtnisleitung konnte nicht umgekehrt werden. Es trat also in dem Sinne keine Verbesserung ein. Aber es wurde zum ersten Mal gezeigt, dass man den fortschreitenden Verfall des Gedächtnisses aufhalten kann. Das ist definitiv ein Grund, laut »Juhu!« zu rufen. Wieder hat der Erfolg einer Behandlung nicht nur weitreichende Konsequenzen für Patienten. Er hat viele Jahre Forschung bestätigt. Dass wirklich Beta-Amyloid für den Verlust von Gedächtnisleistung verantwortlich ist. Und ganz allgemein, dass all die Jahre nicht umsonst waren. Grundlagenforschung kann zu Therapien führen, auch wenn sie langwierig ist. Was aber bei der Alzheimerschen Krankheit verständlich ist.

Was bleibt, ist die Erkenntnis, dass, gerade weil der Gedächtnisverlust unumkehrbar ist, so früh wie nur möglich mit der Behandlung begonnen werden muss. Damit sich die Schäden in Grenzen halten und sich nicht bis zu einem Stadium verschlimmern, an dem das Aufhalten der Prozesse kaum noch einen Unterschied macht.

Die vielleicht beste Nachricht ist, dass neben Impfstoffen jeder von uns einige Möglichkeiten zur Vorbeugung selbst in der Hand hat.

**Probleme bei Medikamentenstudien zur Demenz: Sie kommen zu spät!**

In der Tat stützten sich praktisch alle Therapiestudien, die auf Beeinflussung der Krankheitsursache zielten, also versuchten, »kausal« zu wirken, auf die Amyloid-Theorie. Sie alle suchten in die zerstörerische Kaskade der Entstehung von toxischem Beta-Amyloid einzugreifen, durch Neutralisierung, die Hemmung der Enzyme, die es produzieren, ja sogar durch Aktivierung des körpereigenen Immunsystems gegen das Beta-Amyloid. Und keine hat wirklich überzeugend gewirkt! Jochen hat die Aducanumab-Studie erwähnt, wo es vielversprechende Signale gibt. Aber auch da muss man vorsichtig sein und abwarten,

viele Forscher sind skeptisch und fürchten, dass auch die darauf aufbauenden Studien noch scheitern könnten. Was heißt das für die Amyloid-Hypothese und die Hoffnung, darauf aufbauend eine wirksame Therapie zu entwickeln?
Manch ein Wissenschaftler glaubt, dass die Unwirksamkeit der Amyloid-Therapien stark gegen die Richtigkeit der Hypothese spricht. Vermutlich ist es aber so, dass diese Therapien gar keine Chance hatten zu wirken. Denn sie wurden Patienten verabreicht, die schon Demenzsymptome hatten. Und das könnte deutlich zu spät gewesen sein. Der Schaden schon manifest. Man hätte dann 10 oder 20 Jahre vorher therapieren müssen! Geht das denn? Zum einen hofft man, auch das haben wir schon erwähnt, auf Biomarker, wie zum Beispiel die PET-Bildgebung. Oder Marker im Blut. Oder man behandelt Menschen, die keine Symptome, aber ein besonders hohes Alzheimer-Risiko haben. Wie zum Beispiel die Träger der ApoE4-Genvariante. Das klingt logisch, ist aber nicht einfach, denn man muss sie sehr lange behandeln. Und Kontrollpatienten gäbe es dafür auch nicht. Man kann ja keine Gesunden mit Medikamenten behandeln, die ein gewisses Risiko haben. Auch gibt es ethische Bedenken: Um so eine Studie durchzuführen, muss man Gesunde auf die Mutation hin untersuchen (»screenen«). Wenn man welche findet, muss man sie darüber aufklären, ohne die Sicherheit zu bieten, ein wirksames Medikament dagegen zu haben. Aber würde der Patient heute wissen wollen, dass er zwei Allele des ApoE4-Gens trägt und damit ein 50-prozentiges Risiko, an Alzheimer zu erkranken? Trotzdem laufen derzeit einige solcher Studien. Man darf gespannt sein …

Dass zurzeit viele auch ganz unterschiedliche Studien laufen, lässt sich einfach erklären. Es kann keine Möglichkeit ausgeschlossen werden, und man will nichts unversucht lassen. Das gilt aber vor allem für die Forscher. Denn es gibt bereits Präventivmaßnahmen, die erwiesenermaßen wirksam sind. Einige erzielen dramatisch positive Effekte, die sogar weit über das Gedächtnis hinausgehen. Und sie sind frei von Nebenwirkungen. Und (fast) kostenlos. Dennoch erntet man meist nur Genervtheit und Augenrollen, wenn man die Menschen darauf anspricht: Ernährung und Bewegung.
Wie wir gezeigt haben, teilt sich die Demenz viele Risikofaktoren mit anderen Volkskrankheiten, die auch durch Lebensstil und Ernährung beeinflusst werden. Allen voran Bluthochdruck und Übergewicht. Die beste Prävention, die wir dazu noch selbst in der Hand haben, ist die Kontrolle kardiovaskulärer Risikofaktoren. Man kann sagen, dass alles, was gut für das Herz, auch gut für das Gehirn ist. Regelmäßige körperliche Aktivität und die Kontrolle des Körpergewichts, die Finger vom Tabak zu lassen und einen gesunden Lebensstil zu pflegen sind nicht nur stetig wiederholte gute Ratschläge. Es sind auch effektive Methoden, einer Demenz vorzubeugen.
Der Effekt wird in Zahlen deutlich: Wer körperlich aktiv ist, kann sein individuelles Demenzrisiko um *ein Viertel* reduzieren und das Risiko, an Alzheimer zu erkranken, sogar knapp *halbieren!* Etwas so Simples wie Ernährung und Bewegung erzielt vorbeugende Effekte, die kein zurzeit verfügbares Medikament auch nur ansatzweise erzielen kann!
Dazu muss niemand zur Sportskanone werden. Schon Spaziergänge von zwei bis vier Kilometern pro Tag haben deutliche Effekte. Die Schutzwirkung ausreichender Bewegung lässt sich durch die verbesserte Durchblutung erklären. Entzündungswerte senken sich, und Botenstoffe werden ausgeschüttet, die sich günstig auf die Plastizität und die Bildung

neuer Nervenzellen auswirken. Es ist nie zu spät, damit anzufangen. Auch wer im hohen Alter beginnt und bereits einen beginnenden kognitiven Verfall hat, kann sich durch Sport und Ernährung Schutz vor den weiteren Auswirkungen der Demenz aufbauen. Nachweislich! Weil auch im Alter neue Nervenverbindungen entstehen können, die das Gehirn strukturell zumindest bis zu einem gewissen Grad regenerieren können.

Auch hier gilt: Je früher man seinen Lebensstil von passiv auf aktiv umstellt, umso besser. Belohnen kann man sich dann mit gutem Essen. Dazu gehört explizit kein Junkfood. Wer darauf verzichtet, reduziert sein Demenzrisiko nachweislich. Glücklicherweise gibt es köstliche Alternativen zu Hamburger und Tiefkühlpizza. Wir haben bereits auf die mediterrane Küche hingewiesen. Viel Gemüse und Obst liefern die uns allen bekannten Vitamine. Folsäure und andere B-Vitamine senken die Werte der Aminosäure Homocystein, die in hohen Konzentrationen die Blutgefäße schädigen kann und so zu einem erhöhten Demenzrisiko beitragen. Vitamin C und E wirken als Antioxidans, sie fangen die freien Sauerstoffradikale ab, die Zellen schädigen können.

Nüsse, Fisch und Olivenöl liefern die nötigen Fette und Eiweiße. Sie enthalten auch Omega-3-Fettsäuren, die als Antioxidans wirken. Wer gar nicht auf Alkohol verzichten kann, sollte ihn in Maßen genießen und keinen Schnaps, sondern Rotwein trinken. Die darin enthaltenen Flavonoide wirken sich ebenso wie Koffein einigen Studien zufolge als Antioxidantien positiv aus. Wenn sie in Maßen genossen werden. Es sollten nicht eine Flasche Wein und drei Kannen Kaffee pro Tag sein, aber ein Glas Wein oder drei Tassen Kaffee am Tag senken einer Studie zufolge das Demenzrisiko deutlich. Der Kaffee sollte allerdings nicht zu stark gesüßt sein. Denn Zucker und andere stark verarbeitete Kohlenhydrate zu reduzieren hat mehrere positive Effekte, von denen die Senkung des Demenzrisikos nur einer ist.

**Prävention: Sind wir bald alle dement?**

An dieser Stelle was Erfreuliches. Lesen wir nicht überall, dass im Jahr 2040 die Hälfte der Deutschen dement sein werden? Dass eine gigantische Demenzepidemie auf uns zurollt, weil dann so viele im »Demenzalter« sein werden? Diese Horrorszenarien scheinen aber – laut einer Reihe von großen, sehr gut gemachten Studien in verschiedenen Ländern mit hohem Lebensstandard – unwahrscheinlich zu sein.

Natürlich wird das Durchschnittsalter zunehmen. Wenn man dann die Häufigkeiten zugrunde legt, nach denen man in den zurückliegenden Jahren in einer bestimmten Altersgruppe mit Demenzen rechnen musste, ist in der Tat mit einer Epidemie zu rechnen. Es zeigt sich aber, dass diese Häufigkeiten seit einiger Zeit zurückgehen. Anders ausgedrückt: Die Wahrscheinlichkeit, in einem bestimmten Alter demenzkrank zu werden, hat abgenommen und nimmt weiter ab. Mehr Menschen werden ins »Risikoalter« kommen, aber das Risiko als solches nimmt ab. Derzeit geht man davon aus, dass dies eher zu einer stabilen Rate von demenziellen Erkrankungen führen wird als zu einer Zunahme.

Das ist kein befriedigender Zustand, jede Demenzerkrankung ist eine zu viel. Aber es zeigt etwas sehr Wichtiges: Wir sind mit der Prävention auf dem richtigen Weg. Man kann es nicht belegen, aber es ist ausgesprochen wahrscheinlich, dass die Abnahme des Erkrankungsrisikos durch die weiter oben erwähnten Maßnahmen bewirkt wurde. Also durch Kontrolle des Blutdrucks und Blutzuckers, gesunde Ernährung, Tabakabstinenz, körperliche und geistige Aktivität. Keine Wundermittelchen, irgendwie alles gemäßigt und nach gesundem Menschenverstand. Eigentlich recht simpel, oder? Und gleich noch eine gute Nachricht hinterher: Diese Maßnahmen senken ganz allgemein das »vaskuläre Risiko«. Das heißt, sie vermindern auch die Wahrscheinlichkeit, einen Schlaganfall oder Herzinfarkt zu bekommen. Wenn sich das nicht lohnt!

## Schützt Gehirnjogging?

Geistige und emotionale Reserven können zu einem gewissen Grad vor den Auswirkungen einer Demenz schützen. Das hält die Schadensprozesse nicht auf, wenn sie denn eintreten, doch soziales Engagement und die regelmäßige Inanspruchnahme des uns geschenkten Intellekts können ein Polster schaffen, von dem man später zehren kann. Auch damit sollte man früh beginnen, kann aber auch noch Effekte erzielen, wenn man bereits fortgeschrittenen Alters ist. Hier gilt ganz buchstäblich: Wer rastet, rostet. Geistige Trägheit erweist sich als deutlicher Risikofaktor für die Entwicklung von Demenz.

Allerdings können Sie guten Gewissens auf sämtliche Angebote verzichten, Ihr Gehirn zum »Joggen« zu bringen. Die sind samt und sonders wirkungslos. Zwar verbessern viele Methoden eine gewisse geistige Fähigkeit. Doch stets nur die, die geübt wurde. Mit Gehirnjogging kann man keine auf andere kognitiven Fähigkeiten übertragbaren Ergebnisse erzielen. Weit mehr Erfolge kann man bei Senioren, die schon eine leichte kognitive Beeinträchtigung zeigen, vor allem dadurch erzielen, dass man mit ihnen Alltagssituationen trainiert. Die dafür benötigten kognitiven Leistungen sind mannigfaltig und komplex, genauso wie ihre positiven Auswirkungen.

Und so zeigen sich positive Effekte, von denen wir bereits in Bezug auf Parkinson sprachen. Soziale Kontakte, Familienbande und Freundschaften bringen Freude in unser Leben. Gemeinsam Zeit zu verbringen, macht langfristig glücklich, strengt zwar manchmal an, kann aber auf Dauer genau dadurch eine gewisse geistige Abwehrkraft bewirken.

## Und was hilft noch?

Trinken Sie Birkenwasser, Bachblütentee und Ginkgoextrakt, hauen Sie sich homöopathische Globuli rein, als gäbe es kein Morgen, und nutzen Sie aluminiumhaltige Deodorants, wenn

Sie zu olfaktorischer Auffälligkeit neigen – nichts davon hat nachweisbare Effekte auf Ihr Gehirn, weder positiv noch negativ.

Es liegt in der Natur des Menschen, sich einfache Antworten auf komplexe Fragen zu wünschen. Wir wollen auch zeigen, dass Demenz eine sehr komplexe Krankheit ist, die man nicht aufhalten kann, indem man einfache Übungen absolviert.

Sein Gehirn durch Denken fit zu halten, hilft aber erwiesenermaßen. Wissen und Bildung schützen nicht nur vor dem geistigen Verfall, den viele von uns mehr fürchten als körperliche Behinderung. Es kann auch Freude machen, zu lernen, zu verstehen und sich genau dadurch die Reserven anzueignen, von denen man später zehren kann. In mehrerlei Hinsicht. Denn trotz schwindender Gehirnmasse bleiben höhergebildete Menschen auch dann länger kognitiv normal, selbst wenn sie viele Plaques aufweisen. Die geistige Flexibilität lässt sie nicht nur im Leben flexibler mit Alltagsproblemen umgehen, sondern auch im Alter besser mit dem Schwinden ebendieser Flexibilität.

Insofern ist die Absenkung des Rentenalters nicht wirklich förderlich für die geistige Gesundheit der Bevölkerung. Im Gegenteil. Ich rede hier gewiss nicht davon, sich bis ins hohe Alter im Hamsterrad aufzureiben. Dauerhafter Stress schadet dem Gehirn. Doch wenn ein Beruf komplexe Aufgaben mit sich bringt, dann ist die Alternative, fortan nur noch daheim auf dem Sofa zu sitzen, nicht die bessere.

Unsere heutige Gesellschaft führt, was das angeht, in eine ungesunde Richtung. Früher war es selbst als Politiker, Vorstandschef oder Institutsdirektor möglich, mehrere Hobbys zu haben und sein Familienleben zu genießen. Heute bekommt man den Eindruck, als wäre dies nur noch getrennt voneinander in Etappen möglich. Die Floskel »Ich muss meine Batterien wieder aufladen« ist so weit verbreitet, dass ich mich frage, wann es normal wurde, dass einem die Arbeit

diese Batterie fortwährend entlädt. Von Astrid Lindgren stammt der weise Satz: »Und dann muss man ja auch noch Zeit haben, einfach dazusitzen und vor sich hin zu schauen.« Und zwar nicht, wenn man in Rente ist, nach jahrzehntelanger Schufterei in 80-Stunden-Wochen, sondern in allen Lebensphasen, damit das Leben nicht nur an uns vorbeirauscht, ohne dass wir es überhaupt merken.
Pflegen Sie Ihre Hobbys, schaffen Sie sich neue an. Bilden Sie sich, lesen Sie Bücher wie dies hier, das, wenn man es so betrachtet, auch vor Demenz schützt. Bewegen Sie sich, ernähren Sie sich gut, lernen Sie eine neue Sprache, pflegen Sie Ihre sozialen Kontakte, vermeiden Sie Stress und schlafen Sie viel. Erstens hört sich das, zusammen genommen, nach einem erfüllten Leben an. Zweitens erreichen Sie damit nach heutigem Wissensstand mehr, als wenn Sie sich aufreiben und dann versuchen, den angerichteten Schaden medikamentös zu behandeln.

## Zusammenfassung

In diesem Kapitel haben wir uns mit zwei Hirnerkrankungen befasst, die vorwiegend im höheren Alter auftreten und zur Beeinträchtigung von kognitiven, emotionalen und sozialen Fähigkeiten führen. Das war zum einen die »vaskuläre Demenz«, die durch Störungen der Hirndurchblutung ausgelöst wird, zum anderen die Alzheimersche Demenz, deren Ursache bis auf seltene genetische Varianten letztlich unbekannt ist. Demenz ist also nicht mit einer bestimmten Erkrankung gleichzusetzen, sondern beschreibt einen Symptomkomplex.
Viele Hirnerkrankungen können zur Demenz führen. Die Demenz ist gekennzeichnet durch Störungen des Gedächtnisses, Probleme bei der Ausübung zunächst von komplexen und dann auch einfachen Dingen des Alltags. Weit fortgeschritten, führt sie zum kompletten Verlust der Persönlichkeit und zur Unfähigkeit, sich selbst zu versorgen.

Bei der vaskulären Demenz gehen aufgrund von Durchblutungsstörungen in den kleinsten Hirngefäßen sowie kleinen, aber an »strategischen« Stellen gelegenen Infarkten Nervenzellen bzw. Verbindungen zwischen den Nervenzellen zugrunde. Auch bei der Alzheimerschen Erkrankung gehen Nervenzellen und deren Verbindungen zugrunde, hier sind aber vermutlich Zusammenballungen von falsch gefalteten Eiweißen in den Nervenzellen sowie zwischen den Gehirnzellen für den Schaden verantwortlich. In seltenen Fällen können Mutationen in bestimmten Genen, die für den Stoffwechsel der falsch gefalteten Eiweiße verantwortlich sind, zur Alzheimer-Erkrankung führen. Sie tritt dann in der Regel schon im mittleren Lebensalter auf.
Bei den meisten Patienten bleibt es jedoch unklar, wieso es zu diesen schädlichen Eiweißansammlungen im Gehirn kommt, die Erkrankung tritt hierbei auch typischerweise im höheren und sehr hohen Lebensalter auf. Es wird sogar vermutet, dass jedes menschliche Gehirn, wird es nur alt genug, irgendwann diese Veränderungen zeigen muss. Viele von uns sterben nur vorher an anderen Ursachen. Damit ist letztlich nicht nur unklar, warum die für Alzheimer typischen Veränderungen im Gehirn auftreten, sondern auch, warum sie bei manchen Menschen früher und bei anderen später auftreten.
Die Betrachtung der demenziellen Erkrankungen hat uns einiges über die Funktionsweise des Gehirns gelehrt, und zwar über seine »höchsten« Funktionen: als Sitz von Gedächtnis, Gefühlen, Lernen, Intelligenz und Persönlichkeit. Diese sind zwar Leistungen der »Maschine Gehirn«, können aber nicht anatomisch in bestimmten Regionen verortet werden, wie wir das zum Beispiel bei der Koordination von Bewegung oder bei Sinneswahrnehmungen gesehen haben, wo es zum Beispiel so etwas wie einen »motorischen« oder »sensorischen« Kortex gibt. Vielmehr entstehen sie in einem Netzwerk aus Milliarden von Zellen an verschiedensten Stellen des Gehirns. Dazu gehören auch die Zellen des motorischen und sensorischen Kortex,

aber eben noch viele andere. Aber selbst in der Totalität dieser Zellen sind die höheren Funktionen nicht wirklich verortet. Sie befinden sich im Netzwerk selbst, in der komplexen Weise, wie die Nervenzellen miteinander kommunizieren, über wiederum Abermilliarden von Synapsen, mit denen sie untereinander verbunden sind. Man spricht von synaptischer Plastizität, weil sich diese Verbindungen dynamisch verändern können. Diese Plastizität äußert sich in der Veränderung der Lokalisation und Anzahl von Synapsen sowie darin, wie Neuronen durch die Synapsen verbunden werden. Genauso wichtig ist wohl der »Rhythmus« und die Form der Entladung, mit dem diese Zellen gemeinsam feuern. Lernen und Gedächtnis können dabei durch die aktivitätsabhängige Verstärkung von Verbindungen zwischen den Nervenzellen ebenso wie durch strukturelle Veränderungen an den Synapsen entstehen. Auch Veränderungen in der Synthese von Zelleiweißen sowie epigenetische Mechanismen, also chemische Veränderungen an der Erbmasse ohne Veränderungen des genetischen Codes, spielen dabei eine Rolle.

Die Zahl der Neurone des Gehirns verändert sich über ein ganzes Leben kaum. Wir sterben mit den gleichen Neuronen, mit denen wir geboren wurden. Deshalb ist das Gehirn auch keine Festplatte, die irgendwann voll ist, und deshalb können Störungen an verschiedensten Stellen in diesem Netzwerk zu ähnlichen Ausfällen führen und verschiedenste Erkrankungen zur Demenz.

Gemeinsam ist den Erkrankungen, die zu Demenz führen, dass sie Schäden an einer hinreichend großen Anzahl von Nervenzellen bzw. deren Verbindungen bewirken müssen, bis erste Symptome auftreten. Aufgrund seiner hohen Plastizität kann das Gehirn geringere Schäden durch Aufbau und Einbeziehung neuer Netzwerke aus noch nicht geschädigten Nervenzellen kompensieren.

Wir kennen bisher vermutlich nur einige der Mechanismen und Strukturen, die zusammenwirken, wenn wir uns an ein

Erlebnis in der Kindheit erinnern, wenn wir über das eben Gelesene nachdenken oder die Entscheidung treffen, jetzt gleich dieses Buch wegzulegen. Immerhin kennen wir, obwohl wir Demenzerkrankungen noch nicht gut behandeln können, wirksame Mechanismen, die Wahrscheinlichkeit zu verringern, an ihnen zu erkranken. Weil es so wichtig ist, hier nochmals: Blutdruck und Blutzucker kontrollieren und normalisieren, gesunde Ernährung, geistige und körperliche Aktivität, kein Tabak, wenn Alkohol, dann in Maßen. Aber war das nicht schon der gute Rat unserer Großmutter?

In diesem Sinne: Live long and prosper!

# Dank

Unser Dank gilt …
unseren Familien und Freunden, die uns in allem begleiten und unterstützen. Unserer Agentin Andrea Wildgruber, für ihre Begeisterung und Unterstützung, die dieses Buch ermöglicht haben. Dem Team vom Droemer Verlag, vor allem unserer Lektorin Ariane Novel, für die super Zusammenarbeit, die positive Art, konstruktives Feedback und professionelle Ruhe, auch kurz vor Ende der Deadline. Unserer Lektorin Nadine Lipp, für Motivation, Engelsgeduld und punktgenaue Kritik in Form von ausführlichen Kommentaren, Telefonaten oder nur zwei Worten: »zu lang«. Du hast dieses Buch viel besser gemacht! Oliver Wünsch, für sein schnelles »Ja«, mitzumachen, für Nozizeptoren auf dem Schmerztrip, diverse Änderungen und tolle Telefonate über das Gehirn, seine Bestandteile und mehr. Dr. Lars Neeb, für ein tolles Gespräch über Kopfschmerzen, seine Therapiemöglichkeiten, die Erinnerung an den Spannungskopfschmerz und Kommentare zum Kapitel. Prof. Dr. Martin Holtkamp, für seine Expertise zum Thema Epilepsie, Erläuterungen zu Cannabinoiden und Feedback zum Kapitel. Prof. Dr. Friedemann Paul, für seine Hilfe zum Thema Multiple Sklerose, ein spannendes Gespräch über Stuhlgang und die aufmerksame Korrektur des Kapitels.

Nicht zuletzt gilt Jochens Dank: all denen, die er unter Vorwänden wie Essen in seine Wohnung lockte, um ihnen auf hungrigen Magen Entwürfe vorzulegen und Feedback einzufordern. Danke, dass ihr geblieben seid! Meinen Freunden, die ich hier nicht namentlich nenne, weil ich mit dem Glück gesegnet bin, dass ihr zu zahlreich dafür seid. Nina, dafür, dass es dich gibt und du bei mir bist. Mein besonderer Dank gilt Ulrich Dirnagl, für zwei tolle Jahre in der experimentellen Neurologie, für dein schier unerschöpfliches Wissen und die bewundernswerte Leichtigkeit, mit der du das Arbeitspensum einer Fußballmannschaft erledigst. Danke für deine Begeisterung für dieses Projekt trotz »chronischer Projektitis« und die Korrektur ganzer Kapitel in Windeseile auf nächtlichen Terminals zwischen zwei Interkontinentalflügen. Deine Konzentrationsfähigkeit hätte ich gerne. Chapeau!

Aber jetzt darf ich auch noch mal ran: Das Kompliment muss ich zurückgeben! Ulrich sagt Jochen Dank für die Idee zu diesem Projekt, seinen Enthusiasmus und seine Energie, es voranzutreiben, und seine Fähigkeit, komplizierteste Dinge mit lockerem Stil verständlich zu machen, ohne dass am Ende was Falsches dabei rauskommt! Ich habe viel gelernt!

# Anmerkungen

## Einleitung

1 Howard Gardner: *Dem Denken auf der Spur.* Stuttgart 1989, S. 285.

## Kopfschmerz und Migräne

1 www.gbe-bund.de, Stand: 21.04.2016
2 Uta von Debschitz, Thilo von Debschitz: *Fritz Kahn.* Köln 2013.

## Schlaganfall

1 www.kompetenznetz-schlaganfall.de/fileadmin/download/news/heuschmann_zahlen_zum_schlaganfall10.2010.pdf, Stand 05.05.2016
2 www.worldstrokecampaign.org/de/weltweite-kampagne-gegen-den-schlaganfall/fakten-und-zahlen.html, Stand 05.05.2016

## Epilepsie

1 Hansjörg Schneble: *Krankheit der ungezählten Namen. Ein Beitrag zur Sozial-, Kultur- und Medizingeschichte der Epilepsie anhand ihrer Benennungen vom Altertum bis zur Gegenwart.* Hans Huber Verlag, Bern 1987, S. 10.
2 Ebd., S. 34.
3 Ebd., S. 36.
4 laut uniklinik-freiburg.de, Stand: 08.10.2015
5 laut epilepsien.de Stand: 08.10.2015
6 Christof Kessler im Interview: http://www.berliner-zeitung.de/magazin/gespraech-sei-vernuenftig-sagt-das-frontal-hirn,10809156,24455094.html
7 laut uniklinik-freiburg.de, Stand: 08.10.2015
8 Schneble: *Krankheit der ungezählten Namen.* Bern 1987, S. 8.
9 Infobroschüre »Epilepsie und Führerschein« der Deutschen Epilepsievereinigung: http://www.epilepsie-vereinigung.de/

wp-content/uploads/2013/09/Epilepsie-und-F%C3 %BChrer-schein.pdf

10 Harro Albrecht: »Beim Knobeln zuckt's«. *Die Zeit* N° 48, 26.11.2015, S. 46.

11 *Wired Magazin,* Deutsche Ausgabe, September 2015

12 Pro Jahr sterben in Deutschland etwa 350 Menschen während eines Status epilepticus, 0,04 Prozent der Epilepsiepatienten. »Epidemiologie der Epilepsien«, Informationszentrum Epilepsie. Im Netz unter: www.izepilepsie.de/home/showdoc,id,387,aid,4163.html

13 *Wired Magazin,* Deutsche Ausgabe, September 2015

## Multiple Sklerose

1 JF Bach: »The effect of infections on susceptibility to autoimmune and allergic diseases«. *N Engl J Med,* 2002; 347(12):911–20. Online unter: www.fortressbiotech.com/pdfs/bach%20nejm%202002.pdf

2 Ed Young: »There Is No 'Healthy' Microbiome«. *New York Times,* 01.11.2014

## Parkinson

1 http://perspectivesinmedicine.cshlp.org/content/1/1/a008 862.full

2 http://perspectivesinmedicine.cshlp.org/content/1/1/a008 862.full

3 bfr.bund.de/cm/343/pestizidexposition_und_parkinson_bfr_sieht_assoziation_aber_keinen_kausalen_zusammenhang.pdf

4 Ebd.

## Demenz und Alzheimer

1 http://stm.sciencemag.org/content/4/147/147ra111

# Literaturempfehlungen

Abgesehen von den einschlägigen Lehrbüchern über Neurologie und Neurowissenschaften, den Webseiten der Gesellschaften und Verbände zu den jeweiligen Krankheiten sowie den angegebenen Quellen haben wir ein paar weitere Quellen herangezogen, die wir hier als weiterführende Leseempfehlung angeben möchten:

Für verlässliche Informationen rund um das Gehirn gibt es im deutschsprachigen Raum keine Alternative zur Webseite www.dasGehirn.info – Ein Projekt der Gemeinnützigen Hertie-Stiftung, der Neurowissenschaftlichen Gesellschaft e.V. in Zusammenarbeit mit dem ZKM | Zentrum für Kunst und Medientechnologie Karlsruhe. Sie beschäftigt sich mit vielen Aspekten der Neurowissenschaft. Die Seite ist, auch und gerade für Laien, vorbehaltlos zu empfehlen. Jeder Beitrag wird von einem Experten auf fachliche Richtigkeit überprüft. Gerade im Internet die absolute Ausnahme!

Auch die Webseite www.brainfacts.org, betrieben durch die amerikanische *Society for Neuroscience,* ist eine verlässliche Quelle für Informationen rund um das Gehirn.

Mehr zu Seescheiden und der Entwicklung des Gehirns zur Interaktion mobiler Tiere mit ihrer Umgebung:
Rodolfo R. Llinás: *I of the vortex – From Neurons to Self.* MIT Press, Cambridge 2002.

Zur vermeintlichen Trennung von Körper und Geist:
Antonio Damasio: *Descartes' Irrtum – Fühlen, Denken und das menschliche Gehirn.* Berlin 2004.

Über die Möglichkeit, Bewusstsein anhand der Gesamtheit aller Verschaltungen im Gehirn zu erklären:
Sebastian Seung: *Das Konnektom – Erklärt der Schaltplan des Gehirns unser Ich?* Heidelberg 2013.

Des Weiteren beweisen unter anderem folgende Bücher, dass man über Themen der Neurologie verständlich und unterhaltsam schreiben kann:
Alle Bücher von Oliver Sacks.
Christof Kessler: *Wahn: Stories.* Köln 2013.
David Eagleman: *Inkognito – Das geheime Eigenleben unseres Gehirns.* Frankfurt 2012.

# Glossar

**Acetylcholin** – Ein *Botenstoff,* der von Nervenzellen genutzt wird. Er ist wichtig für die Muskelkontraktion, da er die Signale von den *Nervenzellen* auf die Muskeln überträgt.

**Aktionspotenzial** – Sehr schnelle Änderung der elektrischen Spannung über die Zellmembran. Das Aktionspotenzial entsteht nur dann, wenn die Spannung stark genug verändert, die Zelle also stark *erregt* wurde. Dann breitet es sich entlang des Fortsatzes der *Nervenzelle* bis zur *Synapse* aus.

**Amyloid** – Ein zwischen den *Nervenzellen* vorkommendes Eiweißmolekül, das durch Abspaltung aus einem Vorläufer entsteht, dem Amyloid-Precursor-Protein (APP), welches in der Zellmembran sitzt, aus der es innen wie außen hervorragt. Das Amyloid entsteht, wenn das nach außen ragende Ende durch Enzyme, die Sekretasen, abgespalten wird. Dabei können (zu) kurze Fragmente entstehen, auch Beta-Amyloid. Dieses lösliche Protein neigt dazu, seine Gestalt zu ändern, »umzuklappen«, wodurch es unlöslich und schädlich wird. Dies gilt als eine von zwei Hauptursachen für die Alzheimersche Krankheit.

**Aneurysma** – Fehlbildung von Blutgefäßen. Ein Bereich bildet eine Art Sack, beult sich aus und kann reißen, dann kommt es zu Blutungen in das Gehirn, eine Subarachnoidalblutung.

**Antigen** – Oberflächenstruktur von Zellen, Viren oder Substanzen, anhand derer Immunzellen sie erkennen. Gegen diese Strukturen entwickeln die Immunzellen *Antikörper.*

**Antikörper** – Große Eiweißmoleküle, die von körpereigenen Immunzellen gebildet werden. Sie passen jeweils zu einem Antigen. Daran binden sie und markieren so Krankheitserreger, geschädigte Zellen oder Fremdkörper. Ist eine Zelle, ein Virus oder eine Substanz durch einen Antikörper markiert, wird sie von Immunzellen entsorgt.

**Apoplex** – Alter Name für den Schlaganfall.

**Apoptose** – Zelluläre Selbsttötung. Ein regulierter Prozess, durch den sich Körperzellen selbst abbauen können.

**Arteriosklerose** – Chronisch entzündliche Erkrankung der Blutgefäßwände.

**Astrozyt** – Im Nervensystem vorkommender Zelltyp. Gehört nicht zu den *Nerven-*, sondern zu den *Gliazellen,* kann daher keine elektrischen Impulse generieren. Ist an der Bildung der *Blut-Hirn-Schranke* beteiligt, stützt, separiert und assistiert den Nervenzellen. Puffert *Ionen* ab, nährt die *Nervenzellen,* klärt Abbauprodukte, unterstützt die Bildung von *Synapsen* und ist an vielen Vorgängen beteiligt, unter anderem der *synaptischen Plastizität.*

**Aura** – Neurologische Missempfindungen wie Lichtmuster, Töne und anderes. Tauchen vor epileptischem und Migräneanfall auf. Entstehen wahrscheinlich durch die *Cortical Spreading Depression.*

**Axon** – Teilweise extrem lange Fortsätze der *Nervenzellen,* durch die sie andere *Nerven-*, Drüsen- oder Muskelzellen kontaktieren und an sie signalisieren können.

**Basalganglien** – siehe Kerngebiete

**Betablocker** – Als Medikament eingesetzte Substanz, die *Rezeptoren* für *Noradrenalin* blockiert.

**Blut-Hirn-Schranke** – Relativ dichte Barriere zwischen Blutgefäß und Gehirngewebe. Die Aderwand ist von innen mit einer Schicht *Endothelzellen* ausgekleidet. Diese sind durch *tight junctions* eng miteinander verbunden. Auf der Außenseite kontaktieren *Astrozyten* die *Endothelzellen,* empfangen von ihnen Substanzen aus dem Blut und reichen sie weiter an die *Neurone.* Substanzen wie der Energieträger Zucker oder Zellmaterial wie Cholesterine werden durch aktive Transportprozesse durch die Schranke geschleust.

**Botenstoffe** – Signalmoleküle. Sie werden von den *Nervenzellen* in den *synaptischen* Spalt ausgeschüttet. Auf der anderen Seite des Spalts binden sie an ihre *Empfänger* in der

Membran der Folgezelle. Man unterscheidet zwischen *erregenden* und *hemmenden* Botenstoffen, je nachdem, welche Wirkung sie in der Empfängerzelle erzielen.

**CGRP, Calcitonin Gene-Related Peptide** – Signalmolekül, das von *Nozizeptoren* ausgeschüttet wird, wenn sie auf Schadensreize reagieren. CGRP wirkt zurück auf die *Nozizeptoren* und sensibilisiert sie. Das sorgt dafür, dass geschädigtes Gewebe, zum Beispiel nach Verletzungen oder Entzündungen, schmerzempfindlicher ist als gesundes Gewebe.

**Computertomographie** – Bildgebendes Verfahren, bei dem mittels Röntgenstrahlung hochauflösende dreidimensionale Aufnahmen vom Inneren des Körpers gemacht werden können. Siehe auch *Tomographen.*

**Cortical Spreading Depression** – Eine Welle von synchroner *Nervenzell*-Aktivität, die über die Großhirnrinde läuft. Sie wird von einer Phase der Inaktivität gefolgt, daher der Name.

**COX-Hemmer** – Als Medikamente eingesetzte Substanzen wie Acetylsalicylsäure (Aspirin), Paracetamol, Ibuprofen oder Diclofenac. Durch die Hemmung von *Cyclooxygenase* wirken sie gegen Fieber, Entzündungen und Schmerzen.

**Cyclooxygenase (COX)** – An Entzündungsprozessen beteiligtes Enzym. Ist an der Entwicklung von Fieber und Schmerzen beteiligt.

**Dopamin** – Von *Nervenzellen* genutzter *Botenstoff.* Ist an der Regelung vegetativer Prozesse beteiligt, beispielsweise der Nierenfunktion. Spielt auch eine wichtige Rolle im Belohnungssystem, ist daher auch an der Entwicklung von Süchten beteiligt. Ist ein von *Nervenzellen* der *Substantia nigra* genutzter *Botenstoff,* der essenziell ist für die Koordination von Bewegungen. Dopamin stellt insofern einen Sonderfall unter den *Botenstoffen* dar, als es sowohl *hemmend* wie *erregend* wirken kann, je nachdem, an welchen Typ seiner *Rezeptoren* es bindet.

**Embolus** – Ein frei im Blut schwimmender Fremdkörper.

**Empfänger** – Auf bestimmte *Botenstoffe* spezialisierte Moleküle (»Rezeptoren«), die in der Zellmembran von *Nervenzellen* sitzen. Sie reagieren auf ihre *Botenstoffe,* indem entweder *Ionenkanäle* geöffnet oder im Zellinneren Signalkaskaden aktiviert werden.

**Endothelzellen** – Zellschicht, die die Innenwände der Blutgefäße auskleidet. Der Zelltyp gehören zu den *Epithelzellen.* Da »epi« aber außen heißt, spricht man auch von Endothel, denn »endon« heißt innen.

**Entzündung** – Allgemein Bezeichnung für alle von Immunzellen vermittelten Prozesse nach einer Gewebeschädigung.

**Ependymzellen** – Zellschicht, die die mit Hirnflüssigkeit gefüllten Hohlräume des Gehirns, die Ventrikel, auskleidet.

**Epithelzellen** – Zellschicht, die Gewebe voneinander abgrenzt. Allgemein bilden Epithelien immer Grenzflächen zwischen verschiedenen Flüssigkeitsräumen.

**Erregung** – Depolarisation von *Nervenzellen,* also Abbau der elektrischen Spannung gegenüber ihrer Umgebung. Kann mit Aktivität gleichgesetzt werden.

**GABA (Gamma-Aminobuttersäure)** – Von *Nervenzellen* genutzter, hemmender *Botenstoff.*

**Glia** – Zelltyp des Nervensystems. Darunter fallen *Astrozyten, Oligodendrozyten* und *Mikroglia,* mit jeweils eigener Gestalt, eigenen Fähigkeiten und Fertigkeiten. Werden auch als Helferzellen bezeichnet.

**Globus pallidus** – Eines der *Kerngebiete* des Gehirns. Nutzt vor allem den *hemmenden Botenstoff GABA.*

**Glutamat** – Von *Nervenzellen* verwendeter *erregender Botenstoff.*

**Hämorrhagischer Schlaganfall** – Typ von Schlaganfall, bei dem es zu Blutungen in das Gehirngewebe kommt.

**Hemmung** – Hyperpolarisation von Nervenzellen, also Aufbau der elektrischen Spannung gegenüber ihrer Umgebung. Kann mit Inaktivität gleichgesetzt werden.

**Hirnstamm** – Region an der Basis des Gehirns. Durchgangsstation für viele Signale sowohl von außen in das Gehirn als auch umgekehrt, unter anderem für Schmerzsignale aus der Kopfregion, die durch den *Trigeminusnerv* in Richtung Gehirn ziehen. Ort für Signalmodulation, vor allem durch die *Botenstoffe Serotonin* und *Noradrenalin.*

**Homöostase** – Gleichgewichtszustand des Körpermilieus. Dazu gehören Körpertemperatur, pH-Wert und Viskosität (»Flüssigkeitsgrad«) der Körperflüssigkeiten und anderes.

**Hypothalamus** – Unterhalb des *Thalamus* gelegener Gehirnbereich, gehört zum Zwischenhirn oder Diencephalon. Ist als zentrale Struktur des autonomen Nervensystems maßgeblich für die Steuerung der *Homöostase* verantwortlich.

**Immunsystem** – Körpersystem zur Abwehr von Krankheitserregern.

**Immunzellen** – Sammelbezeichnung für mehrere Zelltypen, die gemeinsam das *Immunsystem* bilden. Dazu gehören Makrophagen oder Fresszellen, Lymphozyten wie T- und B-Zellen und Granulozyten wie Neutrophile.

**Inflammation** – siehe Entzündung

**Inhibition** – siehe Hemmung

**Ionen** – Geladene Teilchen. Negativ geladene Teilchen werden als Anionen bezeichnet, positiv geladene als Kationen.

**Ionenkanal** – Mehrere große Proteine, die die gesamte Zellmembran durchspannen. In ihrer Mitte bilden sie eine Art Loch, den eigentlichen Kanal. Dieser ist meist nur für eine oder wenige Sorten *Ionen* durchlässig.

**Ischämie, ischämischer Schlaganfall** – Typ von Schlaganfall, bei dem ein Blutgefäß im Gehirn durch einen *Thrombus* oder einen *Embolus* verstopft.

**Kerngebiete** – Gruppe von Gehirnregionen, die vorwiegend zum Endhirn, dem Telencephalon gerechnet werden, aber unterhalb der Großhirnrinde liegen. Dazu zählen: *Striatum, Globus pallidus* und die *Substantia nigra.* Auch die zum Diencephalon gehörenden *Thalamus* und *Hypothalamus* gehören dazu.

**Kortex** – Großhirnrinde, gehört zum Endhirn oder Telencephalon. Beim Menschen Sitz der höheren Geistesfunktionen. Wird in vier Lappen unterteilt, den Stirnlappen oder Frontalkortex, Schläfenlappen oder Temporalkortex, Scheitellappen oder Parietalkortex und Hinterhauptslappen oder Okzipitalkortex.

**Liquor cerebrospinalis** – siehe Nervenwasser

**Magnetresonanztomographie** – Oft als MRT abgekürzt, auch Kernspin-Tomographie genannt. Bildgebendes Verfahren, bei dem mittels eines sich rasch ändernden Magnetfelds hochauflösende dreidimensionale Aufnahmen vom Inneren des Körpers gemacht werden können. Siehe auch *Tomographen*

**Makrophagen** – Fresszelle, spezieller Typ von *Immunzelle*, die in der Lage ist, andere Zellen, Viren und Substanzen in sich aufzunehmen und dadurch zu entsorgen.

**Markscheide** – Isolierhülle um die *Axone* der Nervenzellen. Wird von *Oligodendrozyten* gebildet, indem sie ihre Fortsätze um die Axone wickeln wie einen Verband um einen Arm. Besteht hauptsächlich aus *Myelin.*

**Membrankanal** – siehe Ionenkanal

**Mikroglia** – Typ von *Gliazelle,* der das Immunsystem des Gehirns bildet.

**Mikrotubuli** – Langgestreckte Molekülketten, die im Inneren von Zellen wie eine Art Skelett stabilisierend wirken. Über die Mikrotubuli verläuft auch der Transport innerhalb der Zelle, ähnlich wie über eine Schiene.

**Myelin** – Hauptsächlich aus Fetten bestehende Substanz, die in Fortsätzen von *Oligodendrozyten* vorkommt. Hat gute elektrisch isolierende Eigenschaften.

**Nekrose** – Zelltod nach Schädigung einer Zelle. Ist im Gegensatz zu *Apoptose* ein nicht regulierter Vorgang.

**Nervenwasser** – Von den *Ependymzellen* der *Ventrikel* gebildete Flüssigkeit, in der das Gehirn »schwimmt«.

**Nervenzelle oder Neuron** – Besteht aus Dendrit (Eingangsort für Signale), Soma (Zellkörper) und *Axon* (Fortsatz). Zeigt elektrische Aktivität, kann Impulse erzeugen, empfangen und weiterleiten. Neurone bilden gemeinsam mit den *Gliazellen* das Nervensystem.

**Neuroinflammation** – Von den *Mikrogliazellen* vermittelter Entzündungsprozess. Im Gegensatz zur »normalen« *Entzündung* ohne die charakteristische Erwärmung, Schwellung und Schmerzen.

**Neurotransmitter** – Von *Neuronen* genutzter *Botenstoff.*

**Neutrophile** – Typ von Immunzelle, gehört zu den Granulozyten.

**Noradrenalin** – *Erregender Botenstoff,* der unter anderem vom *Hypothalamus* genutzt wird, um Signale zu verstärken.

**Nozizeptor** – Spezieller Typ von Nervenzelle. Reagiert auf potenzielle Gewebeschädigung. Aktivierte Nozizeptoren nehmen wir als Schmerzen wahr.

**Oligodendrozyten** – Typ von *Gliazelle,* der die elektrisch isolierende *Markscheide* um die *Axone* bildet. Dazu wickelt sich ein Fortsatz der Zelle um ein Axon wie ein Verband um einen Arm. In den Fortsätzen tragen Oligodendrozyten viel *Myelin.*

**Pallidum** – siehe Globus pallidus

**Plastizität** – Veränderbarkeit von Nervensignalen. Stellt die Grundlage für Lernen und Gedächtnis dar.

**Recombinant tissue Plasminogen Activator (rtPA)** – Körpereigenes Enzym, das als Medikament bei *ischämischen* Schlaganfällen eingesetzt wird. Löst die Blockade durch einen *Thrombus* oder *Embolus* auf, so dass das Blut wieder ins Gehirn fließen kann.

**Rezeptor** – siehe Empfänger

**Serotonin** – *Hemmender Botenstoff,* wird unter anderem von Kernen des Hirnstamms genutzt, um Signale abzuschwächen.

**Skotom** – Vorübergehender Gesichtsfeldausfall nach einer visuellen *Aura.* Stammt von *Nervenzellen,* die nach massiver Aktivität im Verlauf einer *Cortical Spreading Depression* inaktiv sind. Durch diese Inaktivität sieht man in der entsprechenden Region nichts mehr.

**Substantia nigra** – Zu den *Kerngebieten* gehörende Gehirnregion. *Nervenzellen* der Substantia nigra nutzen den *Botenstoff Dopamin.*

**Synapse** – Kontaktstelle zweier *Nervenzellen.* Besteht aus der Membran, mit der die sendende Zelle endet, der Membran, mit der die empfangende Zelle beginnt, und der Lücke dazwischen. Die Synapse ist der Ort, an dem die elektrischen Impulse in chemische Signale umgewandelt werden, die Basis für die *Plastizität.*

**T-Zellen/T-Lymphozyten** – Typ von Immunzelle.

**Tau** – Protein, das im Inneren von *Nervenzellen* vorkommt. Dort bindet es an *Mikrotubuli* und stabilisiert diese »Schienen«, so wie Bahnschwellen es tun. Wenn Tau durch Enzyme zu viele Phosphoratome angeheftet bekommt, dann löst es sich von den *Mikrotubuli* und verklumpt. Das gilt als eine von zwei Hauptursachen der Alzheimerschen Krankheit.

**Thalamus** – Gehirnregion, gehört zum Diencephalon, dem Zwischenhirn. Gehört zu den *Kerngebieten.* Wird als das »Tor zum Bewusstsein« bezeichnet. Signale, die den Thalamus passieren, gelangen in den *Kortex,* dort werden sie uns bewusst.

**Thrombus** – Verengtes Blutgefäß durch Verdickung der Gefäßwand, meist aufgrund einer *Arteriosklerose.*

**Tight junctions** – kleine Moleküle, die *Epithelzellen* miteinander eng verbinden können, so dass fast nichts mehr zwischen den Zellen hindurchpasst. Grundvoraussetzung für die Dichtigkeit der *Blut-Hirn-Schranke.*

**Tomographen** – Große Scanner, die durch verschiedene Verfahren Schichtbilder aus dem Körperinneren liefern, ohne dass der Körper geöffnet werden muss. Die bekanntesten sind der *Computertomograph* und der *Magnetresonanztomograph.* Sie liefern anatomische Informationen.

**Transmitter** – siehe Botenstoffe

**Trigeminusnerv** – Einer der zwölf Hirnnerven, also der Nerven, die direkt aus dem Gehirn ziehen und nicht aus dem Rückenmark. Zieht aus dem *Hirnstamm,* teilt sich dann in drei gleiche Äste. Einer versorgt den Unterkiefer, einer den Oberkiefer, einer den oberen Gesichtsbereich. Kann an der Entwicklung von Migräne beteiligt sein, wenn er spontan aktiv ist und so die *Nozizeptoren* aktiviert, die an Blutgefäßen der Hirnhaut liegen.

**Triptane** – Gruppe von Substanzen, die als Medikamente gegen Migräne eingesetzt werden. Sie wirken im Gehirn wie der *Botenstoff Serotonin.* Da dieser vom *Hirnstamm* verwendet wird, um Nervensignale abzuschwächen, schwächen auch Triptane Nervensignale ab und wirken so schmerzlindernd.

**Ventrikel** – Hohlräume im Gehirn, die mit *Nervenwasser* gefüllt sind.